「老いない」動物がヒトの未来を変える

スティーヴン・N・オースタッド
黒木章人 訳

METHUSELAH'S ZOO

WHAT NATURE CAN TEACH US
ABOUT LIVING LONGER,
HEALTHIER LIVES

STEVEN N. AUSTAD

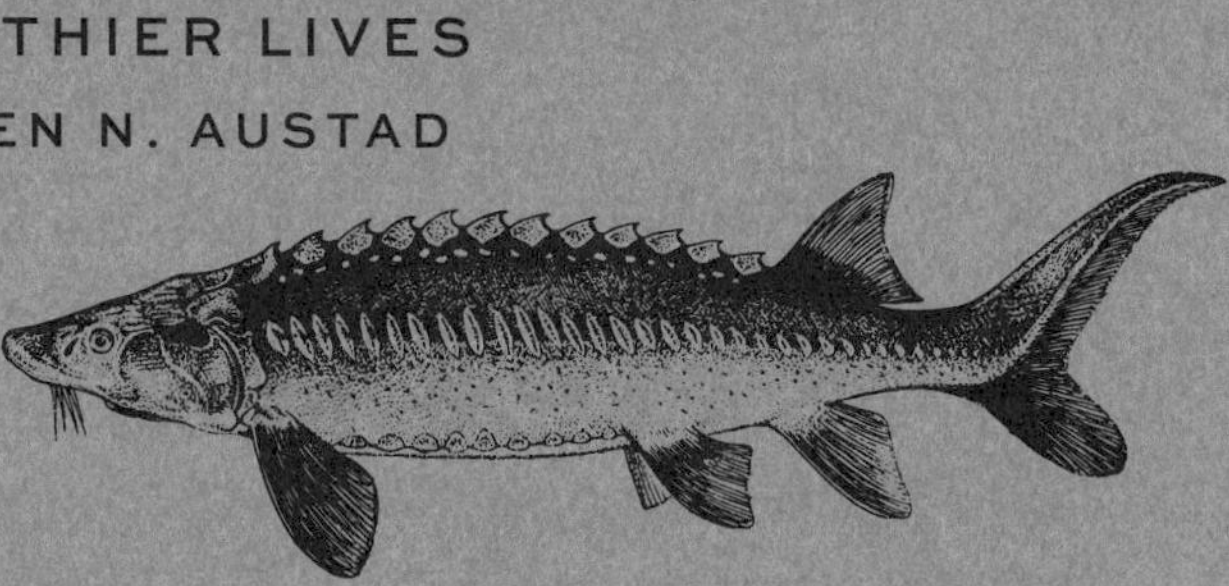

原書房

「老いない」動物がヒトの未来を変える

わたしの理解者、ヴェロニカへ

目次

3部 海の長寿

4部 ヒトの長寿

はじめに

そもそものきっかけは〈オポッサム№9〉だった。当時、わたしはベネズエラ中部の熱帯草原《リャノ》にある生物研究施設に所属し、小型有袋類オポッサムの出産時の性別比率の大きな偏《かたよ》りに母体の栄養状態がどう影響するのかを調べるプロジェクトに、友人で同僚のメル・サンキストとともに着手していた。わたしが個体番号九番のタグをつけたとき、そのメスはミツバチほどの大きさしかなく、無毛でまだ眼も開かないまま、母親の育児嚢《のう》のなかで乳を飲んでいた。それから一五か月後、わたしは籠罠《かごわな》でオポッサム№9を捕獲した。元気なメスにしっかり成長していた№9は健康そのもので、育児嚢に八匹の仔を抱えていた。わたしは№9に発信機つきの首輪をはめたうえで放し、毎月捕獲して状態を確認した。ところがその三か月後に衝撃的なことが起こった。ふたたび捕獲した№9の両眼が白内障にかかっていることがわかったのだ。体重も減っていた。脇腹の筋肉もすっかり衰えていた。放してやると、一緒に捕獲したほかの大多数のオポッサムよりもひときわ重い足取りで、ふらふらと歩いていった。それからひと月も経たないうちに№9は死んだ。たった三か月のうちに、どうしてこんなに見ちがえるほど老いさらばえてしまったのだろう？

オポッサムの大きさはイエネコとほぼ同じぐらいだ。ペット好きで、ネコなら何匹も飼ってきたわたしは、大きさが同じなら寿命も同じぐらいだと何となく考えていた。ネコは少なくとも一〇年から一五年ぐらいは健やかで元気に過ごす。ところがオポッサム№9は、一歳半にもかかわらず見た目といい動きといい、すっかり年老いていた。それから数年をかけ、一〇〇匹以上のオポッサムたちを誕生時から追跡調査したが、大半が二年以内に死を迎え、三年を超えて生き抜いた個体は一匹もいなかった。そこでわたしはオポッサムについての中身の薄い研究論文を隅々まで読み、寿命についての記述を調べた。すると、野生のオポッサムの寿命は七年以上だとあった。これほどの数の個体を誕生直後から死ぬまで調査して得られた結果と論文の記述が、どうしてこうも食いちがうのだろうか？　いろいろと調べると、その理由がわかった。その論文が書かれる何年も前に、ある研究者がスミソニアン国立自然史博物館に数多く所蔵されているオポッサムの頭蓋骨を計測した。そしてオポッサムは寿命が尽きるまで成長を続けるという俗説に立ち、最大の頭蓋骨は少なくとも生後七年のものだと推算したのだ。

しかしその時点でわたしは、野生のオポッサムについては世界一の権威を自認するようになっていた。ベネズエラからアメリカに戻り、ハーヴァード大学で助教の職に就き、オポッサムの寿命について包括的な研究を進めていた。やはり北米大陸のオポッサムも誕生から二年も経たないうちに高齢化すると思われることがわかった。ところが、発信機つきの首輪をはめた個体のなかの一匹の縄張りにレストランがあることがわかった。そのメスは、蓋が開けっ放しのゴミ箱のなかの生ごみを夜な夜な漁り、研究対象の同年齢の個体の二倍近く大きく育っていた。ははーん。スミソニアンの特大の頭蓋骨が研究者の判断を誤らせた理由が、これでわかった。

ベネズエラのリャノでオポッサムNo.9に出会ってからしばらくすると、母体の栄養状態がオポッサムの性別比率の大きな偏りに与える影響を調べるという、そもそもの研究課題はどうでもよくなってしまった。老化とは何なのだろうか？　すぐに老いて死んでしまう動物もいれば、それと見た目はそっくりなのにゆっくりと年老いて長生きする動物もいるのはなぜだろう？　自然というものは魚類でも両生類でも哺乳類でも、一個の受精卵（胚《はい》）から健全な成体にするという奇跡の変身術をあたりまえのように見せている。ところがどうして、それよりはるかに簡単そうな、成体の健康状態を保つという作業ができないのだろうか？　それぞれの動物の自然生息地での実生活を調べれば、老化という謎だらけのプロセスについての理解を深めることができるのではないだろうか？オポッサムの寿命についての通説の誤りを解明したわたしは、ほかの種の寿命についても――わたしたちヒトの寿命も含めて――誤謬《ごびゅう》があるのではないかと興味を抱いた。

それが四〇年近く前のことだ。以来わたしは、動物がなぜ、どのようにして老化するのかという研究に没頭してきた。自然な状態にある動物の寿命についての興味は抱きつづけていたが、わたしも、老化という生理現象を解明しようとする同僚たちも、研究の大半は研究室で、実験用の動物を使って行っていた。が、そうした動物が老化プロセスにうまく対処できないことは明らかだった。実験動物たちはどれもあっという間に成長し、そして死んでいった。二一世紀の驚異と言える細胞生物学と分子生物学により、実験動物の老化プロセスの解明はめざましく進んだ。実験動物の老化を遅らせる手法をさまざまに発見したが、それでも老化の速度はヒトのほうがずっと遅い。寿命が数年や数か月、さらには数週間という動物の研究が、人間の健康寿命を長く保つ術《すべ》の解明に何かしらの役に立つのだろうか？　自然という実験室には、ヒトよりもずっと巧みに老化を食い止めることができるように進化した種が存在する。であれば、ちっぽけなミミズやショウジョウバエやマウスといった実験動物を調べても絶対にわからないことを、自然は教えてくれるのではないだろうか？

この問いから生まれたのが本書だ。わたしは自然研究への情熱と、人間の健康寿命を延ばす新たな手段の発見という研究上の関心を結びつけ、自然界における超長寿の存在について掘り下げてみたかった——誰よりも深く、そして細心の注意を払い、推測と希望的観測を排して事実のみを追いながら。厳然たる事実を把握して、そこではじめて自然がその先に導いてくれる。

本書は多くの人々の惜しみない助けがなければ日の目を見ることはなかった。長年のうちに出会い、その研究に敬服しながら接してきた生物学者たちからは、彼らが専門とする種についての高度な知見に基づく数多くの助言をいただいた。キャロル・ボグズとバート・ヘルドブラーとロラン・ケレール、そしてバーバラ・ソーンからは、アリとシロアリ、その他の昆虫について学んだ。エマ・ティーリングとジェラルド・ウィルキンソンからはコウモリ、セイン・ウィベルズからはカメ、リンジー・ヘイズリーからはムカシトカゲについて学んだ。ハワード・スネルはガラパゴス諸島のすべての種について洞察を与えてくれた。ケン・ダイアルとジェフ・ヒル、そしてボブ・リクレフスは、鳥類に関する専門知識を長年にわたって授けてくれた。スタン・ブラードとロシェル・バッフェンスタインはハダカデバネズミについての知識を提供してくれた。ゾウにまつわる最新の知見については、ダニエラ・シューシードとミルカ・ラハデンペラ、フィリス・リーに感謝する。チンパンジーについては、スティーヴ・ロスとメリッサ・エメリ・トンプソンが貴重な見識を述べてくれた。魚とサメの老化については、アレン・ヒア・アンドルーズとグレッグ・カリエ、そしてスティーヴ・カンパナに感謝する。イルカとクジラについては、アリータ・ホーンとジャネット・マン、トッド・ロベック、ピーター・タイアック、そしてランディ・ウェルズの情報と見解に助けられた。クリストファー・リチャードソンとイアン・リッジウェイには、最長寿の動物群である二枚貝について教えてくれたことを感謝する。数多くの飼育動物の記録を残している方々の功績も伝えねばならない。とくにサンディエゴ動物園のベス・オーティンとメロディ・ブルックス、ニュージーランドのサウスランド美術館・博物館のリンジー・ヘイズリー、シカゴのブルックフィールド動物園のデビー・ジョンソン、同じくシカゴのリンカーンパーク動物園のスティーヴ・ロス、ヒューストン動物園のジョーン・ワトソンにお世話になった。本書のまちがいは、もちろんすべてわたしひとりの責任だ。

老化研究の分野ではジョアン・ペドロ・デ・マガリャンイスに感謝する。ジョアンは、わたしの何十年にもわたる研究記録に自分自身の記録を加えて体系化し、最新情報をアップデートしつつ、動物の寿命に関する見事なウェブサイトAnAge（https://genomics.senescence.info/species）で公開し、検索できるようにしてくれた。以下の方々には、惜しみなく分けてくれたアイディアや見識、長年の友情に感謝する。ニール・バルジライ、タック・フィンチ、キート・フィッシャー、ジム・カークランド、ジョージ・マーティン、リチャード・S・ミラー、ジェイ・オルシャンスキー、アーラン・リチャードソン、フェリペ・シエラ、ディック・スプロット、そしてウッズホール海洋研究所で老化の分子生物学についての夏季講座を一緒に担当した悪友のゲーリー・ラヴカン。またここまでに挙げた多くの方々には、本書が仕上がっていく過程でまとまった部分を読んでくれたことにも感謝する。とくにゲイリー・ドッドソン、ジェシカ・ホフマン、ヴェロニカ・キクルヴィッチに感謝する。リック・ボルキンからは全体を通して貴重なコメントをいただいた。出版エージェントのアンソニー・アーノーヴと、マサチューセッツ工科大学出版局の担当編集者ボブ・プライアーにも感謝したい。ふたりがいなければ本書の企画は没になっていただろう。最後に、執筆や野外調査で長いあいだ留守にするわたしを許してくれた、妻のヴェロニカ・キクルヴィッチと、娘のマリカとモリーに感謝する。

1章　ダネット博士のフルマカモメ

わたしは今、スコットランドの鳥類学者ジョージ・ダネットを撮影した二枚の写真を見ている。一枚目に写るダネット博士は細身でカールした黒髪の、二三歳のはつらつとした青年だ。そして両手で一羽の鳥を抱えている。素人目にはただのカモメにしか見えないかもしれない。しかし鳥愛好家ならフルマカモメ（*Fulmarus glacialis*）だとわかるだろう。アホウドリの近縁種で、繁殖期になると北大西洋の海岸崖や島嶼《とうしょ》部で営巣する。それ以外の時期には陸《おか》を遠く離れ、大海原の上空を飛んで暮らす。この写真が撮影された一九五一年、博士は生涯続けることになる、オークニー諸島のエインハロー島のフルマカモメの営巣地の調査を始めたばかりだった。

二枚目の写真は一九八六年に撮影された［図1-1］。三五年も経てば誰でもそうなるものだが、五八歳になったダネット博士の見た目は激変している。恰幅がよくなり、髪には白いものが交じり、顔はいくらか日焼けしているように見える。体つきにしても、長年の調査地である切り立った岩場を、以前のように軽々と飛びまわることができるとは思えない。二枚目の写真でも、博士は鳥を手に抱えている。そう、これは一枚目と同じフルマカモメで、見た目は三五年前とまったく変わっていないみたいだ。人間の眼にはまだ若く見えるばかりか、ダネット博士の報告によれば、生殖能力

［図1-1］1951年の23歳（左）と、1986年の58歳（右）の鳥類学者ジョージ・ダネット。両方に写っているフルマカモメは同じ個体。ダネット博士は1995年に亡くなった。このフルマカモメが最後に目撃されたのはダネットの死の翌年だった。Photo courtesy of the Outer Hebrides Natural History Society.

もまったく衰えを見せていないのだそうだ――博士自身には同じことは言えないだろうが。このフルマカモメは何十年も前から、そしてこの写真が撮られた九年後にダネット博士が亡くなってからも、毎年一個の卵を産みつづけた。さらには元気盛んに飛ぶこともできた。年に一個しか産まない卵を無事に成鳥にまで育て上げるために、フルマカモメは何度も餌探しの旅に出て、時には六四〇〇キロメートルのはるか彼方まで飛び、魚やイカやエビで腹をパンパンにして育ち盛りのヒナを養う。

後述するが、鳥類には長寿の種が多数存在し、このフルマカモメよりも長生きするものもいる。しかしさらに驚くべきなのは、長距離の海上飛翔などに使う、生きていくうえで必要な膨大なエネルギーを、高齢になってもなお生み出すことができるところだろう。どういうわけだか野生の鳥類は、死の間際まで健康体を保ちつづけているみたいだ。人間も同じようなことができたら言うことなしなのだが……

自然寿命

本書が主眼を置くのは、自然環境下に生息する長寿の動物たちだ。野生で長寿というのは珍しい性質だが、そうした種は動物界のいたるところに広く見られる。どの種がどこで、どのようにして長寿を得ることになったのか、そしてその種の長寿を可能にしている生態を理解することで、われわれ人間がより長い健康寿命を得るために学べることがあるとすれば、それは何かということも本書で扱う。

長寿を得ようとする種に、自然はふたつの大きなハードルを課し、大抵の種はふたつともクリアできない。ひとつ目のハードルは〈環境上の危険〉と呼べるものだ——種の存在を脅かす外的要因、例としては捕食動物、餌不足、嵐、旱魃《かんばつ》、毒物、汚染物質、事故、そして感染病などだ。この〈環境上の危険〉が特定の種の寿命に与える影響は、野生個体の寿命と、われわれ人間がそうした危険から保護し世話を焼く、動物園や各家庭、研究施設で育てられている個体の寿命を調べれば推し量ることが可能だ。

この点について、おとなしいハツカネズミ（*Mus musculus*）を例にして考えてみよう。野生のハツカネズミは三か月から四か月しか生きられない。ハツカネズミを飼い慣らしたものが、医療研究の頼みの綱の実験用マウスだ。野生のハツカネズミがオオカミだとすると、実験用マウスはプードルだ。研究所の管理が行き届いた飼育ケージで育てられたマウスの寿命は二年から三年だ——つまり野生のハツカネズミより八倍から一二倍は長生きする。身を護る手段をほとんど持たないハツカネズミにとって、自然界は危険に満ち満ちている。しかしハツカネズミよりも危機回避能力にぐんと長《た》けた動物たちにさえ、自然は大きな試練を与える。たとえばカラスは、飛ぶことでさまざまな危険から逃れることができると思える。ところがそんなカラスでさえ、人間に捕獲されて保護された状態に置かれると、野生の場合の三倍は長生きする。野生のまま長寿を獲得した動物は〈環境上の危険〉を回避するか克服する、ずば抜けた能力を備えているにちがいない。

長寿に立ちはだかるもうひとつのハードルは動物の体内にある。これは〈老化〉と呼ぶことができる。老化（もしくは加齢）とは、本書では単なる時間の経過ではなく、身体機能と防御機能が次第に衰え、それと並行して徐々に病気にかかりやすくなるという、われわれ人間を等しく苦しめる現象を指すことにするが、この意味での老化は自然界に遍在する。

しかしペットとその飼い主を見ればわかるとおり、老化が生じる速度は種によって大きく異なる。イヌやネコと比べると、人間はゆっくりと歳をとる——つまりゆっくりと老化する。それでもイヌとネコの老化は、ヒトの老化と多くの点で似ている。年月を経るにつれ、ヒトもイヌもネコも体力と持久力を失っていく。毛に白いものが交じるようになる。白内障や関節炎を患うようになる。耳が遠くなる。しかし臓器不全を引き起こす身体機能の不調に悩まされるようになるのは、イヌとネコのほうが早い。わたしは最初の飼い犬の〈スポット〉で、その一部始終を目の当たりにした。〈スポット〉を我が家に迎え入れたとき、〈スポット〉もわたしもまだ幼かった。わたしは小学校に上がったばかりだった。ハイスクールに入る頃には、〈スポット〉の動きは鈍くなり始めていた。家を出て大学に入る前に、〈スポット〉は天に召されてしまった。もちろん同じことは人間にも起こるが、何倍もの時間をかけてゆっくりと変化していく。俗に人間の一年はイヌの七年だと言われている（実際はそんなに単純なものではないが）。

しかしながら、その人間もほかのいくつかの種に比べれば早く歳を取る。老化の速度が遅いことは、〈環境上の危険〉の回避能力を有することとともに野生種の長寿にとって必要不可欠だ。当然ながら、まったく老化しなければなおさらいい。

一九九二年、『*Sharks Don't Get Cancer*（サメはがんにならない、邦題『鮫の軟骨がガンを治す』）』と題した本が刊行された。[1] 何とも大胆なタイトルだ——もちろんでたらめではあるが、眼を惹く。実際にはサメはがんになる。ハツカネズミもがんになるし、イヌもネコもゾウもがんになる。長寿動物のオウムやカメもがんになる。それなりにしっかりと調べると、哺乳類も鳥類も爬虫類も魚類も、ほぼすべての種はがんになる。がんはおもに老化によって引き起こされ、そして〈環境上の危険〉に命を奪われなくても、ほぼすべての種は老化する。[2]

がんは細胞分裂の暴走が引き起こす病気だということは周知の事実だ。細胞は絶えず消耗したり損傷したり不要になったりする。したがって人体を構成する組織の大半は（すべてではない）新しい細胞の供給を常に必要としている。新たな細胞は既存の細胞が成長し、分裂して生み出される。

たとえば腸壁の細胞は二日から四日ごとに新しい細胞に完全に置き換わる。皮膚細胞は一か月、赤血球は四か月で置き換わる。これだけ多くの細胞の置換に間に合うよう、この本を読んでいるあいだにも、あなたの体内では一秒につき三〇〇〇キロメートルの長さの新しいＤＮＡが作り出されている。

読み流してしまった方のために、もう一度言う。あなたの体は、不要になった細胞から失われたＤＮＡを補うためだけに、一秒につき三〇〇〇キロメートルという、実に驚異的な長さのＤＮＡを新たに作り出しているのだ！　が、細胞が分裂し、新しい細胞のための新しいＤＮＡが合成されるたびに、突然変異というコピーエラーが起こり得る。細胞のＤＮＡに重大な影響を及ぼす突然変異が積もりに積もり、厳密に調整されている自己複製のスケジュールを制御できなくなるところまで達したとき、がんは発生する。制御不能の程度が軽い場合は、それまでになかった場所にこぶやしこりができるだけで終わる。まったく制御が利かなくなり、コピーエラーを際限なく起こすという致命的な状態になると、がん細胞は野放図に分裂し、やがて周辺の組織に浸潤し、さらには血流に乗って体内のほかの部分にも蒔《ま》かれていく。

長寿について書いているのに皮肉なものだが、正常な細胞でも、体から取り出して培養皿《シャーレ》で育てれば、一定の回数だけ分裂すると、そのあとはまったく増殖しなくなる。一方でがん細胞は永遠に分裂を繰り返し、不死身だ。たとえばヘンリエッタ・ラックスという女性の子宮頸がんから採取された細胞は、一九五一年に研究室のシャーレでの培養が始まり、以来ずっと分裂しつづけている。ラックスから取り出した生検組織を元にして、各医療研究施設で培養された細胞株の総重量は二〇トンを超えると言われている。これらの細胞はラックスの姓名の最初のアルファベットを二文字ずつ取って〈ＨｅＬａ細胞〉と名づけられ、一九五〇年代に研究施設でのポリオウイルス培養に使われ、これが一九五四年の不活性ポリオワクチン（ソークワクチン）の開発に直結した。とはいえ、がん細胞の異常な生命力は生体にとっては悪だ。

　がん細胞は、元をたどればコピーエラーを起こした、たったひとつの〝裏切り者の細胞〟が――がん研究者のロバート・ワインバーグが使った、生々しい言葉だ――突然変異を繰り返し、凶暴な複製マシーンになってしまったものだ。老いた動物の体を構成する細胞は、若い動物のそれよりも分裂した回数がずっと多い。ＤＮＡの突然変異が生じるコピーエラーを最も起こしやすくなるのは細胞の分裂時だ。したがって、老いた動物の細胞は若い動物の細胞よりずっと多くの突然変異を蓄積している。分裂すればするほど突然変異も多くなり、やがて複製のコントロールは失われていく。

　小児がんのことが頻繁に話題になっていることを考えると、がんはおもに老化によって引き起こされるというわたしの言葉は意外だと思われるかもしれない。小児がんの発症が胸痛む悲劇なのはまちがいないが、発症件数はその注目度から思い描かれる数よりもずっと少ない。二五歳未満の人間の死亡事例のうち、がんによるものは二〇〇件中一件にも満たない。二五歳を超えるとがんによる死亡率はおよそ八歳ごとに倍増し、八五歳でがんで死亡する確率は二五歳未満の三〇〇倍以上になる。[3] 研究がなされているすべての種で、がんの発生率は加齢とともに増大する。

　ほぼすべての動物が老化し、細胞分裂で自己修復する動物のすべてががんを発症する。だからといって、すべての動物が一様にがんになりやすいということにはならない。事実、がんに対して驚くほど強い種がそれなりにいることはわかっている。こうした抵抗力、そして老化全般に対する同様の抵抗力こそ、どうして種によってはかなり長生きするのかというテーマの大きな部分を占めることになる。

わたしたちはなぜ老化する？

ほぼすべての生物は年老いていくが、それとは対照的に、いつまでも若々しく健康を保つものがいるのはどうしてだろう。これは生物学の永遠の謎のひとつだ。この不可解な問題を、進化生物学者のジョージ・ウィリアムズは簡潔にまとめた――進化は、たったひとつの有精卵から何兆個もの細胞を持つ健康なイヌやハトやイルカなどの若い成体を作り出すのに驚くほど長けている。それなのに、作り上げた成体の健康を保つという、ずっと簡単に思える仕事をこなすことができないみたいだ。

同様に、誕生して数日から数週間のうちに急速に衰えて老化してしまう種がいる一方で、数年から数十年、場合によっては数百年もかけてゆっくりと老化していく種もいるのはなぜなのかという点も大きな謎だ。先ほど〝ほぼすべての〟生物が老化すると述べたことに注目してほしい。そう、どう見ても老化していないように思える種も存在するのだ。そうした種は、叡智《えいち》に溢れる自然のなかにヒトの老化を遅らせるカギがあるかどうか考察するうえで、極めて興味深い存在だ。

実は、自然が生物の老化を止められない、大まかな理由はすでに判明している。すぐに老化する種もいればゆっくり老化する種もいる理由も、だいたいわかっている。これらの理由は、寿命が著しく長い種の自然界での分布状況を探っていくなかで、これから明らかにしていく。

野生種が長寿を獲得するには、先に述べたように〈環境上の危険〉と〈老化〉という、体の外部と内部に置かれたふたつのハードルをクリアしなければならない。しかしクリアしそこねた場合の結末は、両者のあいだで大きく異なる。〈環境上の危険〉を克服できない場合、寿命は短くなるかもしれないが、それでもおおよそ健康なまま一生をまっとうする。ここでもう一度、ハツカネズミについて考えてみよう。野生のハツカネズミは、老化の影響が顕著になるよりずっと早く、寒さや捕食、怪我、ストレス、病気、疲弊、そして飢えで死んでしまう。死の直前まで筋力は強く、感覚は鋭く、頭ははっきりしている。〈環境上の危険〉から護られた研究施設で〝自然〟死する場合の死因は体内の機能不全だ。そして〈老化〉による死は大きく異なる様相を呈す。年老いた実験用マウスは、大抵は眼が見えなくなり、耳も聞こえなくなり、関節炎を患い、体の一部が麻痺し、腫瘍だらけになったのちに死に至る。

自然は多くの種に――ハツカネズミは別として――外部の脅威を避けるか打ち負かすための巧みな戦略をさまざまに授けている。しかし老化という内部の脅威に対処せずに外部の脅威に打ち勝ったところで、得られるのは愚か者の勝利だけなのかもしれない。寿命が延びても、少なくともその終盤では老化に苛まれて惨めに過ごすことになるからだ。これが、人間が現在直面している状況だ。

二〇世紀のあいだに、世界の経済先進諸国では平均寿命が約三〇年延びた。しかしヒトの生物学的な老化の速度は変わっていない。寿命が延びたのは、ひとえに公衆衛生活動を促進させ、医療をますます高度化して周辺環境を整えたからだ。二〇世紀以前のヒトは野生のハツカネズミに近く、大多数が老化による著しい衰弱が迫ってくるより早く事故や感染症で死んでいた。ひるがえって現在のヒトは実験用マウスに近い。若死にはまれだ。事実、五〇歳以前に亡くなるアメリカ人は二〇人にひとりといったところだ。今やヒトの死因の大部分は、がんや心臓病、アルツハイマー病、脳卒中、腎不全や呼吸不全といった老化に関わる疾病だ。こうした治療が難しい病気を回避したとしても、晩年には慢性的な痛みや眼と耳の衰え、体の衰弱が顕著になってくる。ヒトの寿命は健康寿命よりも速いペースで延びているのだ。この傾向が続けば、その先には社会全体を襲う大惨事が待ち受けている。ついには病気の治療法と同時に老化のペースを遅らせる手段を見つけないかぎり、医療保険制度は衰退し、ついには病気を抱えた高齢層を支えきれずに崩壊してしまうだろう。本書で論じる動物のなかには、ヒトに先立ってまんまと老化を防いだ種がいくつかあり、それらはまさしく老化防止のための科学的アプローチの指針となってくれるかもしれない。ヒトの老化についてそれほど学ぶところはないのかもしれないが、それなりに興味深い種もいる。わたし個人としては、研究するうえで、際立って長寿の動物はそれだけで興味深いと感じる。豪華絢爛な羽の鳥とか高度な運動能力を有する哺乳類に対してそう感じるのと同じなのだ。

先に述べたとおり、体の内外両方の脅威を見事に克服している種はたしかに存在する。結果として、そうした種はかなり長生きするうえに並はずれて健康な一生を送る。わたしが〈メトシェラの動物園〉と呼ぶ長寿の動物園にいるのは、そうした動物たちだ。本書は彼らに焦点を当てていく――わたしたちが何か学び取れるかもしれない相手だ。ご存じの方もいるだろうが、メトシェラは旧約聖書の創世記に出てくる、人類の祖の一族のなかで最長寿の人物だ。メトシェラは九六九年生きたとされている。それだけでもびっくりものなのだが、一八七歳で最初の子ども（息子だ）をもうけたということにも同じように驚かされる。聖書の昔の思春期は、現在以上にみっともなく長いものだったのかもしれない。本書でも、ほかの長寿の種について生物学的に探索したのちにヒトの寿命について詳しく掘り下げる。

しかし、まず〝長寿〟というものをわかりやすく定義する必要がある。これは思ったほど簡単なことではない。

長寿とは何か？

およそ二五〇〇年前、アリストテレスは人類史上初めてさまざまな種のあいだに寿命のパターンを見いだそうとした。現在の眼から見れば見事な分析だが、ひとつ惜しいところがある。アリストテレスは、さまざまな動物の実際の寿命をほとんど知らず、知っているつもりでも事実誤認が多かったのだ。たとえば、イカやカタツムリや二枚貝といった軟体動物はたった一年しか生きられないと思っていた（これは数百倍ずれている）。また、最も長寿の動物は脚のある種だと思っていた（具体的にはヒトとゾウだ）。これもまちがいだ。このように動物の寿命についての知識は初歩的なもので、しかも往々にして誤っていたにもかかわらず、驚くべきことにアリストテレスは、実際にちゃんと存在するふたつの主要なパターンに気づいていた。

[図1-2]ひょろっとした姿で元気に立つ、世界最高齢の木〈チコ爺さん〉。たしかに高齢だが、この木から健康寿命の秘訣はあまり学べそうにない。その理由は本文で説明してあるとおりだ。Photo courtesy of Petter Rybäck.

まずアリストテレスは、多くの植物が一年しか生きない一方で——ずばりそのまま〈一年草〉と呼ばれている——どんな動物よりずっと長生きする植物もあることに気づいた。具体的には樹木を念頭に置いていた。もちろん現在では、年輪を形成する習性のおかげで何百年と生きる樹木の種も多く、なかには数千年生きるものもいるということは知られている。わたしは子どもの頃にカリフォルニア州北部のセコイアの森を訪れ、太古の昔から生きていたセコイアを輪切りにした巨大な板に心を奪われたことをはっきり憶えている。その年輪には、さまざまな歴史的事件が起こった年の印がつけられていた——キリストの降誕、ローマ帝国の滅亡、マグナカルタの公布、コロンブスの一回目の北米大陸渡航、南北戦争の開戦などだ。少なくとも季節のある環境で育つ樹木については、年輪があることでその寿命について多くを知ることができる。

しかし、樹木やその他の植物の長寿については、本書では議論しない。なぜなら樹木の寿命が長いことの意味は、次の理由から理解が困難な場合が多いからだ。世界有数の古木のなかに〈オール・チコ（チコ爺さん）〉と呼ばれるものがある。どうやら動物も樹木も、ものすごく長生きすると名前がつけられるらしい［図1－2］。高さ五メートルのドイツトウヒ（*Picea abies*）の〈チコ爺さん〉は、どうやら道に迷ってスウェーデンの山の上まで来てしまったらしい。最新の調査では、〈チコ爺さん〉は齢《よわい》九五五八歳だという。それでも幹は、あっさりと両腕をまわせるほどの太さしかない。

この時点で何かがおかしいと感じてしかるべきだ。一万年近くも生きている？　高さがたった五メートルしかなくて、幹の太さは両腕をまわして手が届く程度なのに？　〈シャーマン将軍の木〉というカリフォルニア最古のセコイアオスギは二五〇〇歳で、〈チコ爺さん〉に比べれば小僧にすぎないが、高さは八四メートル、幹の直径は一一メートルもあるのだ！　腕をまわすにはＮＢＡの選手が一六人ほど必要だ。

この二本の木のちがいは、一般に〝一本の木〟とされるのは〈シャーマン将軍の木〉のほうだという点だ。〈チコ爺さん〉はそうではない。幹や枝、針状の葉、球果といった眼に見える部分は特段古いということはなく、たかだか二〇〇年か三〇〇年にすぎないだろう。ドイツトウヒは幹が死ねば新しいクローン個体が発生する。つまり古い部分の根系が、全体で何ヘクタールにもわたって広がっているのだ。この根系が地上に芽を出し、その数は数十あるいは数百にもなり、それらを別個の木として認識しがちだが、実際はどの幹や枝も同じ根系から出ている、遺伝的に同一のクローンなのだ。〈チコ爺さん〉はそういう木だ。この〝木〟は死ぬかもしれないが、根系は生き続け、次々にほかの地上部、つまりほかの〝木〟を出芽させる。〈チコ爺さん〉を伐採して幹の年輪を数えたら、たった二〇〇から三〇〇歳の木だと思うだろう。そしてそれは地上部については正しい――ただし本体である根系については正しくないというわけだ。

これと同じくらい話をややこしくしているのが、〈チコ爺さん〉の枝を一本切って別の場所で挿し木にすると、根を出して新しい根系を作り始めるかもしれないというところだ。その場合、この個体は何歳になるのだろう？　挿し木にした枝がついていた幹を生やした根系の年齢だろうか、それとも幹の年齢なのだろうか？　炭素14年代測定法（これについては後述する）を用いて一万歳近くと推定されたのは、〈チコ爺さん〉の現存する根系の年齢だ。北米のアメリカヤマナラシも同じタイプの〝木〟だ。遺伝子を同じくするそれぞれの〝木〟が何ヘクタールにもわたって生い茂り、その根系は数千歳にもなり得る。

だから科学的な見地から興味を惹くものではあるが、ハツカネズミやヒト、チョウの一種のオオカバマダラといった動物の個体の寿命とはだいぶ異なるということは言っておきたい。栄養繁殖と個別の部分の寿命の関わり方という点では植物は興味深いのだが、わたしにとって何より興味があるのは、動物が体の内外の脅威という問題をいかに解決するかということだ。さらに言えば、それが本当に個体なのかとか、それらの個体が本当に高齢なのかといったことを決めかねて頭を抱える必要がない動物のほうが気は楽だ。だから本書では動物だけを扱う――イヌやハチ、イカや二枚貝やコウモリという、明らかに個体だとわかる動物だ。サンゴ礁を築く動物などは除外する。寿命を定義しようとすると夜も眠れなくなる点で〈チコ爺さん〉に近いからだ。

アリストテレスが気づいたもうひとつのパターンは、概して大きな動物のほうが小さなものより長生きだということだ。これは自然界で最も広く存在し、かつ確実に確認できるパターンのひとつだ。哺乳類の場合は極めてわかりやすく、日常のなかで眼にする動物たちを見ていれば、何となく察しがつくのではないだろうか。クジラがウマより長生きだと聞いても驚きはしないだろう。そしてウマはイヌより、イヌはハツカネズミより長生きするといった具合だ。哺乳類ほどわかりやすくないかもしれないが、同じパターンは鳥類にも当てはまる。カモメはクロムクドリモドキより長く生き、クロムクドリモドキはスズメより長生きする。爬虫類でも同様で、両生類にも、さらには二枚貝にも当てはまる。これは法則ではなく大まかな傾向にすぎないことは言っておく。例外はたくさんある。一部の種は、サイズのわりにはかなり長生きする。ヒトはこれに当たる。逆に、サイズからすれば恐ろしく短命な種もいる。ハツカネズミがそうだ。少し先走るが、ティラノサウルス・レックスはサイズと寿命の一般傾向からかなりはずれている。わたしたちの親戚の霊長類もそうだ。これら以外にもまさかと思うような種が、体の大きさと寿命の傾向からかなり大きくはずれている。

この全般的なサイズ効果があるせいで、何をもって長寿とするのか決めようとすると問題が生じる。着目すべきは絶対寿命（実際に何年生きるかということ）なのか、それとも相対寿命（同じサイズの他の動物と比較した寿命）なのだろうか？　実験用と同じ大きさだが一〇倍以上長生きするハダカデバネズミはメトシェラの動物園のメンバーと見なすべきなのだろうか？　ハダカデバネズミの寿命は四〇年近いが、それでもヒトはもとよりサルよりも短い。

実際のところ、メトシェラの動物園のメンバー入りの条件にサイズを考慮することは理にかなっている。理由は次のとおりだ。小さな動物の生物学的時間は、大きな動物よりもずっと早く経過する。ヒトやウマの一生の歩みと比べると、ハツカネズミはエンジン全開で突っ走っているという感じだ。なぜなら、ハツカネズミの細胞の代謝率は——つまりエネルギーを燃やす速度は——ウマと比べると一五倍ほども高いからだ。老化には代謝率が大きく関わっていると長年考えられてきた。

が、サイズが関係するのは代謝率だけではない。小さな動物は、とにかくいろんな意味で生き急ぐ。成体に成長して生殖を始めるまでが速い。心臓の脈拍が速い。呼吸も速い。筋肉の収縮も速い。食べものが消化管を通り抜けるのも速い。血液や皮膚の細胞が置き換わるのも速い。腎臓が老廃物を処理するのも速い。もうおわかりだろう。小さな動物の生理学的な時間は速く流れるのだ。

サイズが小さければ〈環境上の危険〉はより大きくなる。より小さな動物ほど、それを餌にする動物の種類は多くなる。大きな種よりも相対的に多くのエネルギーを必要とするため、そのぶん頻繁に栄養と水分を摂らなければならず、したがって飢えや脱水に弱い。さらには、小さなキューブアイスのほうが大きな氷の塊よりも凍るのも融けるのも早いように、小さな動物は温まったり冷えたりしやすく、したがって高温にも低温にも弱い。

こうしてみると、体が小さいことはさまざまな制約をもたらすが、そのすべてをものともしない種は注目に値する。そうした種が難題をどう克服しているのかを理解すれば、わたしたち人間にとっても大きな意味を持つ何かがつかめるかもしれない。とはいえ基準は必要だ——サイズのちがいを考慮して、異なる種同士を比較する方法が。

一九九一年、大学院での教え子だったキート・フィッシャーとわたしは、大まかではあるが手早く簡単に算出できる基準を考案した。わたしたちはこれを〈longevity quotient（長寿指数）〉、略してLQと命名した。その仕組みを説明しよう。トガリネズミからゾウに至るまで、さまざまなサイズの哺乳類数百種について、寿命の世界記録を集めて簡単な計算をあれこれ繰り返すと、任意のサイズの哺乳類の平均的な寿命がはじき出せる。もっとも、その動物が動物園や各家庭などで〈環境上の危険〉から護られている場合に限られるが。これは肝心なポイントだ。LQのベースになるのは、飼育環境下で測定された寿命だ。理由は単純で、そんな環境だからこそ数百種もの寿命データを入手することができたからだ。世界中の動物園よ、ありがとう。

飼育環境下にある哺乳類の長寿指数を、すべての動物の基準とする。定義上、サイズ的に〝平均的な〟哺乳類の寿命から算出したものをLQ一・〇とする。イヌの場合、計算するとほぼぴったり一・〇となる。寿命という点から見れば、イヌは極めて平均的な哺乳類だ。ある動物が同じサイズの平均的な哺乳類の二倍の寿命だとすると、その動物のLQは二・〇となる。半分なら〇・五だ。実験用マウスのLQは約〇・七、つまり同じサイズの飼育環境下にある平均的な哺乳類の七〇パーセント分の寿命だということだ。野生のハツカネズミは約〇・一七だが、この差は危険な自然環境下に生息していることによる。ヒトは絶対寿命からしてもサイズに対する寿命からしても長寿の哺乳類だ。ヒトのLQにはいろいろと微妙なところがあるが、それはあとで検討する。とりあえずは、もっとLQの大きい哺乳類もいるものの、ヒトのLQもそれなりに大きいとだけ述べておこう。ところが哺乳類という枠から踏み出すと、ヒトの寿命は絶対的な値としても相対的な値としても、だんだん大したことがないもののように見えてくる。

動物の年齢の正確さ

　動物界の寿命について考察する旅を始めるに当たって、最後にひとつだけ注意しておこう――寿命の記録の正確性についてだ。動物がどれだけ長く生きるかについて誤った説を唱えていたのは、アリストテレスのような古代の人々だけではない。二〇世紀になって記録管理が広く一般的になる以前は、動物はもちろん人間でさえ、寿命に関する確かな情報はほぼ皆無だった。人間の生年月日を記録に残すという行為は、人類史のなかではかなり新しい現象で、ほかの動物の記録ともなればなおさらだ。

　そうした記録がない時代の例を見てみよう。一七世紀のイングランドに、トーマス・パーという田舎者がいた。パーは、一片の証拠すらないにもかかわらず、自分は一五二歳だと吹聴した。現代人よりも騙《だま》されやすい当時の人々はその法螺《ほら》話を信じ、パーは有名人になった。パーは最晩年にロンドンに呼び寄せられて国王チャールズ一世の謁見を賜り、死後はイングランド史に名を残す傑物たちと並んで、ウェストミンスター寺院に埋葬された。今でも大聖堂の床に彼の墓を見ることができる。自分の年齢を誇張するだけでセレブになれることもあるのだ。

　年齢の誇張は、人間についても動物についてもいまだに見られる。権威あるメディアでさえ、嘘八百のニュースを毎週のように流している。こうしたでたらめについては一九九七年に出した『老化はなぜ起こるか』（草思社、一九九九年）という本に詳しく書いた。本書では、前著で言及した事例と最近のものを数件、超長寿の人々を扱った最終章で振り返ることにする。今はこう述べておくだけで充分だろう——高齢層の人口統計の研究者たちのあいだでは有名な話だが、人並みはずれて長生きするコツは、辺鄙《へんぴ》な、できれば山がちな土地の小村に生まれ、生涯を通じてきつい肉体労働に従事し、絆の強いコミュニティに助けられ、そして何よりも識字率がかなり低く出生記録もいい加減なところで暮らすことだ。

動物の出生年月日を体系的に記録することなんかめったにない。だから年齢の誇張は人間の場合以上にはびこっているのかもしれない。世界中の動物園でゾウガメが死ぬたびに、「このメスのカメは少なくとも一七五歳で、チャールズ・ダーウィンがガラパゴス諸島から帰国する船旅の途中、この動物園に寄贈した」という動物園側のコメントを眼にしているような気がする。このたぐいの話は、そのカメが本当にガラパゴスゾウガメであろうとなかろうと、またその動物園が、ダーウィンが訪れたとされる場所にあろうとなかろうと関係なく出てくるみたいだ。並はずれた長寿の動物についての記録は、あってもせいぜい何世代も語り継がれてきた話や、動物園の書類の山のなかに埋もれた、一〇〇年前の色あせたメモ用紙がせいぜいといったところだ。動物園や自分の家にとんでもない高齢の動物がいると自慢すれば、大抵は耳目を集めるし金にもなると思えば、年齢の誇張がよくあるというのもそれほど意外ではない。ただの動物ではなく、好奇心と注目の的になるのだ。しかも動物園なり飼い主なりが、その動物を細心の注意を払ってしっかり世話してきたと仄《ほの》めかすことにもなる。

こうした長寿記録の法螺話の裏側をのぞいてみると、実際の記録に負けず劣らず面白い話が往々にして見つかる。二〇世紀前半に動物の長寿記録をまとめたスタンリー・フラワーが見つけた話に、とある動物園の〈リトル・プリンセス〉という一五七年生きたとされる有名なゾウが、その一生のなかのどこかでアフリカゾウからアジアゾウに変わったというものがある。一五七年生きるよりもずっとすごいことではないか。

こうした長寿動物の話でわたしのお気に入りのひとつは、〈悪口チャーリー〉というふたつ名を持つ〈チャーリー〉というルリコンゴウインコのメスのエピソードだ（インコの性別の判定は難しい場合が多い）。二〇〇四年、〈チャーリー〉の飼い主は、このインコは第二次世界大戦当時に英国首相ウィンストン・チャーチルが飼っていて、自分の声そっくりに「ナチスなんぞクソくらえ」と言わせるように仕込んだと公表し、世界中の注目を集めた。それが事実なら、本書を書いている時点でまだ生きている〈チャーリー〉は、少なく見積もっても一一六歳になる。この話の唯一の泣きどころは、当時チャーチル邸にいた人々の誰ひとりとして、首相がルリコンゴウインコを飼っていたことを憶えていない点だ。チャーチルと一緒に写っている写真もなく、〈チャーリー〉がナチスもしくは誰かを罵《ののし》っているのを聞いたことのある人物も飼い主以外にいない。チャーチルの娘のメアリは、この話はまったくのでたらめだと述べた。しかしこの話のおかげで、〈チャーリー〉が日々暮らしている園芸用品店は大いに儲かった。チャーチルのインコをひと目見ようと、大勢の人々が方々から訪れるようになったのだ。

わたしと妻は〈ヘクター〉というオオキボウシインコを飼っているが、このインコは七〇歳かもしれないし、そうではないかもしれない。わたしたちが〈ヘクター〉を三五年ほど飼っていることはまちがいないし、このメスのインコを（インコの性別の判断は難しいと言ったが、ヘクターはメスだ）手に入れたときは三五歳だという触れ込みだった。しかしわたしたちは、〈ヘクター〉の年齢を明記した確たる書類を元の飼い主（元の飼い主だとして）からもらおうとはしなかった。自分が飼っているインコが七〇歳だと自慢するのは簡単だが、実際は何歳だかさっぱりわからない。このあと本書では、とくに興味深い動物の実年齢の判定方法について何度も言及する。物理学者のリチャード・ファインマンが言っているように、知っているつもりでまちがえるぐらいなら知らないほうがいいからだ。

旅立ちに先立って、ダネット博士のフルマカモメのことを胸に刻んでおこう。ダネット博士は一九九五年に亡くなり、博士の友人たちがその死を悼む期間を置いたのちに、わたしはフルマカモメの研究を引き継いだ、アバディーン大学のポール・トンプソン博士に連絡した。例のフルマカモメは――若いジョージと歳を取ったジョージと一緒に写真に写っていた有名な鳥――まだ生きていますか？　と尋ねると、生きていますという答えが返ってきた。ジョージの死から一年後に営巣地に現れ、その後はぱったりと姿を見せなくなったという――おそらく海へと消えたのだ。少なくとも四八歳で、若々しいままで。驚くべきことだ。

フルマカモメは長生きする鳥だが、そもそも鳥類自体が長寿だ。実はコウモリもそうだ。なぜなのだろうか？　空を飛ぶことが長寿をもたらすのだろうか？　これまでに空を飛べるように進化した動物のグループは四つしかない。それらがみな長生きになるような進化も遂げたのかどうか、これから見ていこう。

1部　空の長寿

2章　飛翔の起源

ルイジアナ州のバイユーを――冠水した薄暗い湿地林を――オールや竿《さお》を操って渡り、羽根のようなイトスギの葉越しに斜めに差す木漏れ日を浴び、黒々とした淀みに不穏なものを感じたことがある人なら、三億六〇〇〇万年前の石炭紀の冠水した森のなかの景色と雰囲気を容易に想像できるだろう。現代の湿地林を渡るうえで怖い存在といえば、姿の見えないアリゲーターやクロコダイルぐらいだ。それに対して石炭紀の湿地の水面下に潜んでいたのは、人間ほどの大きさの肉食水棲昆虫タイコウチや、オオサンショウウオに似た肉食両生類だ。

この太古の森はとにかく静かだった。鳥のさえずりも歌も、カエルの鳴き声も合唱も、哺乳類の甲高い鳴き声も遠吠えも聞こえなかった。進化は、まだこうした動物を創造していなかったのだ。耳だけでなく眼にもぱっとしない世界だった。まだ花は、緑と灰色と茶色の森に彩りを添えるようには進化していなかった。しかしこの静寂に包まれた殺風景な世界で、生命の歴史において最も重要な変化のひとつが起こった。動物が、初めて空へ向かって飛び立ったのだ。そしてこの変化はのちに生命一般に、とりわけ動物の寿命に広く影響を与えることになる。

最初に空へ向かったのは植物だった。丸裸の地球を覆ってしまうと、あとは上へ行くしかなかった――最初は膝までの高さ、それから腰、胸の高さへと伸びていった。地質学的に見れば瞬《まばた》きほどの時間のあいだに植物は急成長し、高さ三〇メートルのそそり立つ木生シダの林を作った。競争が植物の上への移動をうながした――植物に命を与えるエネルギー源である、貴重な日光をめぐる競争が。

最初に地球を覆ったのは、ミズゴケ類やツノゴケ類やゼニゴケ類などの地面に張りつく植物だが、その後は植物をより高く伸ばすように革新的に進化したものが競争で優位に立ったはずだ。より背の高い植物は太陽のエネルギーを真っ先に奪うことができ、そしてその植物が落とす影は周囲の背の低い植物のエネルギーを奪った。高さで明るさを取り合う競争だった。

植物が進出した場所には、すぐに動物がやってきた。動物たちは茎や幹を這《は》い上り、枝を渡り、地面のずっと上にある新たな餌を見つけた。木はまた、地面を離れられない外敵からの避難場所にもなった。こうした樹上棲の最初期の動物たちは、森が育つにつれて梢の青々とした葉を突き刺し、吸い、切り取り、こすり、噛むようになった。木の上に棲む種の数は急速に増えた。最も小さな樹上動物は、植物の表面のバクテリアや菌類を食べた。こうした動物を、より大きな捕食動物が餌にした。

最初期の森に生きる動物は節足動物ばかりだった――ヤスデ、ムカデ、サソリ、カニムシ、サソリモドキ、クモなどだ。そして、その後の世界で優位を占めることになる、這いまわり、飛び跳ねる数多くの昆虫もだ。這う虫を見ると身震いする向きにとっては、恐怖絵巻が展開しているように見えたことだろう。ヤスデなどの一部の動物はコモドオオトカゲほどの大きさだったのだからなおさらだ。昆虫は、植物が陸にコロニーを作るようになると水から出てきた。陸棲植物の群落構造が複雑になると――地表を覆うもの、まっすぐ伸びるもの、低木、つる性植物、そして樹木が混在するようになると――昆虫もまた多様化した。

体のサイズと最初の飛翔

最初に空を飛んだ昆虫は小さかった――重力は小さいものに優しいからだ。体のサイズが、寿命を含めて生態のほとんどすべての面に影響を与える理由を理解することは、長寿の進化の解明の中核をなす。ここで少し脇道にそれて、サイズがどのように飛翔の起源に影響を与えたのかを簡単に説明する。

ニューヨーク市のエンパイア・ステート・ビルディングの八六階にある、吹きさらしの屋外展望デッキに立っているところを想像してみよう。そこは熱帯雨林にある世界一の高木の何倍も高いところにある。そこに翅《はね》のない小さなハエが何匹か入った壜《びん》がある。壜の蓋を開け、展望デッキの端からハエを落とす。何が起きるだろうか？

何が起こるのかは何となくわかる。砲弾やコインや車のキーとちがって、ハエは地面に向かって一直線に落ちるわけではない。小さいうえに軽いので、ふんわりと落ちていく。それどころか、かすかな上昇気流に乗ってさらに舞い上がり、しばらく空を漂ったのちに、何キロメートルも離れたところにポトリと落ちることもあるだろう。

翅のない小さな昆虫がゆっくり落下したり、ちょっとしたそよ風にさらわれて高く舞い上がったりする理由は、軽くて小さく、そして重さに対して表面積が大きいからだ。空気は向き合った面を押し返すので、この空気の抵抗によって落下速度が遅くなる。風の強い日に凧《たこ》が揚がり羽毛が舞うのもこの理由だ。凧や羽毛は、形状にしても素材にしても重量に対して非常に大きな面を持つつくりになっているので、空気に押されて簡単に舞う。

小さな動物が重力をものともしないのは、小さければ小さいほど重さに対して必ず表面積が大きくなるからだ。簡単な幾何学でわかるとおり、清涼飲料水に入っている一辺が一センチメートルの小さなキューブアイスは、一辺が一メートルの角氷に比べると、重さに対する面の大きさが一〇〇倍になる。形状も材料もまったく同じにもかかわらず。このように、サイズが小さければ重量に対する表面積の比率は大きくなる。この〝表面積対重量比〟は物体が落下する速さに影響を与えるだけでなく、別の点でも物体とその周囲との相互作用を変化させる。たとえば熱は表面を伝わるので、体積に対して大きな表面積を持つ小さな氷は、大きな氷のブロックに比べて熱い場所ではずっと早く融け、冷たければずっと早く凍る。同様に、高温と低温に対して小さい動物は弱く、大きな動物は強い。

重力に話を戻すと、先に述べたことは逆にしても成り立つ。つまり落下する場合、大きな動物にとっては重力が大きな要素になり、空気抵抗は重要でなくなってくる。この幾何学がもたらす実際の結果を、生物学者のJ・B・S・ホールデンがこのように鮮やかに表現している。「ハツカネズミを深さ九〇〇メートルの鉱山の縦坑に落としても、底に到着するとわずかな衝撃を受けるだけで歩き去る。クマネズミなら死ぬ。人間ならバラバラになる。馬なら飛び散る」[1]ホールデンは少年時代に鉱山事故を調査する父親の手伝いをしていたから、この言葉は何かしらの実体験に基づいているのかもしれない。

ふたたび飛翔の起源へ

そういうわけで、石炭紀の森に生い茂る木生シダのてっぺんの枝葉に最初に到達した小さな小さな昆虫にとっては、小枝から小枝へ、大枝から大枝へ、さらには木から木へ跳び移ろうとして三〇メートル下の地面に落っこちたところで、わりかし屁でもなかった。失敗は残念ではあっても大惨事にはならなかった。

おそらく昆虫の飛翔の第一段階は、太古の森の葉が生い茂る樹冠を跳び移っているうちに始まったのだろう。仲間のなかで最も遠くまで跳び、最も正確に降り立つことができる個体は、外敵からうまく逃げ、それまで手つかずだった餌のある場所へ素早く移ることができ、最終的には、それほど敏捷《びんしょう》ではない個体よりも交尾の相手を見つけて子孫を残すことにも成功したのだろう。これを飛翔の進化における〝パラシュート段階〟としてもいいだろう。小さい体そのものがパラシュートの役割を果たして落下速度を遅くさせ、冒険心のある個体をある程度の距離を漂わせ、着地させたのだ。

飛翔の始まりに向けた次の一歩、そしてその一歩が昆虫の寿命に与えた影響を理解するには、昆虫の一生のさまざまな段階を見なければならない。

昆虫の大きさと形状は、体を包んで全体を支えている上皮《クチクラ》、つまり〝殻〟もしくは外骨格で決まる。ヒトのように骨格が体の内部にある動物とはちがい、昆虫の骨格は甲冑《かっちゅう》さながらに体の外側を覆っている。外骨格は臓器を保護できるという利点があるが、成長が制限されるという欠点がある。成人してアーサー王の円卓の騎士となったランスロットは、少年の頃に使っていた甲冑を身につけることはできなかったはずだ。昆虫の場合はクチクラの下に別のクチクラを作り、外側の層を脱ぐことで成長する。古いクチクラを脱ぎ捨て、新しい層が乾燥して硬くなるまでの短いあいだだけ、体を大きくすることができる。すなわち成長できる。新しいクチクラは前のものと異なるかたちになることもあり、成長とともに大きさだけでなく形状も変えていくことができる。こうした成長し体の形状を変える能力のおかげで、異なる環境に適応したり、同じ環境に異なるやり方で適応したりできる。わたしたちがイモ虫とか毛虫と呼ぶチョウやガの幼虫は、成虫とは見た目も行動もまったくちがう。成虫になり、初めて空を飛べるようになると、昆虫は脱皮をやめる。成虫になると、昆虫は成長と変化を捨ててしまうのだ。

三億六〇〇〇万年前の湿地林に話を戻そう。昆虫の成虫にたまたま突然変異が生じ、外骨格の小さな突起が硬さも強さもそのままに伸びたり平らになったりした結果、表面積が大きくなり、ただ跳ぶだけよりも遠くへ滑空できる翼となった。最終的に長くなり、平らになり、軽くなり、のちには動く翅となった外骨格の正体については、何十年ものあいだ議論の的となっている。なぜなら、自力で飛べるように動物が進化したほかの三つのケースと異なり、昆虫の場合はもともとあった肢を翼に転用しなかったからだ。昆虫の翅は、六本肢という基本形態につけ足されている。最初期の段階は、飛翔の進化におけるパラセーリングと考えることができる。

さらなる突然変異が生じ、クチクラの突起がより長く平らになり、硬いまま軽くなり、翼の効果が増せば、自然淘汰の過程で優位に立てただろう。突起が動くようになり、傾けたり回したりして小回りが利くようになるなどの突然変異も有利に働いただろう。この時代は化石記録が乏しいので、いつ、どの昆虫のグループがそうなったのかはっきりとはわからないが、伸びて軽くなり、動くようになった突起は、最終的に外骨格と接合する箇所に複雑な関節を発達させ、この関節を動かすための筋肉も発達させた。これで自力飛翔に――パラセーリングのように重力の影響を最小化するだけではなく、重力に打ち克つ飛翔に――進むために必要なのは、翅を動かせるだけのエネルギーを供給する器官のみになった。

翅のエネルギー供給源

翅を動かすには、そのためのエネルギーを供給する何らかの器官が必要だ。パラシュート降下や滑空とは対照的に、自力飛翔または、はばたき飛翔は動物の行為のなかで最も多くのエネルギーを必要とする。しかしそれを補うだけの利点が自力飛翔にはある。ほかの移動手段より短時間のうちに距離を稼げるので、移動距離に対する〝コスパ〟が高いのだ。

昆虫の飛翔にはどれほどのエネルギーコストがかかるのだろうか？　人間に可能な行為のなかで

最もエネルギーコストが高い部類に入る、階段を駆け上がる動作を考えてみよう。この行為で消費されるエネルギーは、座った状態での読書の七倍から一四倍だ。一方、毎秒一〇〇回以上――一部の種では一〇〇〇回以上――翅をはばたかせる昆虫の飛翔の場合、同じ昆虫が休んでいる状態と比べると、エネルギーの使用量は五〇倍から一五〇倍にもなる。自力飛翔を支えるエネルギー伝達システムは、外骨格の内側にある大きく非常に効率のよい飛翔筋だが、そこに燃料と酸素をとてつもなく速いペースで供給しなければならない。飛翔する昆虫のはばたき回数をほかの動物と比較してみると、ホヴァリング中のハチドリは（ホヴァリングは鳥の飛翔で一番つらい行動だ）毎秒約八〇回はばたかせる。つまり昆虫のはばたき回数のなかで最少に近い。

昆虫の飛翔筋は体重の三〇パーセントを占めるほど大きい。また、この飛翔筋は有酸素型で、短時間の急激な動作ではなく持久性に特化している。有酸素型だということは、その名のとおり酸素を絶え間なく供給してやる必要がある。

細胞（筋線維）レヴェルで見ると、有酸素型（遅筋線維）とは、食物の化学結合を分解してエネルギーを解放する細胞小器官（〝小さな臓器〟）であるミトコンドリアから、ほぼすべてのエネルギーが供給されることを意味する。生物の教科書で誰でも見たことがある動物の細胞の図は、ミトコンドリアについて誤解を招きやすい。図に描かれている細胞のなかにあるミトコンドリアの数はせいぜい数個だ。図で示すためには仕方のないことなのだろうが、実際の細胞内には、その細胞が必要とするエネルギーの量に応じて数百から数千ものミトコンドリアが存在する。たとえばヒトの発生卵には一〇万個ほどのミトコンドリアが入っている。昆虫の飛翔筋の細胞にも、体積の四〇パーセントにも相当するミトコンドリアが詰まっている。老化と長寿の観点から見れば、ミトコンドリアはエネルギーと同時に有害な活性酸素を発生させるという点でとくに重要だ。活性酸素は、生物を構成するほかの分子と反応して害を与える分子だ。その結果、飛翔を始めてミトコンドリアの活動を活発化させる必要が生じると、飛翔筋で発生する活性酸素も急増する可能性が出てきた。活性酸素によって損なわれた筋線維は時を経るにつれ衰え、飛ぶ昆虫の寿命はエネルギー必要量の少ない飛ばない昆虫と比べて短くなってしまう。

エネルギー供給と利用は、それに伴う活性酸素の発生と合わせて、寿命を左右する要素だ。この話題には今後の章でもたびたび触れる。

飛ぶ昆虫の寿命

地球で生息域を広げていくうえで、昆虫にとって自力飛翔は非常に大きな強みになった。種の数でも個体総数においても、現在でも昆虫はほかのどの動物群よりもはるかに多い。地球の陸地には一平方メートル当たり一〇万匹もの昆虫がいるという推計もある。こちらのほうが驚きの事実かもしれないが、昆虫学者たちによる近年の試算では、地球上には人間ひとりに対してハエが――ハエだけで――一七〇〇万匹いるという。さらには、地球上のハエの総重量は人間の総重量より多い――おまけに、昆虫の主要な約三〇のグループのうち、ハエはそのなかのひとつにすぎない。

後述するが、鳥類および哺乳類では、飛翔能力は並はずれた長寿と密接に結びついている。では、

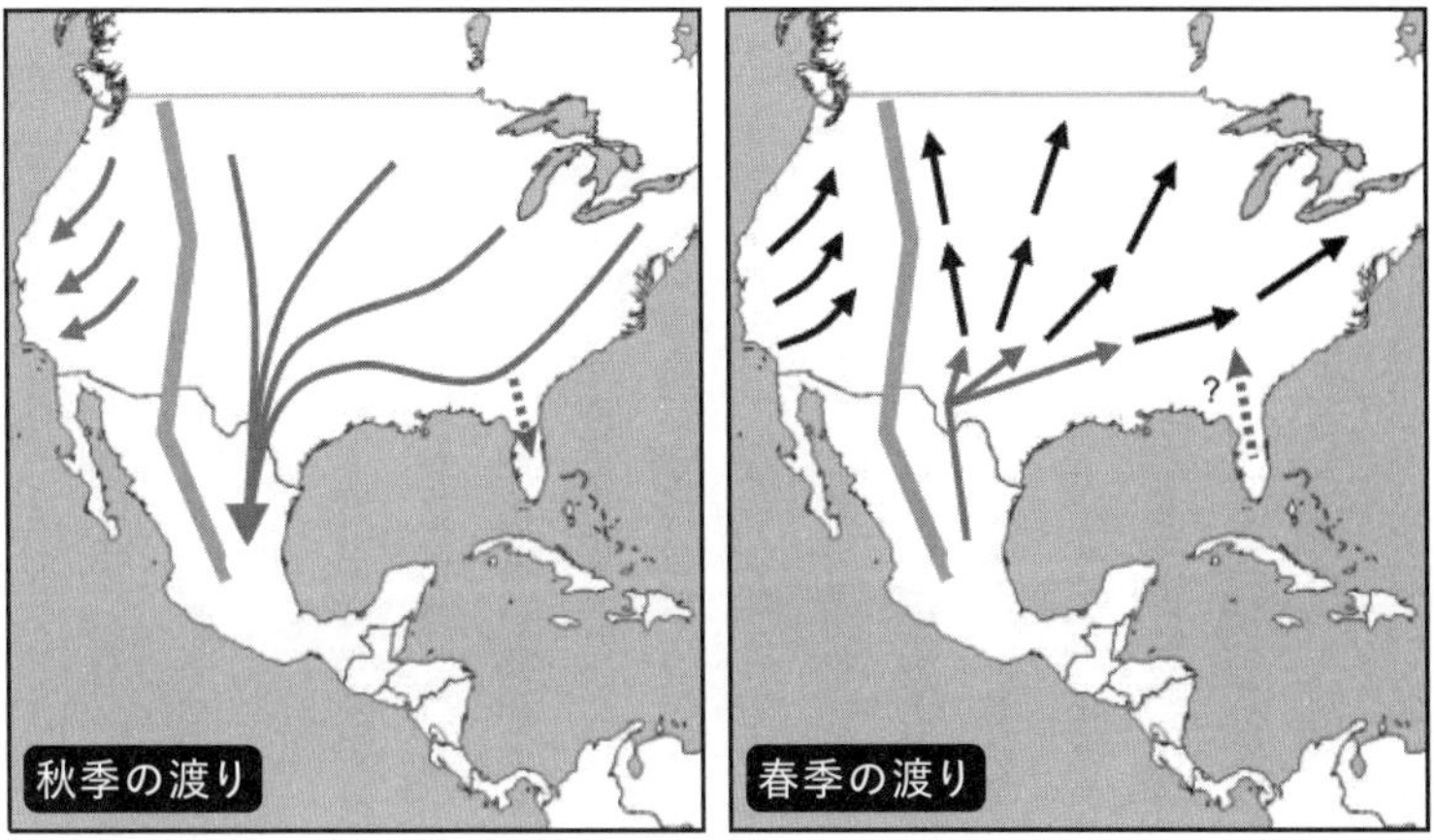

［図2-1］寿命とオオカバマダラ（*Danaus plexippus*）の渡り。多くの鳥類のように定期的に往復の渡りをする昆虫はほぼ皆無だ。アメリカ東部のオオカバマダラはその例外で、興味深い寿命のパターンを示している。メキシコ中央部で100万羽単位のコロニーを形成して越冬したのちに、何世代にもわたる北への渡りを開始する。越冬した世代はテキサス州やオクラホマ州で卵を産み、死ぬ。新たに生まれた世代は北への旅を続け、2か月ほどのちに産卵して死んで、また次の短命の世代へと、言うなれば命のバトンを渡す。この世代も北上し、産卵し、親と同じようにたった2か月ほどで死ぬ。ところがこの卵はちがう。それまでの世代は成虫になって2か月ほどしか生きないが、この世代は8か月も生き延び、数千キロを飛んでメキシコまで戻り、そのまま越冬し、春になるとふたたび北へと向かう。この世代の長寿のカギは、成虫になってからの6か月ほどのあいだ、ホルモンの働きによって生殖機能を停止させるところにある。オオカバマダラの寿命を制限しているのは生殖だと思われる。〈幼若ホルモン〉と呼ばれる物質が生成されているかどうかで、生殖と老化のスウィッチが入ったり切れたりするのだ。

W. S. Herman and M. Tatar, "Juvenile Hormone Regulation of Longevity in the Migratory Monarch Butterfly," *Proceedings of the Royal Society B: Biological Sciences* 268, no. 1485 (2001): 2509–2514.
図は『Journal of Experimental Biology』の許可を得て変更を加えた。

空を飛ぶことのできる昆虫、たとえばハエやミツバチ、スズメバチ、チョウやトンボは――というより、ほぼすべての昆虫は――飛ばないもの、たとえばシミやイシノミなど翅が発達しなかったものや、さらにノミや大部分のナナフシのように先祖は翅を持っていたが進化の過程で失ったものと比べて長生きするのだろうか？

ひと言で答えればノーだ。飛ぶ昆虫は並はずれて長生きすることはないが、その理由を探ると、超長寿の必要条件の多くが明らかになる。煎じ詰めると、昆虫は飛翔動物でも何でもないから、ということかもしれない。むしろ昆虫は〝飛ぶことのできる〟動物なのだ。

どういうことなのだろうか？

この点をうまく説明してくれる昆虫がカゲロウだ。カゲロウは世界中のフライフィッシング愛好家たちが愛してやまない虫で、春から秋にかけて小川の川面の上に大量発生するが、数日で姿を消す。昔からカゲロウは〝はかない命〟のイメージキャラクターを務めている。カゲロウの短命についてはアリストテレスも記している。古代ローマの博物学者の大プリニウスは『博物誌』のなかで、カゲロウの命は一日ももたないと述べているが、これは狭い意味では多くの種に当てはまる。カゲロウが属する〈*Ephemeroptera*（カゲロウ目）〉にしても、Ephemero- は短命の動植物を意味する古代ギリシア語に由来し、名前からして短い命を示唆している。

しかし実際は、カゲロウは昆虫という小さくひ弱な動物のなかでとくに短命というわけではない。トンボやカワゲラなどのさまざまな昆虫と同様に、カゲロウは成虫になるまでの期間を、翅のない水棲の幼虫として小川のなかで過ごし、脱皮を繰り返して徐々に大きな幼虫に成長し、最後に飛翔する成虫の姿になる。[2] そして、これがカゲロウについてのカギとなる事実だ。小川のなかでの幼虫時代は数年続く。成虫になってから死ぬまでが短いだけだ。数年の寿命は昆虫として短くはない。むしろ長寿と言っていい。昔から成虫の命の長さにばかり眼がいきがちなので、多くの昆虫の寿命について誤解してきたのだ。

成体になって初めて飛翔能力を獲得するという点でも、昆虫はほかの飛翔動物とは異なる。昆虫が飛翔動物ではなく飛ぶことのできる動物だと言ったのはそういうことだ。昆虫によっては、成虫になって得た翅を途中で失ってしまう種もいる。たとえば女王アリは成虫になってからわずかのあいだ翅を持つが、〝結婚飛行〟（この間に交尾する）を終えると、自ら翅をもぎ取り、地下に潜って自分のコロニーを作り始める。

昆虫の幼虫はすべて地面もしくは地中、植物の内外、そして水中のみで過ごす。つまり昆虫は飛翔動物ではないからこそ、一生の大半のあいだは飛ぶ飛ばないで命が左右されることはない。人間をはじめとした動物とはちがい、多くの昆虫は一生の大半を幼体の状態で過ごす。成虫になれば翅を持つかもしれないが、一生のほとんどの時間を地中に潜り、葉の上を這い、あるいは小川の砂利のなかに隠れて過ごすので、翅は寿命にほとんど影響を及ぼさない。

長寿の昆虫といえば周期ゼミが最も有名だろう。周期ゼミは、北米東部で数年おきにおびただしい数が一斉に姿を見せる。オスたちは木の幹にしがみついてジーッという耳をつんざく長い音を出し、その音量は通過する列車よりも大きくなることもある。ありがたいことに、セミの成虫は二週間か三週間経てば死んでしまうので、騒音はそのあいだだけ我慢すればいい。しかし大挙して出現するまで、周期ゼミは一七年ものあいだ幼虫として地中で植物の根の養分を吸って過ごす。一生という点で見れば、二〇年近くになる周期ゼミの寿命はすべての昆虫のなかで最長の部類に入る。わたしたちの眼に見える期間だけが短いのだ。

では、幼体で過ごす時間が長く、成体になれば短期間のうちに死んでしまう動物の場合、その老化のスピードはどうなのだろうか？　老化と寿命は深く結びついてはいるが、同一の概念ではない。人間は、どれだけ長生きできるかということと同じぐらい、どう歳を取るか、つまり歳を重ねていくうちにどのように心身が衰えていくのかを気にしているのは確かだ。ゼウスに不死にしてもらったが、不老にしてもらわなかったギリシア神話のティートーノスのように、老いさらばえていくだけの長い余生を送りたいなどとは誰も思わない。

こう考えてみよう。ほとんどの動物のライフサイクルは発達期と――成長と変化の期間と――その後の成熟期からなる。多くの場合、発達期は年齢とともに身体機能が向上し、老化はその逆をたどる。一〇歳児を二歳だった頃の本人と比較すると、一〇歳のほうが身体能力のほぼすべての面で優れており、生存能力も高まっている。一般的に成熟期は生殖、そして身体機能の衰え――本書で言うところの老化――と結びつけられる。

昆虫の場合、脱皮を終えた直後から老化、つまり成虫の衰えが始まる。カゲロウなど一部の昆虫では、この衰えは驚くほど速く進行する。昆虫以外の動物は数年から数十年かけて緩やかに衰えていく。

脱皮があるおかげで、昆虫は発達期と成熟期がはっきりとわかる。幼虫のあいだは何度も脱皮をするが、成虫になった途端に脱皮は止まってしまう。

昆虫の寿命についての研究報告の大半は成虫のみに着目している。しかし本書とすれば、卵から墓場までの動物の一生全体を理解したい。そしてこの見地に立つと、飛ぶ昆虫は飛ばない昆虫に比べて寿命が長いという傾向は、どうやら認められない。昆虫の生活史は実に多様で、空を飛ぶ種でも短命なものと長寿のものがいるが、ちがいが生じる理由の大半は、成虫がどれだけ長く生きるかではなく、成虫になるまでにどれだけ時間がかかるかにある。

トンボやチョウやハエといった活発に飛び回る昆虫のなかで、成虫の生存期間がとくに長いものはいない。ほぼすべてが数週から、長くて二、三か月だ。野生で一年近く生きつづける種は、おそらくひとつもない。成虫の寿命に着目した最大規模の野外調査のひとつ、カリフォ《U》ルニア大学《C》デイヴィ《D》ス校のジム・ケアリー教授によるウガンダ西部のキバレ国立公園での実施例を見てみよう。ケアリー教授の研究チームは、四年近くをかけて三万匹以上のチョウに印をつけた。[3]成虫になっても長く生きる昆虫が見つかりそうな場所としてまず思い浮かべるのは、寒冷で餌の乏しい冬が来ない熱帯だ。研究者たちは、印をつけた個体をふたたび発見するたびに記録をつけた。こうした努力の結果、印をつけてから最後に確認するまでの期間の最長記録は、あるメドンボカシタテハ（*Euphaedra medon*）の約一〇か月だとわかった。教授らは六〇〇羽以上のチョウを捕獲し、外敵から護られた大きな屋外の籠に放つという研究もした。こうしたチョウの寿命はどれも三か月程度だった。実地調査する数多くの昆虫学者から話を聞いたところ、のちの章で述べるいくつかの顕著な例外を除けば、自然環境下で成虫として一年以上生きつづけた記録がある昆虫は一種たりとも知らないという。

飛翔が――成虫になってからだけだとはいえ――鳥やコウモリの寿命には関係があるのに昆虫の寿命には関係しないとすれば、それはどうしてなのだろうか？

その答えは、昆虫は高性能の飛翔用器官を発達させたが、〝長寿をもたらす器官〟はそうではなかった、ということなのかもしれない。長寿をもたらす器官で重要なのは、体の損傷箇所を補修または交換できる能力だ。活発に飛ぶ昆虫の、というよりすべての昆虫の成虫の翅や吻《ふん》や肢は、一旦損なわれてしまったら修復されることも、新たに生え変わることもない。最後の脱皮が終わると、翅を含めたクチクラを修復する能力は著しく低下するからだ。脊椎動物の骨は生体組織だが、昆虫の外骨格の表層を構成するクチクラは非生体組織で、皮膚よりむしろ爪に近い。爪の欠けた部分は元に戻らないことからもわかるとおり、非生体組織は傷ついたらそのままで治らない。昆虫の幼虫は、損傷箇所は脱皮中に古いクチクラを脱いで新しいクチクラが固まるまでのあいだに新たに生やすことができる。だから小川のなかを泳ぐカゲロウや根の汁を吸うセミの幼虫は、肢や触覚を損ねたり失ったりしても、脱皮すれば元どおりになる。しかし翅は脱皮しなくなる成虫になるまで生えてこないので修復が効かない。自然環境下の昆虫にとって、翅の損傷は命取りになる場合が多い。

おまけに翅の損傷は回避不可能だ。飛ぶたびに毎秒一〇〇回から一〇〇〇回もはばたけば、翅がどれだけ傷むか、考えればわかることだ。屋外で虫捕り網を使って飛んでいる虫を捕まえれば、翅が見えるほぼすべての種のほとんどの個体の翅に、傷や欠けや亀裂が見つかるはずだ。〝翅が見える〟昆虫とは、チョウやトンボ、ハエなど翅が常に露出しているもののことだ。甲虫の大半とカメムシ目の昆虫の一部は、飛んでいないあいだは二対の翅のうちの硬い前翅《ぜんし》（翅鞘《ししょう》とも言う）で飛翔用の繊細な後翅《こうし》を覆って保護しているので、後翅はなかなか確認できない。翅が損傷すると飛翔がおぼつかなくなり、捕食されやすくなるし広範囲での餌探しも難しくなる。つまり飛翔昆虫の成虫はそもそも長生きせず、自然のなかでは数週から数か月しか生きられないということだ。そのなかでも最も長く生きるのは、飛翔用の翅がしっかり保護され、あまり飛ばない習性の甲虫だと見られるのは当然の話だ。そして飛翔機能が脆弱《ぜいじゃく》だからこそ、活性酸素の生成といった、細胞内の有害なプロセスに対して効果的な体内防衛機能を発達させるという進化上の利点が押しとどめられていると言えるのかもしれない。

だから空を飛ぶ動物は長寿の場合が多いが、昆虫にはそれがあてはまらないということだ。最長寿の昆虫は空にはいない。

3章　翼竜——最初の空飛ぶ脊椎動物

一億年以上にわたって空を我がものとし続けた結果、昆虫は地球上で広く拡散し、多様化し、増殖し、何千何万もの新しい種を形成するという千載一遇の機会を得た。最高のスタートダッシュを決めることができたからこそ、昆虫はほぼすべての尺度から見て、地球で最も大規模かつ最も栄えた動物群になれたのだろう。そうやってチャンスが拡がった時代の昆虫ですら、水という束縛から完全に解放されることはなかった。

水は命なり。生命の源である化学反応は、動物の体内にある水のなかで生じる。地球外の惑星での生命探査は水を探すところから始まる。水中から陸に上がった動物が（それと植物が）直面した大きな脅威は乾燥だった。昆虫と、クモやサソリやヤスデなどの節足動物は、硬いクチクラで体内から水分が失われるのを防いでいるが、卵は小さいので（つまり体積に対して表面積が大きいので）乾燥による水分の蒸発にとりわけ弱かった。したがって卵は湿った場所、つまり水中か水辺に産みつける必要があった。しかし巨大な昆虫やヤスデや両生類に交じって目立たない、小さなトカゲのような生物が、蒸発を防ぐが通気性のある皮のような殻で卵を包むという手段を見いだし、水から離れることができた。石炭紀の湿地林が衰え、気温が低く乾燥し、密度の低い森に跡を譲ると、進化史において革新的な乾燥に強い卵を産み、鱗《うろこ》に覆われた防水性の体を持つ爬虫類が、自分たちの生きる場所を陸に見つけた。

しかし爬虫類の時代の到来は大変動を待たなければならなかった。その大変動とは、約二億五〇〇〇万年前のペルム紀末に起こった、地球史上最大の大量絶滅だ。海洋生物の九五パーセント以上、陸上生物の七〇パーセント以上の種が絶滅し、昆虫種の半分以上が姿を消した。大量絶滅の原因はいまだにわかっていない。激烈な火山活動や、小惑星や彗星といった宇宙から来た大きな天体が地球に衝突した可能性もあり、海や大気が一時的に有毒になるような化学変化による大惨事も考えられる。そ

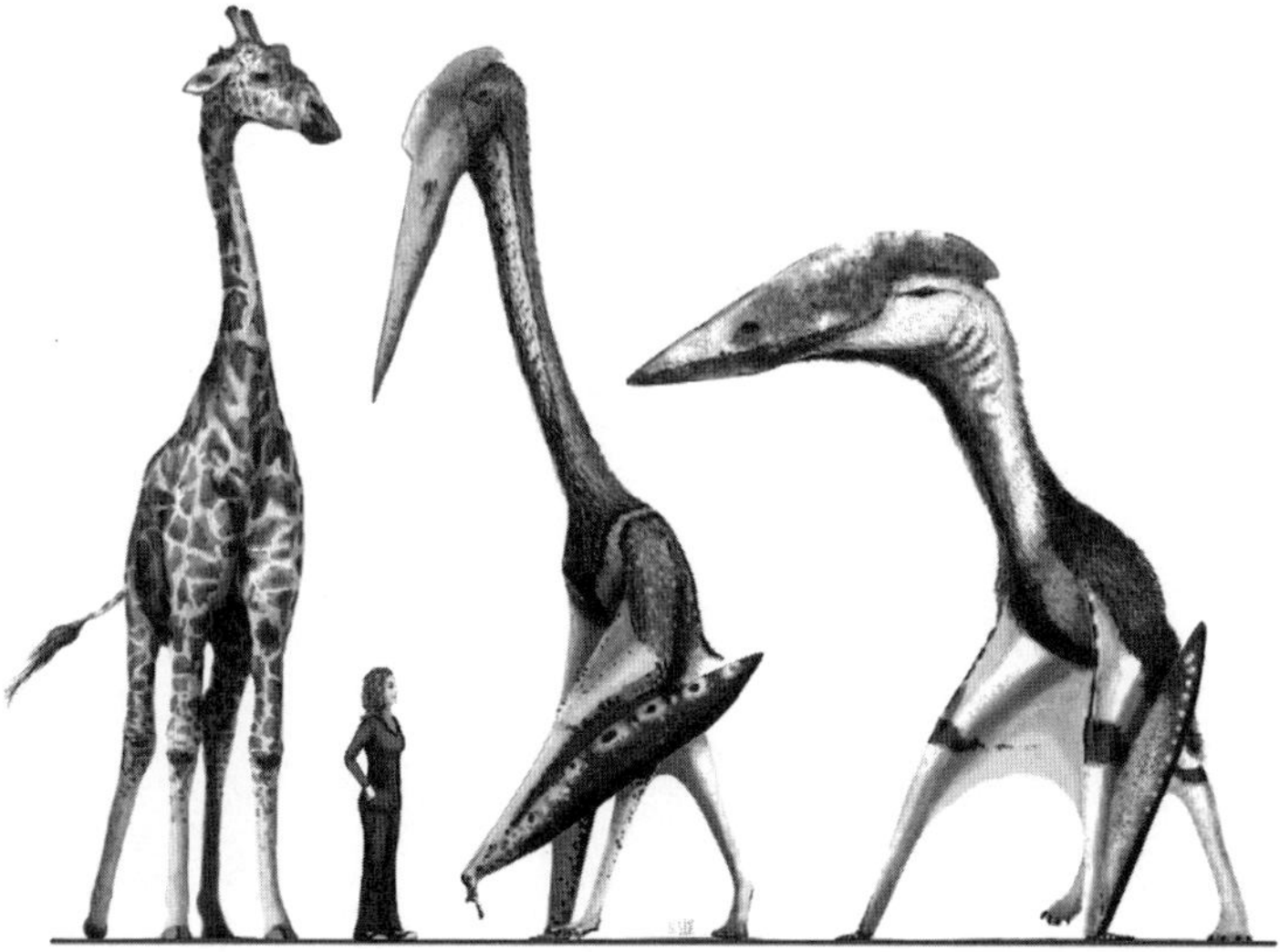

[図3-1]翼と飛翔。翼竜は、最大のものでもすべて飛ぶことができたらしい。ハツェゴプテリクス(*Hatzegopteryx* 中央)とアランボウルギアニア(*Arambourgiania* 右)は最大級の翼竜だ。キリンやヒトと比べたら、その巨大さが実感できる。Drawing courtesy of Mark Witton.

うした理由の組み合わせだったかもしれない。しかしそれでも生命は復活し、そのときには爬虫類が躍進して陸地を支配したということはわかっている。

やがて爬虫類のなかに、生命の歴史上二番目に自力飛翔能力を身につけた種が出てきた。この空飛ぶ爬虫類たちは翼竜と呼ばれる［図3・1］。一八世紀後半、石灰石の産地として有名なドイツ南部のゾルンホーフェンで、俗に翼竜（*pterodactyl*）と呼ばれる、カラス大の空飛ぶ爬虫類の完全な化石骨格が発見された。石灰岩のなかでしっかりと保存された翼竜の骨格は、現存する動物やそれまでに知られていた化石とはまったく異なり、フランスの解剖学者ジョルジュ・キュヴィエによって翼のある爬虫類だと同定されたのは、発見から数十年後のことだった。

翼竜の化石は驚くほど豊富で、多種多彩に存在する。現在では一〇〇以上の種が同定されており、それはつまり恐竜が最も栄えていた時代には、さらに多くの種がいたということだ。クロムクドリモドキほどの小さなものもいれば、キリンと同じ体高で、翼を広げると小型飛行機の翼幅に匹敵するものもいた。さらには、翼竜は広く生息していた。翼竜の化石は南極を除くすべての大陸で発見されており、南極にも生息していたことはほぼ疑いがないが、その化石は何キロメートルもの厚さの氷の下に埋まっている。化石化した骨に加えて、皮膚がしっかり確認でき、軟部組織もかなり残った、翼竜のそっくりそのままの死骸も見つかっている。保存状態がよく胚が入っている卵もだ。足跡も確認されており、翼の生えた前肢を飛ぶだけでなく歩いたり走ったりするのにも使っていたことが証明された。翼竜はまさしく後にも先にも存在しなかった動物で、見かけるとすれば人気テレビドラマ『ゲーム・オブ・スローンズ』のなかくらいだろう。この物語で描かれるドラゴンの形状や能力は、翼竜を臆面もなく模倣したものだ。

翼竜は〝空飛ぶ恐竜〟と呼ばれことが多いが、実際には恐竜ではなく、その姉妹群だ。翼は、呆れるほど長く伸びた第四指（翼指《よくし》と呼ばれる）から足首にかけて広がっている。翼と、それにつながる肩まわりの骨格（肩帯《けんたい》）と筋肉には、知り得るかぎり用途がふたつある——どの種も地上歩行や木をよじ登る際の利便性を残しつつ、飛翔に適した合理的な構造になっている。泳ぐものすらいたようだ。現在の飛翔する脊椎動物である鳥類やコウモリとは異なり、翼竜は正真正銘の四足歩行の動物だった。現存する種でそれに近い能力を持つのは数種のコウモリだけで——最もよく知られているのがチスイコウモリだ——それらは飛べると同時に二本の肢とふたつの〝手のひら〟を使って歩くことも走ることも可能だ。

脊椎動物の新機軸

翼竜は脊椎動物だ。つまり、わたしたちと同様に背骨がある。脊椎動物は、生物学上のいくつかの重要な点で昆虫とは異なる。脊椎動物は——というより、わたしたちは——昆虫のように外部ではなく内部に骨格を持つ。これによってわたしたち脊椎動物は、外骨格があるために脱皮時にだけ一気に成長するしかない昆虫とはちがい、継続的に成長することができる。そのためには、既存の細胞が途切れることなく分裂を繰り返して新たな細胞を生み出し、新しい組織を形成しなければならない。昆虫は成虫になると継続的な細胞分裂をほとんどしなくなる。新しい細胞を作る機能を保つのは消化管と生殖器の一部の細胞だけだ。したがって先に述べたとおり、損傷した箇所を修復する能力はほとんどない。硬い外骨格とちがい、内骨格には体の表面を保護する機能がないので、脊椎動物は常に細胞分裂を繰り返し、あらゆる外傷を修復しなければならない。脊椎動物が有する適応免疫系は、外部からの侵入物を専用の血液細胞が認識し、攻撃し、記憶するシステムだが、侵入物と戦うために、やはり細胞分裂を加速させる能力を必要とする。しかし、一生を通じて細胞分裂の能力を維持することには代償がともなう。細胞分裂が可能なあいだは、それがいきなり制御不能に陥る危険性もある。細胞分裂が制御不能になった細胞ががんだ――がんは脊椎動物に見られる問題で、昆虫の寿命には関わりのないことだ。

翼竜は飛翔能力だけでなく、さまざまな面で爬虫類としては変わり者だった。たとえば、翼竜には毛が生えていた。顎と翼をのぞいて頭部と体のほとんどを覆っていた短い毛は、どうやら哺乳類の体毛と同じように断熱の役割を果たしていたと見られ、つまり翼竜は温血動物だった可能性がある。〝温血〟動物という言葉は誤解を招きやすい。普通は〈内温性〉動物と呼ばれる。つまり、鳥類や哺乳類といった一部の動物群は――それに、どうやら翼竜は――体内器官の代謝活動で熱を作り出し、日光などの外部の熱源に頼らずとも体を温めることができる。この内温性の大きな利点は、筋肉をはじめとした器官を常に最適な動作温度に保ち、周囲の温度にかかわらず一日中、さらには一年中いつでも活発でいられることだ。とはいえ内温性には大きな弱点もある。体の熱を発生させ続けるためのエネルギーコストがかさむところだ。翼竜が内温性動物だったとすれば、その代謝率は――エネルギーの消費量と、そのエネルギーを生む燃料を補給するために必要な餌の量の割合は

――同サイズの爬虫類のような現生種の冷血動物、正しく言えば〈外温性〉動物に比べて、かなり高かったはずだ。内温性を保つために、ヒトは同サイズのワニの約二五倍の食物を年間で食べなければならない。[1]

体内で熱を発生させるエネルギーコストが大きいがゆえに、その熱を周囲に無駄に放散させるのではなく可能なかぎり保存するようになったのは理にかなっている。体の表面を脂肪や毛や羽毛で覆って断熱すれば、失われる熱の量は減る。真空断熱カップに入れたコーヒーが冷めにくいのと同じ理屈だ。熱を奪われることは、小さな翼竜であれば体重、つまり熱を発生させる組織の量に対して、熱を放出する表面積が大きいので、ことさら問題だったはずだ。翼竜は、少なくともある程度は内温性だったために、空を飛ぶことができただけでなく一年中いつでも、一日のどの時間でも活動することができた。たとえば気温の低い早朝や夜間ならば、外温性動物はせいぜいゆっくり動いている程度だったはずで、あっさりと翼竜の餌食になっただろう。

飛翔するという制約がありながらも、翼竜の形態は驚異的と言えるほど多彩だ。ある種は骨格のある長い尾と巨大でカラフルな〝とさか〟、そして爬虫類特有の歯を生やしていた。別の種は尾もとさかもなく、鳥のように歯のない嘴《くちばし》を発達させた。今日のサギやツルのように、首が長く尖った嘴のものもいた。

爬虫類が飛ぶまでの道のり

翼竜がどのようにして飛翔能力を進化させていったのかについては、空を飛ぶようになった時代の化石記録が乏しいので、詳しいことはわかっていない。それでも昆虫と同じパターンをたどったと考えるのが最も妥当だ。進化の過程で翅の構造を一から生み出した昆虫とはちがい、もともとあった前肢を改良して翼にするだけでよかった爬虫類は、ある意味わりと簡単に飛ぶことができたのだろう。

爬虫類の飛翔能力の発達における第一段階は、樹上でちょろちょろ走りまわったり跳んだりしていた小さな爬虫類がまちがいなく関わっていた。そうした爬虫類は着地に失敗しても小さいからそんなにダメージを負わず、木に登ったり枝から枝へと跳び移って摑まったりするために力強い前肢を発達させていた。現生種のトカゲのように肢を体の側面から突き出すのではなく、下にしまい込むことで跳躍力を高めていたのだろう。平らな場所に立つと、トカゲというよりもリスのような直立姿勢になったのかもしれない。

前肢と後肢のあいだの皮膚が伸びるという遺伝子の思いがけない突然変異が生じ、はためく皮膚が翼の役割を果たし、跳躍を滑空に変えたのだろう。滑空能力は進化の過程でわりと獲得しやすいみたいだ。樹上での省エネ移動手段として、滑空能力は何度も出現してきた。翼竜と同時代に生きた最初期の哺乳類のいくつかは滑空できた。現生種のなかでも、滑空する動物は想像以上に数多く存在する。滑空するイカもいれば滑空するカエルもいて、滑空するトカゲも数多くいる。ヘビも滑空するし、トビウオは（実際には飛ぶのではなく滑空するのだが）五〇種以上いる。哺乳類ではモモンガやムササビなど〝飛ぶリス〟が数十種、滑空する有袋類が三グループ（最もよく知られているのがフクロモモンガ）、そしてヒヨケザルが二種いる。ヒヨケザルは〝flying lemur（空飛ぶキツネザル）〟と呼ばれることもあるが、飛ぶわけではなく滑空し、さらにはキツネザルでもない。

しかし自力飛翔の進化は、どう考えても滑空の進化よりもずっと難しい。そうでなければ七億年の生物進化史のなかに登場した空を舞う動物のグループは四つ以上出現していたはずだ。最初期の小型の飛翔爬虫類でさえ、飛ぶ昆虫の何倍も重かったのだから、体重はどうにかしなければならない難題だったことだろう。

体重の問題に対処する手段のひとつとして、翼竜は骨の数と重量を減らした。一億五〇〇〇万年の歴史のなかで、そうなるようにどんどん進化していった。初期の翼竜によく見つかる、爬虫類のように骨のある尾は、のちの進化した種ではすっかり小さくなっている。歯の本数も減り、爬虫類らしい重厚な顎は、ずっと軽い鳥のような嘴に取って代わられた。さらに骨は次第に中空になり、内部を支柱で補強するようになった。初期の翼竜で中空だったのは頭蓋骨と一部の背骨だったが、のちの種では翼に関するほぼすべての骨（肩の骨）も中空になった。これは軽量化のための進化だったのだろう。しかし別の目的もあったのかもしれない——飛翔筋への酸素供給の増加だ。鳥の骨も中空だが、効率のよいユニークな呼吸器官の一部でもある。骨には肺につながる気嚢《きのう》が入っている。運動量が極めて多い飛翔筋に充分な酸素を供給する効率のよい呼吸器官は、どの飛翔用器官にもまして必要なものであることはまちがいない。それ以外に必要な器官には、羽ばたきと地面の歩行と走行のどちらにも前肢が使えるようにするための、前肢のよく動く関節がある。

飛翔用器官の最後のパーツは、翼をはばたかせる巨大な筋肉組織と、それを取りつける頑丈な骨だ。この強力な筋肉は、地面から飛び立つ際にも不可欠だったと思われる。この説のベースにあるのはチスイコウモリだ。このコウモリは四肢をすべて使ってプッシュアップジャンプのような力強い動作を素早くこなして空に飛び立つ。前述したとおり、翼竜の前肢は飛翔だけでなく地上を移動できるつくりになっているので、この前肢の力を使ってジャンプして空にはばたいていったとする説は理にかなっている。

盛んに飛びまわる昆虫と同様に、翼竜の飛翔筋の細胞にも、空を飛ぶために必要なエネルギーと一緒に有害な活性酸素を大量に放出するミトコンドリアが詰まっていたのだろう。飛翔筋の力と効率を何年にもわたって保つためには、活性酸素の無毒化に効果のある抗酸化物質を生成し、筋肉の損傷を最小限に留めなければならなかったはずだ。それができなければ、場合によってはヒトやその他の哺乳類と同じように、骨格筋幹細胞を使って筋肉の損傷を極めて効率的に修復する能力を発達させる必要があっただろう。こうした防御機能を、飛翔に必要不可欠な筋肉内で発達させることができなかったとしたら、翼竜はそれほど長生きできなかっただろう。ここで翼竜はどれほど長く生きたのかという大きな疑問が持ち上がってくる。翼竜はメトシェラの動物園の絶滅種コーナーの一員になれるほど長生きしていたのだろうか？

翼竜と恐竜の寿命

翼竜の寿命を、たとえば同時代の陸棲恐竜と比較して考えるには、両者の体のサイズを合わせなければならない。ほぼすべての動物群と同じく、恐竜も翼竜も体の大きなもののほうが小さなものより長生きしたはずだ。もちろん、どの翼竜よりもはるかに大きな恐竜は多数いたが、似たサイズのもの同士もそれなりに多く存在していた。最小の恐竜の体重は二キログラム程度しかなかった。少なくとも数種の恐竜の寿命については、実際にかなり正確に推定できる。恐竜たちは遅くとも六六〇〇万年前に絶滅してしまったことを考えれば、驚くべきことなのかもしれない。寿命がわかるのは、多くの種の骨に樹木と同じような成長輪（年輪）があるからだ。成体になってもなお成長を続ける一部の動物は、気温や獲得可能な餌の量の季節変動によって骨の成長率が変わるため、骨に成長輪が形成されるのだ。たとえば、年齢がわかっている現生種のクロコダイルの骨を調べると、成長輪が毎年できることがわかった。ひとつの輪が一年生きたことを示すわけだ。

同じことが恐竜にも言えると仮定すれば、恐竜の成長速度（隣り合った年輪の距離でわかる）と、どれほど生き永らえたのかの推算が可能だ。たとえばオスのゾウとほぼ同じ体重だったティラノサウルス・レックス（*Tyrannosaurus rex*）は生後一八年ほどで成体になったことがわかっているが、これはゾウと比べるとやや遅い。ところが、どうやら恐竜は意外にもかなり短命だったらしい。発掘されている化石のなかで最長寿のティラノサウルスでも、骨の成長輪から二八年しか生きられなかったことがわかっている。[2] ティラノサウルスの成体の化石標本はほんの数体分しかないことを考えればずっと長く――場合によっては何倍も長く――生きた個体がいた可能性は高い。しかし現時点で判明している事実から考えれば、最長で二八年という寿命は、同サイズの平均的な哺乳類のそれの半分にも満たない。ずっと小さい体重一八キログラムの草食恐竜でトリケラトプス（*Triceratops*）の親戚であるプシッタコサウルス・モンゴリエンシス（*Psittacosaurus mongoliensis*）は、調査可能な数少ない化石から、一〇年か一一年しか生きられなかったことがわかっている。寿命が判明している恐竜のなかで最も長生きのものは、体長一六・五メートルに体重二〇トンという巨体で、名前も体に負けじと大仰なラパレントサウルス・マダガスカリエンシス（*Lapparentosaurus madagascariensis*）という種だが、その寿命は四〇代前半程度で――やはりほんの数体を調べた結果だが――同サイズの哺乳類の約半分だ。[3] つまり、少なくとも限られた証拠からすると（あくまで限られた、だが）、恐竜は全体として比較的短命だったと思われる。一方、野生のゾウの場合は五〇代まで生きる個体はざらで、やや少ないながらも六〇代まで生きるものも多く、たまに七〇代の長寿のものも出てくる。

翼竜の寿命については、残念ながらほとんどわかっていない。先に述べたように、翼竜の骨は空を飛ぶために軽量化が進み、完全に中空になっているので、成体になってからの成長輪を調べることがまったくできないのだ。体の構造の多くの面で鳥類に似ていることを考えれば、恐竜よりはるかに長生きだったはずだと推測することはできる。確実にわかっているのは、数種の成長速度と成体になるまでに要する年数だけだ。成長速度が最もよく測定されているのがプテロダウストロ・グイナズイ（*Pterodaustro guinazui*）という翼竜で、翼竜のなかでも見た目がことさら強烈な種だ。翼幅は三メートルでコウノトリより少し大きい程度で、長い首と、上に反った長い顎を持ち、この顎のなかに濾過《ろか》摂食をするクジラの口内のヒゲ板に似た、非常に細い歯が一〇〇〇本も生えていた。つまりフラミンゴが池で餌をとるのと少しだけ似た要領で、海中にいる餌を濾《こ》して食べていたのだろう。成長速度から見て、およそ二歳で生殖可能になり、六歳で最大限に成長すると推定されるが、それからどれくらい長く生きたのかはわからない。たったこれだけの証拠で翼竜の寿命は結構長かったと推定するわけにはいかないが、同時にその可能性を否定することもできない。翼竜が長寿だったことを示唆する事実として、翼の関節に驚くほど頻繁に関節炎が見られるということがある。関節炎は関節が加齢ですり減った結果生じるので、関節炎になる程度には長生きだったということだ。

ペルム紀末の大量絶滅という地球規模の大変動の直後に進化した翼竜は、やはり大混乱のなかで消えた。今から六六〇〇万年前、メキシコのユカタン半島近辺に落下した小惑星がさまざまな現象を引き起こし、〝従来の〟恐竜と翼竜のすべてを含め、地球上の生物種の四分の三を絶滅させた。ところが、すでにその頃には翼竜は姿を消していたのかもしれない。小惑星が衝突してきた時点でまだ生き残ってことがわかっている翼竜は、ほんのわずかな大型種だけだ。小型の種はすでに死に絶えていたと思われる。確かなことはわからないが、すでに繁栄していたほかの空飛ぶ動物との競争に敗れた結果なのかもしれない。翼竜を打ち負かした動物を、古生物学者たちは翼と羽毛を持った〈獣脚類〉の恐竜と呼んでいる。古生物学者以外は〈鳥類〉と呼んでいる。

4章　鳥──最長寿の〝恐竜〟

鳥類は空の支配者だ。鳥類はほかのどの飛翔動物よりも高く、速く、そして遠くまで飛び、急降下や反転や潜水もより機敏にこなし、滞空時間も長い。肉食性の鳥の多くは、昆虫やコウモリ、さらにはほかの鳥といった飛翔中の動物を、ごく普通に空中でそのまま捕まえることができるほど高い敏捷性を誇る。実際のところ、鳥類が登場したことにより、それ以外の大多数の飛翔動物は鳥たちがほとんど空にいない夜間に活動せざるを得なくなったのかもしれない。

飛んでいる姿を毎日のように見かけるせいで、鳥類には驚くべき身体能力が備わっていることをついつい忘れてしまう。たとえばインドガンは海から飛び立ち、気温が氷点下何十度にもなり得る高度九〇〇〇メートルまで上昇し、世界の屋根であるヒマラヤ山脈を越える。しかもそのための訓練も高度順化も酸素補給もせずに、一日もかけずにやってのける。オオソリハシシギという水辺に暮らす鳥（渉禽《しょうきん》）は、補給なしで、つまり地上に降りて餌をとったり水を飲んだりすることもなく九日九晩ぶっ続けで飛び、アラスカからニュージーランドまで一万一〇〇〇キロメートルの渡りを行う。ちなみにこの距離は、商用航空の直行便の世界最長区間にかなり近い。ヨーロッパアマツバメは一〇か月以上空中を飛び続けたという記録がある。レースバトは時速一六〇キロメートルの水平飛行が可能で、ハヤブサは最高時速三二〇キロメートルで獲物目がけて急降下する。庭でよく見かける小鳥でさえ、見過ごされがちだが眼を瞠《みは》るようなアクロバット飛行ができる。たとえば、小鳥が時速四〇キロメートルの巡航速度からいきなり急降下して、鉛筆ほどにも細い小枝に正確に、完璧なバランスで止まる様子はよく見かけるのではないだろうか。

　が、多才な鳥類のもっとも特筆すべき身体能力は、長寿の才なのかもしれない。

　その好例のひとつがイエスズメ（*Passer domesticus*）だ。イエスズメは茶色の体に黒いマスク、胸に黒い斑点を持つ小鳥で、世界各地の裏庭や公園や庭園でよく飛びまわっている（日本で見かけるものは近縁の〈スズメ〉）。鳥類が驚異の長寿動物だということを明確にするために、イエスズメと同じサイズで、気味が悪いほど似かよった歴史を持つハツカネズミと比べてみよう。イエスズメもハツカネズミも中東に起源を持つ種だ。どちらも人間が栽培し貯蔵する穀物が、自然界にあるどんなものよりも安定して得られる餌だということを早い時期に理解し、人間の近くに居ついてうまく利用したほうが得策だと判断した。このふたつの種はヨーロッパ人の拡散に合わせて世界中に広がり、今では南極以外のすべての大陸で見つかる。

　しかし、長寿の点で言えば、両者は比べものにならない。ハツカネズミの寿命は野生のもので平均三か月から四か月、最も長生きしたものでも一年少々だ。研究室で可能なかぎり大切に優しく育てると、最長で三年ほどまで延びる。一方のイエスズメは、野生で最も長く生きたものが一九年と九か月で、野生の最長寿のハツカネズミの二〇倍近く、研究室や家庭で飼われてかわいがられているマウスの六倍以上になる。[1]

鳥類の長寿にはどんな秘訣があるのだろうか？

鳥類の起源

鳥類はおよそ一億五〇〇〇万年前、翼竜の最盛期に出現した。自分たちより少なくとも五〇〇〇万年も早く空で生きる道を選び、飛翔を洗練させていた翼竜と、鳥類はどんな手を使って〝制空権〞を争い、最後には空から追い落とすことができたのだろうか？　そこには、鳥が四本肢ではなく二本肢で歩き、翼竜のように前肢を飛翔と地上移動の兼用にするのではなく、飛翔専用にしたという事実が関わっているのかもしれない。飛翔と歩行に対応するために形状と機能の両面で妥協する必要がなくなったことで、二足歩行のほうがより優れたつくりの翼を急速に発達させることができたのかもしれない。鳥の翼の構造もしくはその他の何らかの特性が、より高度な曲芸飛行や、翼竜には無理な時間帯や季節に活動することを可能にしたのだろう。鳥の繁栄に大きく貢献した要因は、軽さと高い断熱性を両立させた自然界最高の偉業と言える、羽毛の誕生にあるのかもしれない。翼竜のある種が短い毛で覆われていたことを思い出していただきたい。どんな理由があるにせよ、数十から数百種の翼竜がすでに空を埋め尽くしていたにもかかわらず、鳥類は急速に進化して空に飛び立った。

最初の鳥が登場した翼竜の最盛期は、恐竜が絶頂を迎えた時代でもあった。これは現代の生物学で鳥類を恐竜の一種と位置づけていることから考えれば、それほど驚くには当たらない。広く一般に恐竜と呼ばれるものを、最近の古生物学者たちは通例〈非鳥類型恐竜〉と呼び、〈鳥類型恐竜〉、つまり鳥類と区別する。これは鳥の長寿の謎を深めている。前章で見たように、恐竜は——証拠がある数種からすれば——比較的短命だったと思われるからだ。前述したとおり、これまでに見つかったティラノサウルスのなかで最高齢のものは二八歳で、これはゾウと同サイズの動物としてはかなり短命だ。つまり、地上に暮らす鱗に覆われた爬虫類から羽毛を持つ空の動物に変わっていくどこかの時点で、鳥類の長寿用器官が進化したということだ。

　太古の鳥類の化石第一号は、最初の翼竜の化石が見つかったのと同じドイツ南部の石灰石の採石場で一八六一年に見つかった。始祖鳥（*Archaeopteryx*——〝古い翼〟）は、カラス大の動物で、小さな肉食恐竜にそっくりだった。実際、映画『ジュラシック・パーク』シリーズで一躍名を馳せた、機敏で不気味なほど頭のいい肉食恐竜ヴェロキラプトル（*Velociraptor*）のミニチュア版といった感じだ。始祖鳥は恐竜の歯を生やし、骨が入った長い恐竜の尻尾があり、前肢にはヴェロキラプトルのような爪、後肢には大きな偃月刀《えんげつとう》形の必殺の爪を持つ。そして翼があり羽毛が生えていた。

　実は、始祖鳥を鳥と呼んでいいものかどうかははっきりわかっていない。始祖鳥はある形態と別の形態のあいだに挟まれた、典型的な移行期の種だ。始祖鳥は空を飛べたと思われるが、確たる証拠はない。翼の羽毛は現生種の鳥類の風切羽によく似ているが、現在の空を飛ぶ鳥のような頑丈な肩帯や、竜骨突起のあるしっかりした胸骨は持っていなかった。肩の関節にしても充分な可動範囲はなく、翼を背中より上に高くはばたかせることはできなかったみたいだ。現在のライチョウやシチメンチョウのように、はばたくのは餌を捕まえるときや、自分が餌にならないために樹上に飛び上がるときの最後の一手だったのかもしれない。仮に飛べたとしても、長い距離を上手に飛ぶことはできなかった。

しかし地質学的な時の流れのなかで、さまざまな飛翔形態の鳥類が大量に出現した。小型の翼竜が消滅していくにつれて、さらに多くの鳥の種が現れた。この傾向が鳥類と翼竜が真正面からぶつかり合った結果なのかどうかはわからない。鳥類は全体的に翼竜より小さく、こうした初期の鳥は最大のものでもガチョウほどの大きさだった。

非鳥類型恐竜と翼竜を根絶やしにし、地球上の全動物の四分の三を絶滅させた六六〇〇万年前の小惑星の大衝突で、鳥類も全滅の瀬戸際に追い込まれた。生き残ったのは、カモとニワトリの祖先たち、そしておそらくダチョウの飛翔可能な祖先などのほんの数種だった。この絶滅の淵から立ち直っていくなかで、一万の現生種の鳥類が登場した。

鳥類の寿命

鳥類が並はずれて長生きすることは何世紀も前から知られていた。イングランドの哲学者で自然哲学者（当時、科学者はそう呼ばれていた）のフランシス・ベーコンは、一般に鳥は哺乳類より長生きするという所見を一六二三年に記している。[2] 野生の鳥と哺乳類の実際の寿命については、ごく漠然としかわかっていなかった時代だった。ベーコンが寿命を把握していたのは、ニワトリやヒツジやヤギなどの家畜や、イヌやネコやオウムなどのペットといった、ほんのひと握りの飼育動物だけだった。そう、ベーコンの時代の時点で、オウムはすでに何世紀にもわたってペットとしてさかんに売買されていたのだ。オウムの寿命について、ベーコンは「持ち込まれたときの年齢に加えて、イングランドで六〇年生きることがわかっている」と記している。これはペットのオウムの寿命について現在わかっている事実と、かなり正確に符合している。ベーコンはすべての鳥類が長寿ではないこともわかっていた。たとえばオンドリについては「好色で喧嘩っ早く、短命だ」と述べている。事実、ニワトリはオスでもメスでも鳥類としては短命だ。ベーコンが示唆するとおり、道徳的欠陥のせいで長生きできないのかもしれない。あるいは別の理由があるのかもしれない。

家畜ではなく野生《ワイルド》の動物について、ベーコンは大胆《ワイルド》な——そしてひどく大げさ《ワイルド》な——推測をしている。ハゲワシ、ワタリガラス、ハクチョウはどれも一世紀ほど生き、象は二〇〇年生きるとした。

しかし確たる知識に欠けていたせいで、鳥は長生きだという世評は強まるばかりだった。現在でも、ペットの鳥についての寿命の誇張はざらだ。たとえばキバタンが一四二年生きたとか、わたしの〈ヘクター〉のようなボウシインコが一一七年生きたとかいう、控え目に言っても疑わしい逸話が世に広まっている。実はこのふたつのオウム目にはそれぞれ五七歳と五六歳という最長寿のしっかりした記録があり——いわば出生証明書があり——誇張しなくともなかなかの長生きだということがわかっている。つまり、うちの〈ヘクター〉は自らの種の長寿記録を一〇年以上更新したことになる。もしくは〈ヘクター〉を手に入れたときに教えられた年齢がまちがっていたかだ。そっちのほうが可能性は高い。

年齢がしっかりと確認できる最高齢のオウムは、シカゴのブルックフィールド動物園で生涯の大半を過ごした、〈クッキー〉と名づけられたクルマサカオウムだ［図4-1］。〝クッキー（Cookie）〟という名前は、オーストラリアに棲息する色彩豊かなオウムの総称〈cockatoo（コカトゥー）〉の俗称〝コッキー（Cocky）〟がアメリカで訛《なま》ったものと思われる。クルマサカオウム（Major Mitchell's cockatoo ミッチェル少佐のオウム、*Lophochroa leadbeateri*）は、〈Leadbeater's cockatoo（レッドビーターのオウム）〉とも〈pink cockatoo（ピンクのオウム）〉とも呼ばれ、体はサーモンピンクの羽毛で覆われ、頭部には白と鮮やかな赤と黄色のとさかのような羽毛を生やしている。通常は乾燥したオーストラリア内陸部の樹林帯を棲み処としている。〈クッキー〉は、一九三四年にブルックフィールド動物園が開園したときにオーストラリアからやってきた。当時一歳だった。何十年にもわたって展示され人気を博したのち、二〇〇九年に体調不良のため公開展示から退いた。二〇一六年に八三歳という大往生を遂げ、世間に大きな悲しみと話題をもたらした。

［図4-1］シカゴのブルックフィールド動物園にいた世界最高齢の鳥、クルマサカオウムの〈クッキー〉。このときは81歳だが、まだ壮健で機敏そうに見える。鳥は死の間際まで健康に生きつづけると言われている。〈クッキー〉は83歳まで生き、晩年には誕生日パーティーが毎年催されていた。Photo courtesy of Chicago Zoological Society/Brookfield Zoo.

〈クッキー〉がどれほど並はずれて長生きしたのかは、哺乳類と比較すればよくわかる。〈クッキー〉と同じ体重三〇〇グラムの、動物園で飼育される平均的な哺乳類の場合、予想される寿命はたった九年だ。

野生の鳥類はどうだろうか？　イエスズメは例外なのだろうか、それとも野生の鳥は自然界の厳しい生活環境のなかでも長生きするのだろうか？

一九七〇年代の時点で、鳥類がかなり長生きし、さらには何らかの手段を使って老化を完全に防ぐこともできる動物だという認識は広く一般に知れ渡っていた。ダネット博士のフルマカモメのように、鳥類学者たちは同じ鳥を数十年にわたって複数回捕まえることがあったが、年齢を重ねてもほとんど衰える様子はうかがえなかった。実際、鳥類の命を奪うのは嵐や旱魃、捕食者による急襲などの予期せぬ〈環境上の危険〉だけで、老化ではないと考える研究者たちも出てくる始末だった。この説に立つイエール大学の生物学者ダニエル・ボトキンとリチャード・S・ミラーは、こんな試算をした。ニュージーランドにある複数の繁殖営巣地で調査したシロアホウドリの年間死亡率と、その死亡率は年齢にかかわらず不変だという仮定を基に計算して、ある営巣地に少なくとも一万羽の個体がいて（アホウドリの標準的な規模の営巣地からすればあり得ない数字ではない）、そこの年間死亡率が歳とともに増加しないなら、ジェイムズ・クック船長が初めてニュージーランドに到着した一七六九年にいたアホウドリのうちの少なくとも一羽が、二五〇年以上経過した今でも生きているはずだという結果を算出した。[3]　野生の鳥は本当にこんなに長く生きるのだろうか？　本当に死ぬまでずっと健康体でいられるのであれば、その仕組みを解明して人間でも似たようなことが実現できたら素晴らしいのではないだろうか？

鳥類の寿命の判定法

実は野生の鳥類の寿命については、ほかのどの動物群よりもはるかによくわかっている。それもこれも、デンマークの鳥類学者ハンス・クレスチャン・モーテンセンのおかげだ。一九〇〇年頃、モーテンセンは野生の鳥をさまざまな罠を使って生け捕りにし、小さなアルミ製の環を肢につけて放すという個体識別システムを考案した。

この新機軸で、鳥類の寿命の記録はずいぶん簡単になったと思うかもしれない。たしかに以前よりずいぶんと楽にはなったが、それでも努力と忍耐は必要だ。個体を何度も再捕獲し、識別することができたとしても、足環をつけたときの年齢と死んだときの年齢がわからなければ、その個体が何年生きたのかはわからない。すべての鳥がダネット博士のフルマカモメのようにおとなしく捕まり、さらには毎年決まって同じ営巣地に戻ってくるわけではなく、戻ってこなければ、ほぼ確実に死んだと言える。さらにはフルマカモメの例でわかるように、種によってはその寿命を記録するには、ひとりの科学者の研究人生以上に長い調査が必要になる場合もある。

それでも過去一〇〇年以上にわたり、数多くの鳥類愛好家と野生生物学者たちが鳥に個体識別の足環をつけてきた。これまで何百種からなる何百万という野生の鳥に足環がつけられ、複数回再捕獲されてきた。北米だけでも一九六〇年以降、六四〇〇万羽に足環がつけられている。イギリスとヨーロッパ諸国でも同じことが行われてきた。現在は五大陸で得られたすべての情報を一元管理し記録する体制が確立され、マウスを――実験用ではなくコンピューターのものを――ちょっと動かすだけで閲覧できる。

かく言うわたしも、これまでにおそらく一〇〇〇羽くらいの鳥に足環をはめている。大半は南米でだが、野生の鳥をしばらく両手で包み、そして足環をはめたのちにその鳥がほっとして飛んでいくのを見るのは、正直言ってどこかぞくぞくする経験だ。長距離の渡りをすることで知られるアメリカムナグロ（*Pluvialis dominica*）を、ベネズエラ中部で霞網《かすみあみ》を使って捕まえたことがある。肢には北米のものとわかる番号入りの足環がはめられていた。メリーランド州にあるアメリカ地質調査所の鳥類標識センターに番号を伝えると、この鳥に足環がつけられたのは捕獲地から四〇〇〇キロメートル近く離れたマサチューセッツ州で、それが四年前のことだとわかった。どうやら、夏を過ごす南米大陸最南端のパタゴニアから北極圏の繁殖地へ戻る渡りの途上で捕まえられたみたいだった。こうしたムナグロは毎年の渡りの途中で、当時わたしが働いていたベネズエラの熱帯草原《リャノ》の上空を、少なくとも数十万羽が通り、わたしに捕まえることができたのはそのなかのほんの数十羽なのだが、驚いたことに一年後、同じ場所で同じ鳥が網にかかった。そうやってわたしは、アメリカムナグロが南米の南端から北極圏まで行き来する渡りをするにもかかわらず、少なくとも五年は生きることを身をもって学んだ。実際には、足環のついた一〇〇〇羽以上を追跡調査した結果、アメリカムナグロは年に二回の険しい旅をこなしつつ、一三年以上生きることがわかっている。

ある種の鳥の一定数以上の個体を一定回数以上捕まえれば、やがてその鳥がどれだけ長く生きるかについてかなりよくわかるようになる、ということだ。

今ではわかっていることがある。シロアホウドリは、ボトキンとミラーが推測したように二五〇年も長生きしない。鳥は他のほとんどの動物と同じく老化する。ただし、ゆっくり年老いていく――事実、野生の鳥でも、動物園や家庭で飼われて快適に暮らす同じサイズの哺乳類の三倍ほども長く生きる。ところが、鳥類全体は生存という観点から見れば優位に立っているが、そこには興味深い落とし穴がある。

たとえば、海鳥はとりわけ長生きだ。最大級の海鳥であるアホウドリは、野生の鳥類のなかで最も長生きすると考えられている。事実、現在生きている鳥のなかの最高齢は〈ウィズダム〉という名のコアホウドリ（*Phoebastria immutabilis*）だ。そう、有名になるほど長生きすれば、野生の鳥でも名前がつけられるのだ。メスの〈ウィズダム〉はミッドウェー島に暮らしている――つまりそこで子作りをする。〝中間にある《ミッドウェー》〟という名前が示すとおり、この島はアジア大陸と南北アメリカ大陸の中間地点にある小さな環礁だ。〈ウィズダム〉の最低限の年齢がわかるのは、一九五六年一二月にチャンドラー・ロビンズという、鳥類学者になるにふさわしい名前の人物が（ロビンはコマドリまたはコマツグミのこと）彼女にリングを贈ったからだ。といっても、番号つきの個体標識の足環をつけたということだが。そのとき〈ウィズダム〉は抱卵していたが、通常コアホウドリは最低でも五歳にならないと卵を産まないので、ロビンズは〈ウィズダム〉が一九五一年、あるいはそれよりさらに前に生まれた（より正確に言えば孵化した）と考えた。

当時、ロビンズは働き盛りの三八歳だった。四六年後、八四歳にしてまだ足環をつける仕事をしていたロビンズは、また〈ウィズダム〉を捕まえた。ミッドウェー島で産卵する五〇万羽のアホウドリのなかで、半世紀近く昔に自分が足環をつけた個体に偶然出会うだなんて奇跡と言ってもいいだろう。つまり〈ウィズダム〉は五〇代ということになり、研究者の大半が考えていた野生のアホウドリの寿命をかなり超えて長生きしていることがわかり、ロビンズは島に駐在する科学者たちに、このアホウドリはかけがえのないレディだから丁重に扱うようにと告げた。以来、科学者たちは〈ウィズダム〉に絶えず注意を払いつづけている。

アホウドリは、素人目には翼がとりわけ大きなカモメのように見える。たとえば〈ウィズダム〉の胴体は小さなネコくらいの大きさだが、翼を広げた幅はNBAのスタープレイヤーのレブロン・ジェイムズが両腕を広げたぐらいある。この長い翼で、アホウドリは波の上を何時間も、一度たりともはばたくことなく滑空できる。航海中の船を何日も追いかけることでも知られていて、帆船の時代にはアホウドリを殺すと悪運を招くとされていた。イギリスの詩人サミュエル・テイラー・コールリッジの『老水夫行』が思い出されるかもしれない。この詩の題名にある老水夫はアホウドリを殺し、報いとしてその死骸を首にかける羽目になる。この詩は〝招かれざる重荷〟と言う意味の慣用句〈an albatross around one's neck（首にかけられたアホウドリ）〉を生み、二〇〇〇年以上経った今でも使われている。

ほかのアホウドリ同様に、〈ウィズダム〉は離陸と着陸が下手くそだ。飛び立つときには滑走路を加速していく飛行機のように、少し走って勢いをつけなければならない。アホウドリの着地は、少し風がある場合はとくに、飛んでいる最中にスキー板がはずれて体ごと着地するジャンプ選手のように見えることがある。

そんな不時着を耐え抜かなければならないだけでなく、巣立ちして成鳥になるまでの数年間を、海上を何千何万キロメートルも、一度も陸に戻ることもなく飛んで過ごさなければならない。〝内気な〟思春期に達すると生まれた島に帰り、通常は自分が孵化した場所が目視できる位置に定住する。その先は番《つが》う相手を探す、またもや内気な求愛期間を二年にわたって頑張りつづけなければならない。卒業パーティーやディスコのラウンジ席ほどではないにせよ、このアホウドリたちの伴侶探しは一番ぶざまな求愛行動かもしれない。

理想の相手を見つけ、互いのフィーリングがぴったり合うと、二羽は生涯連れ添い、ほぼ毎年ひとつだけ卵を産み、育てる。番った二羽は交代でヒナを護るか海へ出て、ときには一度に何週間もかけて栄養豊富なイカをとって腹に収め、戻ってきたら吐き戻してヒナに与える。八月になると、ミッドウェー島は奇妙な静けさに包まれる。さかんに鳴き声をあげていた五〇万羽のアホウドリは島を去り、それからの数か月を海上で餌を探して過ごし、次の繁殖期に備えてエネルギーの蓄えを回復させる。成鳥は一二月初旬に島に戻り、交尾と営巣の場所争いを繰り広げる。

〈ウィズダム〉は熱帯の暴風雨やハリケーンといった羽毛もよだつ自然の脅威を生き延びてきた。六〇歳のときの二〇一一年には、一万六〇〇〇人が犠牲になり、福島の原子力発電所を破壊した地震を起点として東へ進んだ津波でも生き延びた。津波は真夜中のミッドウェー島を洗い流し、一〇万羽以上のアホウドリを呑み込んだが、〈ウィズダム〉は死を免れた。

そのすべてを通じて、ロビンズは二〇一七年に九八歳で亡くなる直前まで、〈ウィズダム〉が少なくとも六六歳だったときまで記録を取りつづけた。

現在は七〇歳か、もう少し上になった〈ウィズダム〉は、相変わらず元気で繁殖力も旺盛そのもので、ここ一二年で一一羽のヒナを成鳥に育てた。ミッドウェー島の野生動物を保護管理する合衆国魚類野生生物局の推算では、〈ウィズダム〉が飛んだ総距離は四八〇万キロメートル以上で、これは月までの六往復分に相当するという。そこで止まることなく、最近〈ウィズダム〉はまた卵を産んだ［図4-2］。まだ気も若く、何年か前にずっと年下のオスと番になった。そう、〈ウィズダム〉はこれまでの数十年のうちに何羽ものパートナーに先立たれているのだ。一番新しいお相手には、最近になって〈アケアカマイ〉という名前がつけられた。ハワイ語で〝叡智《ウィズダム》の恋人〟を意味する、至極ごもっともな名前だ。

ここで実際の年齢に眼をつむり、わたしたちが作った長寿指数《LQ》を使い、体のサイズに対する寿命の長さに着目してみるとどうなるだろうか。念のために再度説

［図4-2］確認されているなかで世界最長寿の野生の鳥、コアホウドリの〈ウィズダム〉。写真は68歳の誕生日の直前に卵の世話をしているところ。右肢の個体標識用のバンドに注目。現在は少なくとも70歳で、まだ次々とヒナを育てている。

明するが、動物園の同じサイズの哺乳類の長寿記録に対して何倍長く生きるかを示す指数がLQだ。野生の鳥は鳥類全体で、平均的な飼育下の哺乳類の三倍生きる、と先に述べたが、これは野生の鳥全体の平均LQが約三だということを言い換えたものだ。LQを基準にすると、〈ウィズダム〉は鳥の長寿番付の頂点には少し届かない――今のところは。〝今のところ〟としたのは、〈ウィズダム〉は老いてますます盛んで、この先どれくらいこの世にいるのかまったくわからないからだ。〈ウィズダム〉のLQは五・二だ。つまり同じサイズの平均的な寿命の動物園の哺乳類より五倍以上長く生きているのだ。

鳥類のLQランキングでは、コアホウドリ代表の〈ウィズダム〉は暫定五位にすぎない。その上の四種は〈ウィズダム〉と同じく海鳥だ。つまり海で一生を過ごし、魚介類のみを餌とし、島嶼でのみ繁殖する。島で営巣することに加えて、どの鳥も年にひとつだけ卵を産み、同じサイズのほかの鳥の大半よりも生殖可能になる時期が遅い。これから何度も紹介することになるが、ゆっくりと時間をかけて生殖能力を育み、少しずつ仔をもうける点は超長寿動物の特徴のひとつだ。

長寿の種に広く見られる特徴として、外部の危険から身を護ることができる隙間《ニッチ》を棲み処とするか、もしくは体そのものが身を護る構造になっていることも挙げられる。海に飛び込んで餌をとるとき以外は海の上を飛んで過ごし、島嶼でしか繁殖しない生活は、肉食動物の大半や火事といった陸にある数多くの危険から海鳥を護ってくれる。実際に、飛翔そのものが鳥類の長寿の秘密なのだとしたら、鳥類のなかでもさらに長生きする海鳥の長寿のカギは、島での安全な暮らしのなかにあるのかもしれない。飛翔は大量のエネルギーを消費するが、生息地の環境が悪化した場合に遠く離れた場所への移住を可能にしてくれる。多くの鳥が行う毎年の渡りでさえ、よりよい環境に適応するための移住の一形態と見ることもできる。陸棲の鳥にとっては、飛翔能力は小型の肉食哺乳類など陸の危険から逃れる手段を与えてくれる。

　鳥類のLQランキングの現時点での第一位は、マンクスミズナギドリという体重四五〇グラムの海鳥だ。ミズナギドリ（*shearwater*）の名は、海上を低空飛行し、翼を前後に傾けて波頭を薙《な》ぐ（shear）ように飛ぶ習性から来ている。マンクスミズナギドリという名は、この鳥の大規模な繁殖営巣地があるアイリッシュ海に浮かぶマン島で使われていたマン島語《マンクス》から取られている。マンクスミズナギドリは小さな島々に巣を作り、夜にしか戻らない。ほかの長寿の海鳥と同様に、生殖が可能になる年齢は五歳から七歳と遅く、年にひとつしか卵を産まない。寿命はどれほどなのだろうか？　今のところ、少なくとも五五年生きることがわかっており、[4] 体が比較的小さいのでLQは六になる。ひときわ長寿の鳥として最も驚くべきなのは、北大西洋の繁殖地からブラジルとアルゼンチンの沖合の越冬ポイントまで、毎年一万キロメートルの渡りを行うところだろう。四〇年の研究生活のなかで四〇万羽以上に足環をつけてきたイギリスの著名な鳥類学者クリス・ミードによる推定では、五〇歳に達したマンクスミズナギドリの総飛行距離は八〇〇万キロメートル以上にも及ぶという。

　陸棲の鳥類も、海鳥より多くの危険に直面するものの、堂々たる長寿を誇る。陸棲の鳥のなかでLQが最も高いのはナゲキバト（*Zenaida macroura*）だ。明るい灰色の滑らかな体で時速九〇キロメートルにも達する高速飛行をし、狩りの対象にもなるナゲキバトは、人家の近くで巣を作り、電線にちょこんと止まっていたり、餌の九九パーセントを占める種子を地面で探していたりする姿がよく見られる。長寿の海鳥とは対照的に、ナゲキバトは一歳で生殖可能になる。一回の産卵で産む卵の数は二個か三個と、このサイズの鳥にしては少ないが、実は一年に二回、卵を産むことができる。生後から数年間こそハンターや捕食動物などの〈環境上の危険〉による死亡率が高いが、ここを生き延びると実に長く生きることができる。個体数が多く、狩りの対象でもあることから、北米ではこれまで二〇〇〇万羽近くに足環がつけられている。八万五〇〇〇羽以上の足環のついた個体が、大抵はハンターに撃たれたかたちで再捕獲されている。最長寿のナゲキバトは一九六八年にジョージア州で足環をつけられたオスで、ハンターという脅威をものともせず、それから三〇年と四か月後の一九九八年にフロリダ州で、当然ながらハンターの手にかかった。この数字から、体重一三〇グラムのナゲキバトのLQは四・二となる。

寿命の自然パターンを把握するうえで重要なポイントは、すべての鳥が長生きするわけではないということだ。大まかに言って、ほとんど飛ばずに歩いたり走ったりして過ごす希少種は――つまり飛ぶのが苦手であまり飛ばない種は――比較的短命な傾向にある。つまりアホウドリよりティラノサウルスや飼育下の哺乳類に近い寿命になりがちだ。

シチメンチョウ（*Meleagris gallopavo*）を例にして見てみよう。ここで言うシチメンチョウとは、家畜化され人の手で交配され、胸が巨大化し肢が太くなり、重くなりすぎて飛ぶことも、さらには走ることさえままならない、奇っ怪な姿になってしまった、サンクスギヴィング・デーのごちそうになるタイプではない。論じるのはもっと風格がある、野生で自由な、建国の父ベンジャミン・フランクリンがアメリカ合衆国のシンボルとしてハクトウワシよりもふさわしいとしたタイプだ。野生のシチメンチョウは、日常の移動手段ではないものの飛ぶことができる。大抵は追いかけられているときや、夜に樹上のねぐらに上がるときに、短時間だけ一気にはばたいて飛ぶ。

　ほかの鳥や哺乳類と同じように、シチメンチョウの筋肉は生活スタイルを反映している。シチメンチョウの胸肉（つまり飛翔筋）の色は白っぽいが、それはこの筋肉が短時間のエネルギー発散に適応しているため、酸素を蓄え持久力を高める暗色のミオグロビンをほとんど必要としないからだ。一方、腿肉は持久力に特化しているので色が暗い。シチメンチョウは飛行より走行に重きを置いているので、下腿《ドラムスティック》の肉にはミオグロビンを多く含んでいる。ナゲキバトやほぼすべての渡り鳥などの飛翔に長け、長距離を飛ぶ種の飛翔筋は（もしくは胸肉は）暗赤色だ。鳥類では赤い胸肉は長寿の指標となり、白い胸肉はその逆だ。

　シチメンチョウはかなり大型の鳥なのに、早く生殖可能年齢に達する。シチメンチョウのオスは約八キログラムまで成長し、メスはその約半分だ。メスは二週間のあいだに一二個ほど卵を産み、それが孵化して次の繁殖期までに成熟した個体になる。つまり海鳥に比べるとシチメンチョウは早くから頻繁に生殖する。それを考えれば驚くことではないが、シチメンチョウはあまり長生きしない。記録がある最高齢の野生のシチメンチョウは、一九九二年にマサチューセッツ州ニューセイラムで地面に倒れているのが見つかった、死因不明のオスだ。個体識別用のバンドから少なくとも一五歳だと判明し、そこから算出すると、大型で飛行が不得手なこの種のＬＱは一・〇となる――ちょうど動物園の平均的な哺乳類に期待される寿命であると同時に、偶然にもイヌやアナウサギのＬ

Qとぴったり同じだ。シチメンチョウはウサギのように多産だが、どうやらウサギのように早く死ぬ、ということでもあるようだ。

鳥の長寿と人間の健康

鳥類は、長寿を獲得するために生物学的なさまざまな難関を越えなければならなかった。そのハードルを鮮明に示す例として、これからある鳥の特徴を示してみよう。

その鳥は極めて小さく、体重は一セント硬貨とほぼ同じだ。活動中は大量のエネルギーを必要とするため、体重の何倍もの重量の餌を毎日摂取しないと餓死してしまう。飛翔中は毎秒八〇回はばたき、その飛翔筋一グラム当たりの発生エネルギーは人間のトップアスリートの筋肉のそれと比較すると、両者の最大出力時で一〇倍にもなる。さらにこの鳥は、内温性動物全体のなかで代謝率が最も高い――そして内温もかなり高い。この鳥の摂氏四〇度という平熱は、人間だったら生命の危険があるほどの高熱だ。これほどのエネルギー消費を支えるには大量の燃料を必要とするため、休息時は体温を周囲の環境温度まで落とし、寝ているあいだに飢えないようにしている。心拍数は毎秒二十数回で、これまた機関銃の発射速度並みだ。休んでいる場合ですら、喘いでいる犬と同じ毎分二五〇回呼吸して酸素を取り込まなければならない。最後に、この鳥の正常な血糖値は人間なら重篤な糖尿病になる値だ。この鳥はどれくらい長生きするのだろうか？

こうした特徴を持つ謎の鳥とはハミングバード、つまりハチドリの一種で、アメリカ合衆国東部の公園や庭を飛びまわっているノドアカハチドリ（*Archilochus colubris*）だ。ハチドリはさまざまな糖類を豊富に含む花の蜜を吸い、猛烈に活動的な生活のエネルギー源としている。たんぱく質は、蜜と一緒に吸い上げる微小な昆虫から得る。その飛ぶ様子は眼にも耳にも驚きだ。もちろんハミングバードという名前は、眼にも留まらぬ速さのはばたきから生じるブーンという深い音《ハミング》から来ている。

約三三〇の種がいるハチドリは——すべて南北アメリカ大陸に生息している——鳥類のなかで唯一、前にも後ろにも飛ぶことができ、ホヴァリングも可能だ。ヘリコプターのように垂直上昇も降下もできれば、宙返りをはじめとしたアクロバット飛行も決めることができる。とくにオスがメスに求愛するときは、じかに見てもにわかには信じられないような妙技を披露する。さらにノドアカハチドリは、極小サイズの体と大量のエネルギーを必要とするにもかかわらず、熱帯で冬を過ごすために、毎年カリブ海を越えて片道一〇〇〇キロメートル超の渡りをノンストップで行う。全般的に鳥類は驚異の身体能力を有しているとはいえ、このハチドリの離れ業は刮目《かつもく》に値する。

以上がこのハチドリのすべてだとしたら、この小さな小さな鳥は短命だと思えるにちがいない。何と言ってもハチドリは死へと向かうハイウェイの一番中央分離帯寄りの車線を突っ走っていて、そしてその車線を走る動物はほぼ例外なく早死にする。ところがハチドリはそうではないのだ。カリブ海を往復する決死の渡りを毎年行いながらも、野生のノドアカハチドリは九年以上生きることがある。しかもそれでハチドリのなかで最長寿というわけではない。似たようなサイズで同じぐらい大量のエネルギーを必要とするフトオハチドリ（*Selasphorus platycercus*）は、自然環境下で少なくとも一二年まで生きることがある。[6] 前述したとおり、ずっと大きなハツカネズミは野生のものではんの数か月、ペットとしてぬくぬくとした暮らしを送ったとしても三年ほどしか生きられない。この秘密を完全に解き明かすことができれば、人間の健康寿命を延ばす術《すべ》を手に入れることができるかもしれない。

ハチドリは極端な例だが、ほぼすべての鳥類の生態は、とんでもない量のエネルギーを必要とする自力飛翔への適応という観点から理解することが可能だ。こうしたエネルギー必要量は短命が必定だと思われるが、実際にはその逆だ。鳥類の体温はわたしたち人間よりも高く、安息時の代謝率は同サイズの哺乳類の二倍にまでなり、飛翔中ならもっともっと上がる。カモメやハゲワシやアホウドリなどが行う、ほとんど力を要しないと思える滑空時でさえ、代謝率は休息時の二倍から三倍になる。大量に必要とされるエネルギーの源は、人間ならばコントロール不良の糖尿病の指標となるレヴェルの量の血糖として運ばれる。コントロール不良の糖尿病にかかると、ほぼすべての疾病にもまして老化促進が見られる。

大量のエネルギーと高温、そして高血糖は、老化の原因となる多くの主要なプロセスを加速させるが、そのひとつが活性酸素の発生だ。活性酸素はＤＮＡを含むあらゆる生物分子を傷つける。細胞を健全に保つには、抗酸化防御機構を使って活性酸素をすみやかに破壊し、必然的に引き起こされる損傷もすみやかに修復しなければならない。鳥の抗酸化防御機構は極めて効率がよく、修復機構による修復速度も際立って速いにちがいない。事実、鳥類の寿命の解明を試みた数少ない研究のいくつかで、似たサイズで細胞のエネルギー生産率が同じ哺乳類と比べると、活性酸素の発生量は鳥の細胞のほうが少ないことが判明している。しかし、それをどうやって成し遂げているのかは解明されていない。また鳥の細胞は、死んでしまうまで活性酸素に起因するより多くの損傷に耐えることができる。その理由も謎のままだ。

現在解明されている老化プロセスのなかで、鳥類の老化を加速させているはずのもうひとつのプロセスが、たんぱく質の褐変だ。たんぱく質は、生命を生命たらしめる化学反応を引き起こす。化学反応を引き起こす役割を果たすたんぱく質は、折り紙のように複雑かつ正確に折り畳まれていなければならない。完璧な折り方から少しでもずれていれば、機能が損なわれる。不完全に折り畳まれたたんぱく質は機能を失うばかりかくっつきやすくなり、誤った折り畳まれ方をした別のたんぱく質と絡み合い、粘着性のある塊になる。そうしたたんぱく質の塊のなかでとくによく知られているのが、アルツハイマー病の老人斑と神経原線維変化だが、それ以外にもさまざまなものがある。

細胞の内部は、いわばバンパーカーが走りまわってぶつかり合っている遊園地のように混沌としている。そんな環境ではたんぱく質の折りまちがいは自然にしょっちゅう起きているが、そうしたたんぱく質は常に分解され、再生される。しかしなかには、再生されたたんぱく質を徐々に損ない、鳥にも糖尿病にもかなり関わってくるものがある。そのひとつが、熱と糖によって引き起こされる褐変だ。糖はたんぱく質と自然に結合し、正確な折り畳みを妨げる。加えられる熱が高くなれば糖の濃度はさらに高まり、褐変も加速される。褐変は料理をする温度で急速に進む。加熱すると肉やパンが茶色くなるのはそのためだ（いわゆるメイラード反応だ）。速度はずっと遅いが、同じことはヒトの体内でも起こる、たとえばたんぱく質の一種のコラーゲンでできている腱や靭帯《じんたい》は、年齢経過とともに褐変を起こして硬化する。アスリートが加齢とともに故障を起こしやすくなるのは褐変のせいだ。体温も血糖値も高い鳥類は、腱や靭帯などの組織が哺乳類よりずっと速いペースで褐変してもおかしくない。しかしそうならないのだ。

鳥がどのようにして活性酸素と褐変による損傷を防いでいるのかがわかれば、人間の健康に役立つかもしれない。鳥には活性酸素のダメージを防ぐ独特の抗酸化物質が備わっているのだろうか？ダメージを受けた細胞を、思いもよらない方法で分解しているのだろうか？　生命の危機に直面しても細胞の機能を維持するメカニズムも持っているはずだ。鳥類の老化プロセスについては多少なりとも研究はされているが、がん予防の研究のような大規模で継続的な取り組みはまったくなされていない。医学研究の大半は、いまだにショウジョウバエやマウスといった実験用の短命種の研究から抜け出せていないが、そこから人間の健康の改善や向上について学べることはほとんどないのかもしれない。鳥類の際立って緩やかな老化や、一生にわたって体力と持久力を維持できる能力を理解するべく、かつて原子力爆弾を開発したマンハッタン計画規模の国家的プロジェクトを立ち上げるというのは、あながち悪くない研究費の使いみちだと思うのだが。

5章　コウモリ――最長寿の哺乳類

わたしは以前、野外生態学の講座をドナルド・R・グリフィンと共同で担当するという幸運に恵まれたことがある。本当はわたしが実際の講師だったのだが、引退して近所に暮らしていたグリフィンが、野外での講義に「ついて行ってもいいか」と言ってきたのだ。これは自分が教える絵画の授業を「見に行ってもいいか」とレオナルド・ダ・ヴィンチに訊かれるのとちょっと似ている。グリフィンは、コウモリの反響定位《エコーロケーション》の発見（と命名）で知られる。エコーロケーションは超音波の鳴き声を発し、その反射音を聞くことで世界をかなり詳細に〝見る〟ことができる能力だ。グリフィンは動物の帰巣行動の研究も開拓し、動物も人間と同様に自意識があり、考える存在だという前提に立って動物の行動を研究する認知動物行動学を確立した。

この講義のあいだにグリフィンが語った話が、わたしの頭に焼きついている――彼が大学の教え子たちを連れてヴァーモント州の洞窟に入り、小さくて二五セント硬貨よりも軽いコウモリに個体識別バンドをつけていたときのことだ。グリフィンはもう何年もこの洞窟で調査をしていて、バンドをつけたコウモリを再捕獲することが時折あった。そんなときは、洞窟の入口にいる記録係の学生に向かってそのコウモリの識別番号を大声で伝え、係の学生は記録をつけ、そのコウモリが前回見つかったのがいつだったのか、調査記録を調べて答えることになっていた。このときもグリフィンは番号を読み上げ、学生の返答を待った。しばらく待ち、さらに待ち、そしてついに係の学生が叫んだ。「うへっ！　そのコウモリ、ぼくより年上です」

コウモリの起源

コウモリは自力で飛翔する力を獲得した四番目の、そして最後の動物だ。コウモリがいつどこで出現したのか、何を祖先として進化したのかはよくわかっていない。わかっているのは、六五〇〇万年前の時点で空飛ぶコウモリの種が無数に存在していたことぐらいだが、これらの初期の種はまだエコーロケーションを発達させていなかった。自力飛翔が始まった順番とタイミングを見てみよう。昆虫はおよそ三億年前に空に向かって飛び立った。翼竜は約二億年前、鳥は約一億五〇〇〇万年前、そしてコウモリはたった六五〇〇万年前頃だ。とっくに飛翔能力をとことん洗練させていた鳥類との、負けるに決まっている空をめぐる縄張り争いを回避するため、コウモリは鳥が飛ばない夜の空に活動の場を移さざるを得なかった——そんな推測は当然出てくる。

コウモリの起源のことがあまりよくわかっていないのは、骨が小さく繊細なので、化石などのかたちで後世にうまく残らないからだ。最初に出現したと思われる、湿度の高い熱帯ではなおさらだ。コウモリだとはっきりわかる最初期の化石は、すでに飛翔に適応した形態にしっかり進化していた。この曖昧模糊《あいまいもこ》とした隙間を、コウモリの近縁現生種についてのさまざまな仮説が埋めていった。長いあいだ、コウモリに最も近い種は昆虫を餌とする夜行性の小型哺乳類であるトガリネズミではないかとされてきた。最も近いのは熱帯に生息する滑空する哺乳類で、ヒヨケザルとも呼ばれる皮翼目だとする説もある。ある研究者などは、貧弱なことこの上ない解剖学的証拠を根拠に、コウモリは空飛ぶ霊長類だとする説を唱えたが、誰からも支持されなかった。現代の分子生物学的研究によれば、コウモリはローラシア獣上目という現生哺乳類に近い種だとされている。ローラシア獣上目は大きなグループで、ウシやシカ、ウマからクジラ、ハリネズミ、モグラ、トガリネズミ、ネコ、イヌそしてクマと、とにかく多種多様な動物が属している。そのなかのどれをコウモリに最も近い種とするのかについては、いまだに〝宙に浮いた〟状態にある。それでもコウモリのゲノム配列を初めて完全に解析した二本の論文は、どちらも最も近い現生種はウマだと推定している。驚き桃の木だ。

コウモリの現生種

コウモリには不吉な動物というイメージがつきまとっているが、わたしからすれば哺乳類のなかで最も驚異的な存在だ。まずコウモリは、進化という観点から見れば大成功を収めている。コウモリの現生種の数は一〇〇〇を超え、これは哺乳類全体の五分の一に当たる。それにもかかわらず、そのなかのほんの数十種の、それもどちらかというと少しのことしかわかっていない。

コウモリは南極を除く全大陸に生息しているが、南極がまだオーストラリアと分かれる以前の亜熱帯気候の大陸だった四〇〇〇万年前には存在していた。大陸から遠く離れた大洋島では、そこに生息する哺乳類はコウモリだけということが多い。コウモリは種の数が多いだけでなく、個体数も多い。テキサス州中部の丘陵地帯テキサス・ヒル・カントリーで夏の宵に洞窟から出てくるコウモリは、気象レーダーに映るほどにも大きな群れを作る。

気候が穏やかな北半球に暮らしている人々は、コウモリは小さくて夜行性で昆虫を食べ、洞窟を巣にしていると決めてかかっているのかもしれないが、コウモリはそれよりずっと多様だ。棲み処にしても、洞窟に加えて岩の隙間や緩んだ樹皮の裏、木の洞《うろ》、そして洞窟に似たところでは坑道や納屋や屋根裏などにいる。木の葉を傘に仕立てて、その裏にぶら下がって眠るものすらいる。マルハナバチより少し大きい程度の最小のコウモリは、たしかに夜行性で昆虫を食べ洞窟にいるが、最大のコウモリはエコーロケーションをせず、果実を食べ、大型のカモメほどにも大きい。昆虫と果実以外にも、花を食べる種もいれば葉を餌にする種もいる。さらには花の蜜や花粉、トカゲ、魚、カエル、そして小さな哺乳類を食べるものもいる。そしてチスイコウモリは血液のみに頼って生きている。

レーダーとソナーが最先端技術で重要軍事機密だった時代にグリフィンが発見したコウモリのエコーロケーションは極限まで発達し、漆黒の闇のなかでピアノ線のように細いものを避けられるほどだ。闇のなかを飛んで必死になって逃げようとする昆虫を、コウモリは見つけ、追い詰め、捕獲することができる。ベネズエラ時代のわたしは、こうしたアクロバット飛行を映画館の暗い館内で大いに愉しんで見物していた。映写機の光に惹き寄せられたガを、それに惹き寄せられたコウモリが追いかけ、そのドラマがスクリーン上で影絵として進行していくのだ。実際、毎度お決まりのお粗末な吹き替えのB級映画より、こっちのほうがずっと面白かった。

コウモリは大群をなすという哺乳類の行動を発明した。ヒトが初めて一〇〇万以上の個体からなる集団を形成した、紀元前二世紀の古代ローマのずっと以前から、コウモリは一〇〇万単位で、ラッシュアワーの地下鉄車内にひけを取らないほどの密度の群れをなしていた。ウイルスや感染性細菌は群れを大いに好む。だから何百万が何百万年にもわたって密閉空間に寄り集まっているうちに、コウモリとウイルスは親友になった。この関係は、人間たちが頭を抱える大問題を繰り返し引き起こしてきた。ウイルスはコウモリとは仲良くするが、人間の体内に入り込むと、今度はうって変わって意地悪になる。狂犬病やエボラ、ヘンドラ、ニパ、マールブルグ、SARS、そして直近のSARS-CoV-2、つまり新型コロナウイルス感染症（COVID-19）を引き起こすコロナウイルスを見ればわかるとおりだ。コウモリは、まだ厄介事を引き起こしていないコロナウイルスを八〇〇種以上も抱えている。

逆にありがたいことに、何百万匹もの群れをなすコウモリは、農作物を食い荒らし病気を媒介する昆虫を何十億匹も食べてくれる。そして何トンもの糞《グアノ》をもたらしてくれる（糞に特別な名前がつけられた哺乳類がほかにどれだけいるだろうか？）。リン酸と窒素を多く含むグアノは黒色火薬などの爆発物の原材料になったが、最もよく知られているのは、一九世紀に発達した集約農業に必要不可欠だった肥料としての用途だ。コウモリのグアノは洞窟に棲む生物の生態系全体を——言ってみれば菌類から魚類までを——支える栄養源となっている。

コウモリの寿命

鳥類に比べると、コウモリの寿命についてはあまりよくわかっていないが、少ないながらも驚くべき事実が判明している。これまで見てきたように、野生動物の寿命調査の基本は、個体を捕獲して足環などの印をつけて放し、何度も捕獲することにある。印をつける個体の数が多ければ多いほど、調査結果の信頼性はさらに上がる。つまり野生動物の寿命の把握が〝数の勝負〟なのだとしたら、鳥の寿命に比べてコウモリの寿命についてわかっていることが少ない理由は容易に理解できる。鳥類のほうは、研究者とバードウォッチャーというプロとアマチュアからなる大軍が一世紀にわたって何百万という個体に足環やバンドをつけ、再捕獲を行ってきた。一方のコウモリの場合、専門とする研究者はとりわけ熱心な人々ではあるが珍しい存在だ。彼らは一回の調査で数か月のあいだ自ら進んで夜行性になり、暗闇のなかで森や野をかき分け、小川をざぶざぶと渡り、洞窟に足を踏み入れる。大抵の人間が怪訝な眼で見るならまだしも、ややもすれば恐ろしいと感じる動物を調査するためだけに。巨大なコロニーを作るというところも、コウモリの寿命調査を難しくすることがある。一〇〇〇匹のコウモリに足環をつけることはまちがいなく難業だが、それが何百万匹もが棲む洞窟から出てきたものだったとしたら？　足環をつけたコウモリを再捕獲できる確率はどれほどだろうか。ましてや、およその寿命がわかるほどの回数捕まえられる確率は？

そういうわけで、現時点で判明しているコウモリの寿命の情報は偶然がもたらしてくれた。ありがちなのが、コウモリを探している研究者が、何年も前に自分か、もしくはほかの研究者が（そっちのほうが多い）足環をつけたコウモリのコロニーをたまたま見つけ、足環をつけたコウモリがまだ何匹かが生きていたというパターンだ。こうしたさまざまな困難を考えれば、野生のコウモリの推定寿命は、おそらく実際よりもかなり低いと思われる。詳細な観察調査が行われていない種についてはとくにそう言える。

トビイロホオヒゲコウモリ（*Myotis lucifugus*）は典型的なコウモリだ。北米の大部分で最もよく見かけるコウモリで、ドナルド・グリフィンがエコーロケーションを発見したのもこの種だ。温暖な時期には、日中は家屋の内部や周囲、木の洞、岩陰や材木の山の隙間で休息、つまり足でぶら下がって寝る（コウモリの特技だ）。夜になると獲物の昆虫を探して何キロメートルも飛ぶ。冬になると洞窟や廃鉱の坑道で冬眠する。

一九六一年から六二年にかけての冬、ヴァーモント州のミドルベリー大学で教鞭を執っていたウェイン・デイヴィスとハロルド・ヒッチコック、そしてその教え子たちが、ニューヨーク州東部の廃鉱になった鉄鉱山で、一万匹近くの冬眠中のトビイロホオヒゲコウモリに足環をつけた。その廃鉱の再調査はされないまま時は過ぎ、一九九〇年代初頭になって、コウモリの保護活動家たちがコウモリが存在するかどうか確かめた。すると驚いたことに、デイヴィスとヒッチコックらが足環をつけたコウモリが数匹、まだ生きていたのだ。三〇年ものあいだ、そのコウモリたちは律儀に同じ坑道で冬眠していた。保護活動家たちはそれから毎年調査を続け、ハツカネズミの三分の一の体重のトビイロホオヒゲコウモリが、自然がもたらすさまざまな困難のなかで、少なくとも三四年生きることを明らかにした。[1] ここで〝少なくとも〟としたのは、足環をつけられたときの年齢がわからないからだ。この並はずれた長寿をもっと広い文脈のなかで捉えれば、体重一〇グラムのトビイロホオヒゲコウモリの長寿指数《LQ》は、少なく見ても七・五ということになる。野生のどの鳥よりずっと大きな値だ。

ここで重要なのが、全体的な傾向に注視することだ。飛翔が過酷な行為だからだろうか、動物の生活史のなかの大きな節目をほかのごく小さな哺乳類と比べると、コウモリは生殖可能な年齢に達するのが遅く、生殖頻度は低い。そして、死はよりゆっくりと訪れる。生後二か月で生殖可能になり、二か月ごとに五匹から七匹を産むハツカネズミとはちがい、ほとんどのコウモリは生殖可能な成獣になるまで一年近くを要し、年に一回だけ一匹の仔を産む（これは妊娠中の飛翔には大きな困難が伴うからだ）。この事実からすれば、コウモリがかなり長く生きることは驚くことではないのかもしれないが、それがわかったからといって長寿の秘密もわかるというわけではない。いくつかの個別の種について考察すれば、もう少し何かわかりそうだ。まずは、コウモリのなかでもわたしの一番のお気に入りと言えるかもしれない、ナミチスイコウモリから見てみよう。

ナミチスイコウモリ

〈Vampire bat（チスイコウモリ）〉という名称はドラキュラ伯爵に由来し、その逆ではない。実際には、〈ヴァンパイア《vampire》（吸血鬼）〉という言葉はブラム・ストーカーの一八九七年の小説『吸血鬼ドラキュラ』から直接取ってきたわけではない。元になったのは、ストーカーがこの小説に取り入れた、血を吸う不死身の邪悪な存在ヴァンパイアにまつわる民間伝承だ。夜行性で血を吸う動物が新大陸からヨーロッパにもたらされたとき（ユーラシア大陸にチスイコウモリはいない）、それにヴァンパイアというぴったりの名を冠さない手はなかった。

チスイコウモリはハツカネズミほどの大きさのコウモリだ。新大陸のメキシコ北部からアルゼンチン北部に至る、熱帯および亜熱帯に生息する。名前の元になった架空の存在と同じく洞窟や古井戸、木の洞、そして窓に板を打ちつけた廃屋といった、見つかるかぎり最も暗い場所をねぐらにし、陽が出ているあいだはそこで過ごす。夜になると起き出して血を吸いに出かける。チスイコウモリの幼獣はほかの哺乳類と同様に母乳を飲むが、成獣は血液のみを栄養源とする。チスイコウモリは三種存在する。そのうちの二種は鳥の血を飲む——進化の長い歴史の大半は野生の鳥の血を吸っていたが、今ではおもにニワトリの血を吸っている。ナミチスイコウモリ（*Desmodus rotundus*）は哺乳類の血だけを吸う。チャンスがあれば人間の血というごちそうにありつくが、普段はもっぱらウシとウマで間に合わせている。おそらくウシもウマも夜に屋外で眠ることが多く、血に飢えたコウモリを叩く手を持たないからだろう。事実、チスイコウモリの唾液を介して感染する狂犬病は、中南米の牧場農家にとっては深刻な問題だ。

さまざまな種のコウモリやその他の哺乳類が狂犬病を媒介するが、そのなかでもとくに悪名を馳せているのがチスイコウモリだ。実際には、チスイコウモリのなかで狂犬病ウイルスを持つものは少ない。なぜなら、ご存じかもしれないが狂犬病はヒトやスカンクやアライグマを殺すのと同様に、チスイコウモリ自身も殺してしまうからだ。わたしはこの事実を知っていたので、チスイコウモリを霞網からはずそうとして指を噛まれたとき、まずいことになるかもしれないと思った。どこを探しても医療施設なんかない僻地中の僻地にいたわたしは選択を迫られた――調査を何日も中断し、背骨がガタガタと鳴りそうな悪路を何百キロメートルも運転して狂犬病ワクチンを探すか。それともわたしを噛んだコウモリは感染していなかったか、発症して死に至らしめるほどの量のウイルスを注入しなかったほうに賭けるか。調査を中断することと狂犬病で苦しみながら死ぬというわずかな可能性、さらには研究を数日中断したくなかったために苦悶のうちに死ぬことを妻に告白するという、おそらくもっと痛ましいことを天秤にかけて、結局わたしは狂犬病ワクチンを選んだ。

自分よりもずっと大きな動物の血を飲んで生活していくには特別な困難が伴う。まず眠っている哺乳類を見つけ、なおかつその体の上に着地して、目を覚まさせないように動きまわらなければならない。その他多くのコウモリとはちがい、チスイコウモリは必要に応じて前肢と後肢を使って這い、歩き、走り、そして跳ぶことができる。ウシの体の上を走りまわっているチスイコウモリは、遠目からだと大きなクモだとあっさり勘ちがいしてしまうだろう。眠っている獲物を起こさずに無事に降り立つと、今度は鼻のなかにある赤外線センサーを使い、獲物の血管が皮膚の近くを通っている場所を見つける。そしてそのために特化した歯で体毛を剃り落として皮膚を露出させ、剃刀《かみそり》並みに切れ味のいい門歯を使って鉛筆の芯ほどの大きさの穴をあけ――実際に体験したからまちがいない――溢れ出てくる血を舐める。唾液には血管を局所的に拡張させて血流をよくすると同時に、出てくる血の流れを止めない抗凝固作用のある化学物質が含まれている。

血液のみを餌にする動物が比較的少ないのには理由がある。血液の成分の約九〇パーセントが水で、残りのほぼすべてはたんぱく質だ。血液は究極の低カロリー・高たんぱく食なのかもしれない。低カロリー食はデスクワークばかりの人間にはうってつけなのかもしれないが、エネルギー必要量が多い野生動物にとっては、餌がこんなものばかりだと常に餓死の危険に直面することになる。

血液はカロリーが低いので、チスイコウモリは大量に飲む必要がある。一回の摂取は三〇分ほど続き、そのあいだに自分の体重の約六〇パーセントにあたる量の血液を飲み干す。もうおわかりかもしれないが、この大量の水分は飛翔動物にとっては問題になりかねない。チスイコウモリは余分な水分を素早く体外に排出する能力を身につけ、この問題を解決した。血を吸い出してから二分ほどのうちに排尿を始め、余分な水分を吸うのと同じペースで排出していく。それでも血を吸い終えたときの体重は、ねぐらを出たときよりもおよそ二〇から三〇パーセント増える。そして頑張って空へと舞い上がり、ねぐらに戻り、苦労して得た餌をひと晩かけて消化する。

チスイコウモリが血を摂取する過程について長々と説明したが、それはこのコウモリの生物学的特徴と生態の多くを、さらには寿命について解き明かすカギがそこにあるからだ。チスイコウモリの生態については、ほかのどの種のコウモリよりも解明が進んでいるが、それは飼育下でうまく生きることができ、さらに熱帯での牧畜経営にも重要な意味を持つからだ。

餌がほぼたんぱく質のみだということは、エネルギーを脂肪として蓄える能力をほとんど持たないということになる。だからチスイコウモリはたった七二時間餌にありつけないだけで餓死してしまう。一般的にチスイコウモリは、おそらくフクロウの餌食にならないようにするために、明るい月夜に餌探しをしない。したがって常に餓死の瀬戸際に立たされている。しかし進化はチスイコウモリに割のいい保険策を与えた――ほかのコウモリとねぐらをともにするというかたちで。ナミチスイコウモリは最大で数百匹のほかのチスイコウモリと一緒にコロニーを形成しているが、その内部にはとくに強く結びついた一〇匹から二〇匹くらいの小集団がいくつもある。この小集団内で、必要に応じて餌を分け合うのだ。心温まる話に聞こえるかどうかわからないが、血をたらふく吸ったチスイコウモリは、運悪く餌にありつけなかった小集団内の仲間に血を吐き戻して与える。[2] ある夜にはあるコウモリが餌にありつけ、別の夜には別のコウモリが腹をパンパンにすることになるので、そのうち互いに血を分け合うことになる。このような小集団は必ずではないが、おおむね何匹かの母親と数世代の仔メスたちから構成されているので、血液を分け合うのは文字どおり〝血のつながった者〟同士ということになる場合が多い。どの個体同士が餌の血液を分け合うかは、互いが仲良しコウモリであるかどうかで決まる。〝仲良しコウモリ〟はわたしが名づけたもので、一緒に多くの時間を過ごし毛繕いし合う間柄、とくにそれまでに血液を分け合ったことがある仲間のことだ。仲良しコウモリが大勢いる個体は、餌の保険をいくつもかけていることになる。

　では血液を餌にすることで、チスイコウモリの生き方はどのように変わったのだろうか？　水分とたんぱく質だけでほぼ構成されている血液を吸って生きるということは、エネルギー摂取量が著しく限られるということだ。畢竟《ひっきょう》、あらゆる行為をほかの大多数のコウモリより少しゆっくり行う。そして思い出していただきたいのだが、コウモリはその生活史のなかの大きな節目を、ほぼすべての小型哺乳類よりゆっくりとした歩みでクリアしていく。たとえばハツカネズミは五匹から七匹の胎児を三週間身ごもるのに対し、普通のコウモリは一匹の胎児を三か月から六か月かけて育む。チスイコウモリはさらに長く七か月を要し、そして大きな仔を一匹だけ産む。ここで記しておくが、コウモリはグループ全体として母体の体のサイズに対する仔の大きさが、ほかのどの哺乳類よりも大きい。生まれたばかりのハツカネズミの体重は母親の五パーセントの重さだが、チスイコウモリの場合は二五パーセントにもなる。ハツカネズミの仔は約三週間乳を飲み、成体の半分のサイズまで育ったところで授乳は終わる。ほぼすべてのコウモリは一匹だけ産む仔がほぼ成体の大きさになるまでの三か月から六か月のあいだ乳を与えるが、チスイコウモリは授乳を八か月続ける。そして大人の生活を味見させるとでも言うべきか、仔が完全に乳離れする前から血液を吐き戻して与え始める。

ここでようやく本題に入ろう。ネズミほどの大きさのナミチスイコウモリは、どれだけ長く生きるのだろうか？　飼育環境下では、メスは最長で三〇年生き、自然環境下でのこれまでの長寿記録は一八年だ。オスはもう少し短い。すでに述べたように、ＬＱは飼育下の哺乳類の長寿記録を基に算出する。飼育下の値を使ってほかの哺乳類の種と比較すると、ナミチスイコウモリのＬＱは五・五になる。つまり平均的な哺乳類の五倍以上長生きする。野生のものでさえＬＱは三・二五で、平均的な同じサイズの動物園の動物の三倍以上長く生きる。これがイエスズメの野生の寿命に近いことに注目してほしい。鳥とコウモリは同じ長寿の秘訣を分かち合っているのだろうか？　この話題はあとで論じよう。

次はチスイコウモリとはまったく異なるタイプのコウモリを見てみよう——ＬＱという指数を使

わなくとも絶対的な数値で長寿だとわかる種だ。

インドオオコウモリ

オオコウモリは、チスイコウモリやトビイロホオヒゲコウモリとは想像もつかないほどちがう。見た目こそキツネのような顔にぎらぎらした眼、巨大な耳と恐ろしい歯だが、オオコウモリは仔犬に負けず劣らず可愛らしい。コウモリのなかでも最大級で、体重はチスイコウモリの一〇倍から五〇倍にもなる。昼間は暗いねぐらでひっそりと過ごすのではなく、高い木の枝にこれ見よがしにぶら下がり、その姿は一見すると果実が実っているように見える。数千匹にもなることがある大きなコロニーを形成し、そこではいつも押し合いへし合いし、おしゃべりし、ときにはねぐらの周囲をのんびりと飛びまわり、もっとましな隣人のいる新しい休息場所を探すこともある。夜の帳《とばり》が下りてくると一斉に飛び立ち、それぞれの餌場に散っていくが、そこにたどり着くまで一時間かそれ以上かかることもある。日の出の直前にねぐらに戻り、また押し合いへし合いし、おしゃべりし、不満をぶつけ合いながら日没まで過ごす。パプアニューギニアで働いていたときのことだ。マダンという海辺の町の空港では、無数のオオコウモリが周辺のヤシの木をねぐらにしていて、時間帯によっては活発に飛びまわるので、飛行機とコウモリの衝突を――起これればどちらにとっても不幸だ――なるべく減らすため、やむを得ずフライトスケジュールを変更しなければならなかった。

オオコウモリは音を頼りにしてすばしっこい獲物を追うのではなく、大きな眼とすばらしい夜間

［図5-1］インドオオコウモリとその仔。妊娠中と産後も大きな仔を抱えて飛ばなければならないうえ、成長する仔に与えるぶん餌が多く必要になるところが、多くのコウモリでオスのほうがメスより長生きする要因のひとつなのかもしれない。

視力、そしてよく利く鼻を使い、好物の果物を見つける。熱帯地方ではさまざまな果実の種を辺りに蒔き、花を授粉させるという、言ってみれば森林のヴォランティア役を果たしている。ねぐらを提供する木々にしても、大量のグアノの肥料というかたちで恩恵を受ける。しかし果物を餌とするので、当然ながら果物農家からは作物泥棒と見なされて嫌われている。また何百万年ものあいだ大きなコロニーを形成してきたほかのコウモリと同様に多くのウイルスを保有しており、そのなかにはヘンドラやニパなど、家畜や人間を感染させて死に至らしめることがあるウイルスもある。多くの場合、家畜からヒトへと感染していく。一九九八年のマレーシアでのニパウイルスの流行ではインドオオコウモリからブタへ、ブタからヒトへと感染し、一〇〇人以上が亡くなった。死者のほとんどが養豚場で働く男性たちだったことで、一〇〇万頭以上のブタが予防殺処分された。現時点ではニパウイルスはヒトからヒトへうまく感染することができないため、過去二〇年で少なくとも八件の流行事例がありながら人間への影響はまだ少ない。が、しかるべき状況としかるべき突然変異が重なれば、新たな世界的な感染爆発を起こす可能性が常にあることは、二〇二〇年に思い知らされたとおりだ。

インドオオコウモリ（*Pteropus giganteus*）はオオコウモリのなかで最大級、すなわちコウモリのなかでも最大級ということになる［図5 - 1］。大きさはカモメほどで、生息域はインドとパキスタン、そしてブータンとバングラデシュを含むインド亜大陸全域とマレー半島の一部にまで及び、水辺または農地の近くに生える細長い木々に大きなコロニーを作る。フルーツコウモリとも呼ばれるとおり、イチジクやマンゴー、グァバ、バナナ、アーモンド、ナツメヤシ、そして人間が食べない森のさまざまな植物の熟した果実を食べるが、花も食べ、蜜も吸う。約五〇〇種類の経済価値のある製品に使われる三〇〇以上の植物が、種子の散布をオオコウモリに頼っている。

農業的に大きな意味を持つとともにニパウイルスの伝染にも関わっているため、インドオオコウモリは自然環境下でも飼育環境下でもほかのほとんどのコウモリよりもよく研究されている。そこから成長と生殖について多くのことがわかったが、性生活については、そこまで知らなくてもよかったと言いたくなるような実態も明らかになってしまった。

チンパンジーと並んでヒトに最も近い霊長類であるボノボは性的に奔放で、いわゆる〝フリーセックス〟を謳歌していることで知られる。インドオオコウモリはそのボノボのコウモリ版だ。その配偶システムを、生物学者たちは〈複雄複雌型（polygynandrous）〉と呼ぶ。このギリシア語を語源とする味も素っ気もない科学用語は、メスが何匹のオスとでも、逆にオスが何匹のメスとでも交尾できるという意味だ。おそらくさらにもっと注目を集めそうなのが、インドオオコウモリのオスとメスは日常的にオーラルセックスに励むというところだ。交尾の前戯と後戯として、毎回ではないが頻繁に行う。『Cunnilings Apparently Increases Duration of Copulation in the Indian Flying Fox（インドオオコウモリにおけるクンニリングスによる交尾時間の増加）』という、正直に言って科学誌で見かけるとは思いもよらなかったタイトルからずばりわかるとおり、交尾を六〇回近く詳細に観察した結果、オスが交尾の前にクンニリングスを一〇秒余分に行うと、それと比べてあまり熱心ではないオスがたった一五秒間しか交尾を許されないのに対し、見返りとしてなんと一七秒間もの長い交尾をさせてもらえるらしいということがわかった。[3]

それほど刺激的ではない話だが、インドオオコウモリのメスはほかのほとんどのコウモリと同じように、通常一匹の仔を年に一度、五か月の妊娠期間を経て産む。出生時の仔の体重は母親の八分の一ほどしかなく、これは大半のコウモリの出生時体重と比べて約半分だ。この早期出産を、インドオオコウモリの母親はとくに手間をかけて子育てに没頭することで補う。出産から数週のあいだは仔を毎日二四時間抱えて過ごし、それは餌探しに出ているあいだにねぐらの木に置いていける大きさに育つまで続く。仔の成長速度は速く、生後三か月ほどで成獣の約九〇パーセントのサイズに育ち、そうなると自力で飛ぶようになる。五か月に達すると、母親は乳を与えなくなり、仔は自力で餌をとるようになる。二歳になる頃には性行為を愉しむようになり、場合によっては仔をもうけることもある。自然環境下とはちがって餌を楽に多く摂取できる動物園ではより早く成長し、たった一年で性的に成熟することがある。

インドオオコウモリの寿命については、野生のものはほとんどわかっていないが、適切な飼育環境下であれば少なくとも四四年生きることができ、知り得るかぎり最長寿のコウモリということになる。[4] この四四歳まで生きたオスのオオコウモリは、まさしく長きにわたる波乱の一生を送った。一九六四年にインドで生まれ、思春期になる前の一歳で捕獲されてミルウォーキー動物園へ送られた。二一歳でもっと気候の温暖な地にある有名なサンディエゴ動物園に引っ越し、ここでカリフォルニアの太陽の下で余生を過ごした。

ここで言っておくが、動物園の動物が別の動物園に移ることは珍しいことではなく、長生きすれば何度も引っ越すことさえある。動物園の環境は、予算や社会条件による制約（社会的動物は仲間を必要とする場合がある）あるいは多産性の動物が過密になることなどで常に変化する。また動物園は見せる動物と展示設備を見合ったものにする必要があり、ある種を繁殖させる場合は近親交配を避けなければいけないこともある。こうした動物園間の移動の際に出生記録がすり替わったり、記録に混乱が生じたりすることがままある。その結果、大げさな寿命が生み出されることがある。一五七歳のゾウや一四七歳のオウムといった誇張は、まちがいなく出生記録の取りちがえから生じたものだ。

この最長寿のインドオオコウモリの場合、ほかの動物園でも少なくとも三〇代まで生きたという報告があるので信憑性《しんぴょう》はかなり高い。ロンドン動物園で生まれたあるメスは生涯をそこで過ごし、三一歳という長寿をまっとうした。〈マイケル〉という名のヒューストン動物園のオスはオクラホマ州タルサに生まれ、一〇歳でオクラホマシティに移り、二三歳のときの最後の引っ越しで移ったヒューストン動物園で熟年期を過ごし、三三歳と半年で静かに息を引き取った。

ほかの動物と寿命を比較すると、インドオオコウモリのLQは四・一になり、つまり同じサイズの平均的な飼育下の哺乳類より四倍ほども長く生きる。同じようなサイズの飼育下の哺乳類のなかには、寿命が四四年になるような種はいない。近いものすらいない。たとえば同じサイズのオグロプレーリードッグ（*Cynomys ludovicianus*）は一一年に届く程度で、アライグマの小さめの親戚のカコミスル（*Bassariscus astutus*）にしてもたかだか一六年だ。コウモリ以外で、インドオオコウモリに近いサイズでLQが最も近いものは、南米のジャングルに生息する、大人気の夜行性の霊長類ヨザル（*Aotus trivirgatus*）だ。ヨザルのなかのメトシェラは、プラハ動物園で生まれ、そこで生涯を過ごし、三〇歳で死んだオスで、そのLQは二・八だ。あとで論じるが、霊長類は全体として大きさのわりに長生きする傾向にあるが、コウモリほどではない。とくにブラントホオヒゲコウモリにはかなわない。

ブラントホオヒゲコウモリ

自然環境下で最も長生きのコウモリを発見したのは〝ハグリッド〟だった。もちろんハグリッドと言えば、〈ハリー・ポッター〉シリーズに出てくる森番の大男だ。このコウモリの発見者の本当の名前はアレクサンドル・フリタンコフだが、わたしは彼のことをハグリッドだと思ったのだ。フリタンコフのことを知ったとき、彼はシベリア中部のストルビ自然保護区の生物学者だったが、今でもそうかもしれない。ストルビは一九二五年にヨシフ・スターリンが指定した面積四六六平方キロメートルの自然保護区で、壮大な石柱と石灰岩の洞窟で知られる。そうした洞窟のひとつで、フリタンコフは野生コウモリのメトシェラを発見した。

　コウモリ専門の科学誌を読んでいると、ロシアのどこかでとんでもない長生きのコウモリが見つかったという報告が眼に留まった。報告の内容についてもっと詳しく知りたくなったわたしは、ロシア語を母語とする同僚のアンドレイ・ポドルツキーに論文の著者の居場所を突き止めてくれないかと頼んだ。アンドレイは著者のフリタンコフに電子メールで連絡をつけることに成功し、いつになるかわからないが、フリタンコフの都合のいい時間に自然保護区の代表番号に電話をかけて、そこでふたりで話をするという段取りをつけた。電話に出られないときは、フリタンコフは針葉樹林《タイガ》を歩きまわっていた。一度などわたしたちは、彼が新しいコンピューターを買うために毛皮を手に入れようと狩りに出ていたのだと知らされた。おかげで、彼が真夜中に森から出てきて、荒涼としたシベリアの田舎道に何キロメートルに一本しかない街灯に照らされた、ぽつんと建つ小屋の外で鳴っている電話に、動物の死骸を肩に担いだまま出る姿をいつも頭に思い浮かべていた。まあ、たぶんこの妄想どおりではなかったのだろうが、たしかにアンドレイはフリタンコフと連絡を取った。そしてこんな話を聞かされた――

　一九六〇年代初頭、ストルビ保護区の生物学者たちは数年をかけて約一五〇〇匹のブラントホオヒゲコウモリ（*Myotis brandtii*）に個体識別バンドをつけた。折しもキューバ危機が勃発し、冷戦の緊張が極限まで高まっていた。旧ソ連の生物学界は、それほどコウモリとその保護に注力していたわけではなかった。それから二〇年ほどが経過した八〇年代、保護区の洞窟にようやく入れるようになった。バンドをつけたコウモリのうち六七匹が――すべてオスだった――まだそこにいた。一九九〇年代には、ほとんど誰も洞窟を訪れなかった。二〇〇〇年代初めにフリタンコフが足を踏み入れると、バンドをつけたコウモリをまた発見した。

ブラントホオヒゲコウモリとトビイロホオヒゲコウモリを含むホオヒゲコウモリ属（*Myotis*）は、属の総称としても〈ホオヒゲコウモリ〉の名が使われることがある。この属は一〇〇以上の種からなり、ほぼすべての大陸のほぼすべての気候のほぼすべての環境に生息している――例によって例のごとく南極にはいない。ほぼすべてがサイズの小さなホオヒゲコウモリ属はエコーロケーションを駆使し、夜に空中でタカのように昆虫を襲い、たまに休息して獲物を消化する。昆虫ではなく水面の近くにいる小魚を狙う変わり種も、わずかだが存在する。最小の種の体重は二・五グラムほどで、現生種の内温性動物のなかでの最小の座を何種かのハチドリと競っている。最大の種はその約一五倍で、ハツカネズミ大になる。野生の各種ホオヒゲコウモリの長寿記録はてんでばらばらだ――クロホオヒゲコウモリは七年、魚を食べるピゾニクスコウモリは一二年、そして前述のとおりトビイロホオヒゲコウモリは三四年だ。このばらつきのどこまでが本当なのかわからないし、短命の種にしても記録が少ないせいでそう思われているだけなのかもしれないし、そうした種がどれだけいるのかもまだはっきりわかっていない。唯一はっきりしているのは、ブラントホオヒゲコウモリが長寿の頂点にいることだ。

一九六二年の調査でバンドをつけられたコウモリの最後の生き残りをフリタンコフが発見した時

点で、その個体は少なくとも四一歳だった。そしてその個体はフッと姿を消した。死骸も別れの挨拶も、何も残さずに消えた。ほんの六グラムの体で四一年生きるブラントホオヒゲコウモリのＬＱはぴったり一〇・〇だ。考えてみてほしい。飛んでいると大きめのチョウとまちがえられるほど小さなコウモリが捕食動物の魔の手をくぐり抜け、飢餓や洪水、伝染病、そして熱波と寒波を一〇年また一〇年と生き永らえるのだ。自然がひっきりなしに与える試練を生き延びるために、ブラントホオヒゲコウモリは毎晩何キロメートルも飛べるだけのスタミナと、必死の回避行動を取る昆虫を空中で数秒ごとに捕まえるほどの敏捷性を、歳を重ねても保たなくてはならない。強さと敏捷性と持久力を必要とするアスリートでも、最高水準のパフォーマンスを四〇年も維持しつづける者はひとりもいない。

狩りにエコーロケーションを使うので、高周波音を聴き取る力も保たなくてはならない。エコーロケーションをするコウモリが聴覚を失うことは死の宣告に等しい。高周波音の聴覚は人間が最初に失う感覚機能だ。この人間の老化現象を利用して、店先にたむろするティーンエイジャーたちを撃退する工夫をする店舗もある。子どもとティーンエイジャーだけが聴こえ、大人はまったく気づかない高周波の不快なブザー音を鳴らすようにしたのだ。さらにメスのコウモリは、歳を取っても空間記憶能力をしっかりと保持しなければならない。毎夜暗闇のなかを何キロメートルも餌を探して飛んだあと、自分の子どもを置いていったねぐらに正確に戻ってこなければならないからだ。車のキーはどこに置いたっけ、といううっかりミスは許されない。

フリタンコフもわたしも、ある疑問に頭を悩ませた。どうしてブラントホオヒゲコウモリは、どこから見てもその北米版にしか見えないトビイロホオヒゲコウモリより二〇パーセントも長生きするのだろうか？　考えられる答えのひとつは気候かもしれない。

冬眠と老化

哺乳類と鳥類などの小型の内温性動物は、寒さが厳しくなるにつれて慢性的なエネルギー問題に直面する。キューブアイスの例を挙げたとおり、体が小さければ、熱を発生させる体積に対して熱を放散する体表面の面積の比率が必然的に大きくなるので、熱は急速に失われてしまう。この急激な熱損失を防ぐために、それを補うだけの高い温度を生み出し、高い体温を常に維持しなければならない。だから小さな鳥や哺乳類の代謝率は大きな動物より高い。寒くなると体温と周囲の温度の差が大きくなり、そのぶん熱を失う速度も増し、問題は悪化する。だから夜が長く寒くなれば、それだけ余分に熱を生み出す燃料が必要になる。昆虫を食べるコウモリにとって、冬が近づくと燃料は――つまり餌は――徐々に乏しくなる。飛翔する昆虫は姿を見せなくなり、とくにコウモリが餌探しをする、一日で最も寒い夜間にはまったくいなくなる。ある時点に達すると、小さなコウモリはそれまでの活動を維持するだけのエネルギーを生み出せなくなってしまう。そして活発に動くことも、哺乳類にふさわしい体温を維持することも中断してしまう。洞窟などの安全な隠れ家に引っ込んで冬眠するのだ。

冬眠とは、体温を一定ではないが制御可能な範囲で降下させる、哺乳類が得意なエネルギー節約術だ。大抵はシマリスやプレーリードッグといった小さな哺乳類が寒い気候への対応策として使うが、クマなどの大型哺乳類のなかにも冬眠するものが少数ながらいる。クマは体が大きく、しかも巣穴は断熱性に優れているので、冬眠中は体温をほんの数度しか落とさないが、それでも安静時の代謝量を通常の五分の一にまでしっかり下げる。クマは冬眠中でもゆっくりとだが動くことができる。しかしそんな状態のクマは、周囲のことをほとんど気にしていないみたいだ。それがわかったのは、妻に言いくるめられて、彼女がいる獣医学部で観察下にあった冬眠中のハイイログマの檻に一緒に入ったときのことだ。わたしたちが檻に入るなり、クマは大儀そうに立ち上がって何歩か歩いたので肝をつぶしたが、すぐに檻の反対側にどさりと横たわり、また寝てしまった。ありがたいことにクマは、ほんの一メートルかそこらしか離れていないところで何とか見つからないように必死になっていた怯え切った男には眼もくれなかった。

コウモリも冬眠するが、生息地の環境に応じてその方法はさまざまに異なる。ブラントホオヒゲコウモリとトビイロホオヒゲコウモリの生息地には過酷な冬が訪れる。コウモリたちは体温を体が凍る寸前まで下げ、代謝率を通常の安静時の一パーセント以下にして冬眠する。彼らが洞窟の奥深くで冬眠する理由は安全だからだが、内部の温度は極寒期でも周囲環境の年間平均気温に——低いが氷点下にはならない——近いことも挙げられる。冬眠する哺乳類も、体が凍れば細胞内の氷の結晶が細胞を破裂させてしまうので死ぬ。脳や心臓やその他の部位の細胞が破裂すれば、それこそ長寿もおぼつかない。

ここでトビイロホオヒゲコウモリとブラントホオヒゲコウモリの寿命の差と気候との関係に話を

戻そう。三四歳のトビイロホオヒゲコウモリが発見されたニューヨーク州エセックス郡の冬は、シベリア中部に比べれば穏やかで短い。とはいえ、どちらの冬も別段穏やかでも短くもないのだが。たとえば最も寒い一月、エセックス郡の平均最低気温は摂氏マイナス一四度という極寒で、ストルビともなればさらに厳しくマイナス二〇度だ。この気候のちがいが冬眠期間のちがいをもたらし、ニューヨーク州東部のトビイロホオヒゲコウモリが約六か月なのに対し、シベリア中部ストルビのブラントホオヒゲコウモリは九か月だ。命の灯火《ともしび》である代謝が老化において重要な役割を果たしているのだとすれば、冬眠には老化を〝一時休止〟させる機能があるのかもしれない。つまりブラントホオヒゲコウモリは一年のあいだにたった三か月分しか老化せず、トビイロホオヒゲコウモリは六か月分だけ老化する、ということも考えられる。実験用マウスに一時休止はない。

むろん、この冬眠説は哺乳類にしか当てはまらない。冬眠しようがしまいが、飛翔能力は鳥でもコウモリでも重要だ。鳥類は冬眠しないが（例外は一種のみ、アメリカ合衆国南西部にいるプアーウィルヨタカだ）、それでも大半の種は自然環境下であっても飼育下のほとんどの哺乳類よりも長寿だ。長寿のコウモリのうち、インドオオコウモリもナミチスイコウモリも冬眠しないが、それでも同じサイズのほかの哺乳類より四倍から五倍長生きする。冬眠は寿命を延ばす役割を果たしているのかもしれないが、鳥とコウモリの長寿はそれだけでは説明がつかない。メリーランド大学の生物学者ジェラルド・ウィルキンソンとダニエル・アダムズは、一〇〇種近くのコウモリの寿命を比較した結果、全体的に見て冬眠するコウモリは冬眠しないコウモリより長生きし、冬眠期間が長い種ほど長寿だということがわかったと、二〇一九年に発表した論文で述べている。[6]ちなみにチスイコウモリは冬眠こそしないものの、餌漁りの合間に浅い休眠状態に入る。

冬眠を論じるのであれば、コウモリのもうひとつの驚きの身体機能にも触れるべきだろう――不活発時の筋肉の萎縮に対する抵抗力だ。骨折してギプスをはめたことがある人なら誰でも身にしみてわかっているとおり、人間の筋肉は使われなければすぐに減ってしまう。不活発時の筋肉量の低下率は加齢とともに加速する。高齢者はベッドで一〇日間寝たきりになっただけで、下半身の筋力が一六パーセントも失われる。[7]若者がそこまで筋力を失うには一か月かそれ以上かかる。ここでコウモリが最長で九か月も冬眠することを考えてみよう。そのあいだにどれだけの体力と筋力が失われてしまうのだろうか？　実質的にゼロだ。[8]冬眠を終えて目覚めると、コウモリはさっさと飛んでいく。どうやったらそんなことができるのだろうか？

コウモリの長寿に関わる生態については、さらに詳しく調べたいことが数多くある。長期間冬眠しても体力も筋力もまったく衰えないというところもそのひとつだ。多くのウイルスとどうやって共存しているのかということにしてもそうだ。これほど多くのウイルスすべてに抵抗し得るコウモリの強固な免疫系が、並はずれた長寿に大きな役割を果たしているのではないかと主張する研究者もいる。[9]長年にわたって蓄積される、活性酸素と褐変によるたんぱく質へのダメージにどう対処しているのかも知りたいところだ。やはりコウモリも鳥類と同様に、飛翔にはとんでもないほど大量のエネルギーを必要とするという問題を抱えている。鳥と同じく、ほかの哺乳類に比べてミトコンドリアが生み出す同量のエネルギーに付随して発生する活性酸素が少なく、またたんぱく質の折り畳みミスへの対処にも優れているのだが、それをどうやって実現しているのかについてはまだ解明されていない。

さらにもうひとつ、先に話のついでに触れただけになっていたが、ブラントホオヒゲコウモリのオスはなぜ、どのようにしてあれほどメスより長く生きるのかという疑問もある。この謎については、寿命の性差という問題についての箇所で論じることにする。今のところは、洞窟で二〇年以上生きた六四匹のブラントホオヒゲコウモリはすべてオスだったということだけ思い出しておいてほしい。最長寿が記録されたトビイロホオヒゲコウモリも全部オスだ。メスがオスよりずっと短命なのは、母体との体の大きさの比率が最も大きな仔を育てることには、それなりの代償がともなうからかもしれないし、別の理由があるのかもしれない。ほかの哺乳類の場合、すべての種がそうではないが、それでもメスのほうが長生きする場合が多い。こうした性差を研究すれば、一般的な老化について何かつかむことができるのだろうか？

つまりコウモリを研究すれば、長寿の秘密のみならず老化についても知ることができる可能性が大いにあるということだ。コウモリはどうやって聴力を維持しているのか？　何か月にもわたる冬眠のあいだはまったく使うことのない筋肉を、どんな手を使って萎縮させずにいるのだろうか？　高い持久力と敏捷性はどうやって保っているのだろうか？　あれだけのウイルスに対抗する免疫系は？　洞窟で何百万匹とひしめきあっているなかで、乳離れしていない自分の仔の位置をどうやって正確に憶えているのか？　そもそも、闇夜を何十キロメートルも飛んだのちに、どうやって同じ洞窟へ戻ることができるのだろうか？　コウモリの長寿を理解する大規模な取り組みがちょうど始まろうとしている。現在、多くの種のゲノムが解析されていることから、こうした疑問の答えが隠されていそうな細胞の部分を突き止める手がかりが得られるかもしれない。[10]が、ゲノム解析は出発点にすぎない。たしかにわたしたちが得意とするゲノム解析は今では迅速かつ比較的安価に行うことができる。しかしゲノムは、コウモリの長寿を真に理解するために細胞生物学や生理学が眼を向けるべき方向しか示してくれない。鳥類の場合と同じように、健康で幸せに過ごせる時間を大幅に延ばしてくれる自然の秘密を見つけたいのであれば、コウモリの生態に焦点を当てる研究者が大挙して参加するマンハッタン計画のような大規模プロジェクトを立ち上げればいいのではないだろうか。それが有意義な資金の使いみちだ。

コウモリと鳥類、そして人間の健康

コウモリと鳥類は、本書に登場する長寿動物のどれとも異なる存在だ。そのちがいとは、せわしない日常を送っているのに長寿だというところだ。ゆったりとした生活は、往々にして長寿につながる。つまり、生命の基本的なプロセスが急速に生じる動物は、そのプロセスの有害な副作用に早い段階でやられてしまいがちだが、そうしたプロセスを遅くすればダメージもゆっくりと生じ、より長生きすることができる。コウモリの普段のプロセスは速いが、冬眠中はかなり遅くなる。外温性動物はほぼ一生を通じて遅い。しかし人間の場合、大抵は〝太く長い〟人生を望むものではないだろうか。寝たきりで過ごすことになってもいいから、もっと長生きしたいと願う人間がどれほどいるだろうか？　生物学的な寿命だけでなく健康寿命も延ばしたいと願うものだ。つまり体力と持久力と敏捷性、さらには鋭い感覚も認知能力も最後まで落とすことなく、長い長い一生をまっとうする鳥類とコウモリのようになりたいと願っているということだ。しかし飼い慣らされて短命で老化のスピードが速い動物を使った実験室の研究から抜け出し、鳥類やコウモリといった長寿動物にしっかりと本気で取り組み、深く掘り下げて研究しないかぎり、生物学的寿命と健康寿命を同時に延ばすという人間の大願に向かって大きく前進することはできないだろう。

2部　陸の長寿

6章　リクガメとムカシトカゲ――島の長寿動物

チャールズ・ダーウィンが巨大なガラパゴスゾウガメを初めて眼にしたのは一八三五年九月のことだった。この怪物の大きさについては、一頭を持ち上げるのに六人から八人の手が必要になることがあるほどだとダーウィンは記している。しかしどれだけの歳月をかけてここまで大きくなったのかという疑問は、わたしたちが知り得るかぎりダーウィンの頭には浮かばなかった。その代わりに注目したのは、島々に棲む個体数の多さ、豊富な肉の供給源として活用できること、そして島の乾燥した低地から緑豊かな標高の高い斜面にある淡水の水源まで登っていく距離と速度だ。一三キロメートルの道程を、早足のカメなら昼夜を問わず歩いてたった二日で踏破できるとダーウィンは計算している。

もっともダーウィンは、どう見ても誤って崖から落ちたもの以外はゾウガメの死体を見たことがないという島民たちの証言には軽く触れている。老化という視点で現代から見れば、崖から転落したのは視力が衰えたからであって、それ以外のよくわからない原因で死んだゾウガメがなぜ見つからないのかと疑問に思うところかもしれない。

カメは数千年も前から長寿の動物として知られていた。最初にこう言っておくが、英語ではカメのことを〈turtle（タートル）〉とも〈tortoise（トータス）〉とも呼び、どっちを使えばいいのかわからないことがある。その使い分けは英語圏内の地域によって異なる。イギリスでは〈turtle〉はほとんど使われておらず、一般に〈tortoise〉は陸棲の爬虫類で身を護る甲羅があり、歯ではなく嘴《くちばし》を持つもの全体を指し、一生の一部または全部を淡水域で過ごすものは〈terrapin（テラピン）〉だ。オーストラリアでは〈tortoise〉は淡水域に生息するカメのことを指すが、それはこの大陸には身を護る甲羅と、歯ではなく嘴を持つ陸棲爬虫類がいないからかもしれない。アメリカの場合、アメリカ魚類両生類爬虫類学会の公式見解では――こんなにかしこまった響きのある名称の団体が定めた定義に、誰が文句をつけられようか――〈turtle〉は陸棲水棲を問わず甲羅と嘴を持つすべての爬虫類に対する一般的な名称で、〈tortoise〉は動きの遅い陸棲のカメのみを指す。さらにややこしいことに、宝飾品に使われるべっ甲（tortoiseshell　トータスの甲羅）は、ワシントン条約で取引が規制され人工の模造品に完全移行されるまでは、海亀であるタイマイの甲羅で作られていた。

名称がどうであれ、カメが長寿の動物だと知られるようになったのは、遠い昔にペットとして飼われていたカメが成熟するまでにかなりの年月を要することに、当時の人々が気づいたからだろう。成体になるまでの時間は、その動物の寿命の大雑把な指標になる。

それに加えて、カメは成熟したあとも、飼い主が飼い始めてどれほど経ったのか忘れてしまうほど長生きしがちなことに人々は気づいたはずだ。ちょうどいいタイミングなので指摘しておくが、ここでは基本的にゾウガメの長寿に焦点を当てているが、すべての、あるいは少なくともほとんどのカメは成体になるまでに長い時間を要すると思われ、成体になってからもさらに生きつづける傾向にある。たとえば北米に広く生息する、コーヒーカップの受け皿程度の大きさのニシキガメ（*Chrysemys picta*）は、成体になるまでに鳥類やコウモリより長い一〇年を要し、自然環境下での最長寿は六一歳だ。これよりわずかに大きい――とはいえディナープレート大だが――ブランディングガメ（*Emydoidea blandingii*）は生殖が可能になるまでに一五年から二〇年かかり、自然環境下で少なくとも七七年生きた個体が一匹確認されている。[1] この二種とも寒い冬が訪れる地域に生息するものは冬眠し、どちらの長寿記録も冬眠する地域の個体だ。つまり冬眠は老化に対してある意味〝一時休止〟の機能を果たしている可能性があり、カメがとんでもなく長生きする理由を、完全にではないが説明するものなのかもしれない。

ところが南洋のガラパゴス諸島とアルダブラ環礁を原産地とするゾウガメは冬眠しないが、どう見ても超長寿だ。前述の小さなカメが六〇年から七〇年生きること、大きな種のほうが小さな種より長く生きるという一般的な原則があることを考え併せれば、ガラパゴスゾウガメが並はずれて長生きなのは、その巨体を見ればわかるとするのは当然の話だ。たしかにサイズも長寿の理由の一部かもしれないが、ゾウガメが島嶼で進化したということも、同じく理由のひとつのように思える。これからそれを説明しよう。

島の不思議な生態系

ダーウィン以来、島は進化を学ぶ格好の場所であり続けている。これは島には、とくに大洋島には一風変わった生態系が根づいているからだ。大洋島とは、その名のとおり大陸から遠く離れた大海原のただなかにある、海底火山の爆発で隆起し、何千年もかけて溶岩が積み重なったのちに海面から顔を出した島だ。大洋島は、通常は溶解したマグマが頻繁に構造プレートを突き破って噴出する地点であるホットスポットに形成されるので、移動を続けるプレートがホットスポット上を通過したことを示す時系列の記録として、鎖のように連なっている。

最もわかりやすい例はハワイ諸島だ。最長寿の野生の鳥〈ウィズダム〉の営巣地であるミッドウェー島、正式にはミッドウェー環礁はハワイ諸島の北西端にある。ミッドウェー島は、現在も爪が伸びる程度のスピードで北西に向かって移動しつづける太平洋プレートが、ハワイ・ホットスポットの上を通過した二八〇〇万年前に形成された。大洋島は、移動する構造プレートに乗ってホットスポットから離れるにつれて侵食され、自らの重みで徐々に海に沈んでいき、ついには島を形成した火山は海面下に消え、火山を取り囲んでいた裾礁《きょしょう》だけが残る。それが環礁だ。チャールズ・ダーウィンは進化の仕組みの謎だけでなく、イギリス海軍の軍艦ビーグル号での航海中に、環礁が形成される謎も解いている。ここで昔からハワイ諸島とされる島々の歴史を再現すると、最も古い島が北西、若い島が南東となる。つまりカウアイ島が海から出現したのが五〇〇万年前、オアフ島が三〇〇万年前、マウイ島が一〇〇万年前、そして〈ビッグ・アイランド〉とも呼ばれる最も若いハワイ島はホットスポットの直上の通過を終えようとしているところだ。ハワイ島の南東約三〇キロメートルには、ロイヒ海山が新たな島として形成されつつある。ロイヒ海山が島として姿を見せるのは一万年から一〇万年後になるはずだ。

大洋島の生物相の大きな特徴は、陸上の生物がまったくいない状態で海からもたらされるという点だ。新しい種がやってくる順番は偶然によって決まるため、植物相も動物相も時間の経過とともに行き当たりばったりに形成される。順不同でやってくる動植物は、大陸ならば何百万年も前から別の動植物が埋めてしまっている生態的地位《ニッチ》を島のなかに見いだすことがある。したがって、島の多くの動植物は大陸育ちの先祖とはまったくちがう進化の道をたどる。ちがいがあらわれやすい方向性のひとつは体の大きさだ。進化の過程で巨大化したり矮小《わいしょう》化したりした種は大洋島に数多く存在し、そこにはヒトも含まれる。これは島嶼化と呼ばれる。

　島嶼巨大化の一例が、マダガスカル島に一七世紀まで生息していたとされるエピオルニス（象鳥）という飛べない鳥だ［図6-1］。

［図6-1］島嶼巨大化した鳥で絶滅種のマダガスカルのエピオルニス（*Aepyornis* 象鳥）を、ダチョウ、ヒト、ニワトリと比べた図。やはり絶滅したニュージーランドの巨鳥モア（図示せず）はエピオルニスよりずっと背が高いが、体重はエピオルニスほど重くない。島の巨鳥たちは1羽残らず絶滅した。Drawing by De Agostini via Getty Images.

エピオルニスの最大体重は、大きめのダチョウの五倍もあった。ニュージーランドに生息していたモアの体高は、最大レヴェルにまで成長したエピオルニスを見下ろすほどだったが、体形はスリムだった。マダガスカルのすぐ東にあるモーリシャスに生息していたドードーは、飛べないもののハトの仲間で、体重が一三キログラムもあり、体の大きさは街に暮らすハトの四〇倍だった。飛翔がもたらす優位性は島では大きく下がり、逆に強風で島から吹き飛ばされるほうが問題だという意味では邪魔な能力ともなり得る。だから大洋島の鳥類と昆虫の多くは飛翔能力を失った。ニュージーランドのジャイアント・ウェタというカマドウマ科の昆虫は、飛べないが大きさはハツカネズミほどもある。

大洋島の生物相のもうひとつの大きな特徴は、生態系の頂点に立つ肉食動物、つまり頂点捕食者がいない場合が多いことだ。捕食者が存続可能な個体数を維持できるほど獲物の裾野が広くないからだ。捕食者がいないのだから、飛んで逃れることができるという飛翔のもうひとつの優位性もなくなる。大型の捕食者がいないので、島の動物の多くに恐怖の欠如が見られる。ダーウィンは、ガラパゴス諸島の鳥たちは狩りをしようとしても、銃の上に止まるのではないかと思えるほど人を恐れないことに気づいた。わたしがこの諸島を訪れたときのことだが、日光浴中のイグアナたちの横に座っていると、靴の上にガラパゴスマネシツグミが止まり、靴紐についていた草の種を無頓着についばんだ。長寿をもたらす要因のひとつは〈環境上の危険〉の低減だということを思い出してほしい。とくに高齢の個体に大きな影響を与える危険が低くなる場合はなおさらだ。島に大きな捕食者がいないと、〈環境上の危険〉をもたらす主要因がひとつ減るのは火を見るよりも明らかだ。

この〝恐れない〟という進化に、島に移り住んだ人間たちはつけ込み、先ほど述べた島嶼巨大化した鳥たちを根絶やしにした。そうした島の巨大生物は現在でも数種ほどが命脈を保っている。アラスカのコディアック島にいる世界最大のコディアックヒグマや、インドネシアの小スンダ列島に生息し、今でもヤギを、そしてときに観光客を襲う世界最大のトカゲ、コモドオオトカゲなどだ。

反対の島嶼矮小化の例としては、コモドドラゴンがヤギや観光客が手に入るようになる前に食べていた、ポニー大のゾウの親戚が挙げられる。このコビトゾウはロードス島やクレタ島やサルデーニャ島といった地中海の島々にも生息していた。カリフォルニアのチャンネル諸島にはコビトマンモスという矛盾した名前のものすらいた。マダガスカル島にはコビトカバがいた。そうした動物よりも魅力に乏しい、もしくは負の魅力がある動物たちも、島では矮小化する。わたしはミクロネシアの島々のいくつかの島で極小のハツカネズミを捕らえたことがある。もともとはヨーロッパに生息するハツカネズミだったのだが、世界中の島々を探検していた大航海時代の船乗りたちが知らず知らずのうちに持ち込み、五〇〇〇年も経たないうちに祖先の約半分のサイズにまで縮んだのだ。魅力的な種に話を戻すと、小スンダ列島のフローレス島には巨大なトカゲと小さなゾウだけでなく、フローレス原人（ホモ・フローレシエンシス）という絶滅した小型のヒト属もいた。フローレス原人は身長一〇五センチメートルで体重二五キログラムと、ヒト属のなかでも最小だ。そしてエピオルニスやドードーやモアと同様に、現生人類の到着とともに姿を消した。わたしたちのせいで消えたのだろうか？　いやいや、きっと偶然だ、そうにちがいない。

カメの起源

カメは約二億二〇〇〇万年前に――あるいはわたしの見方で言えば、地球が幾度もの大絶滅に見舞われる以前に現れた。カメは生き抜いた動物だ。最初期のカメは大きかったが、現在の基準で言えばゾウガメほどには巨大ではなかった。しかしその後のいくつかの種はゾウガメの何倍もあるほどの超巨大になった。六六〇〇万年前に起こった小惑星の大衝突で、すべての陸にいる恐竜と空飛ぶ翼竜と海に棲む首長竜、そして体重三〇キログラム以上の四本肢の動物が死に絶えるなか、カメは生き残った。八〇パーセントの種が生き残り、そのなかには体長四・六メートル、体重二トン以上という最大のアルケロン（*Archelon*）もいた。その寿命がどれほどだったのか、ぜひ知りたいところだ。

カメの現生種の数は三五〇ほどで、陸上や川や湖、あるいは海に生息している。草食の種もいれば肉食の種もいて、そしてある種は何食と呼んでいいのかわからないが、もっぱらクラゲを食べる。しかし何を主食としていようとも、すべての種が殻が頑丈な卵を産み、陸地の砂や土のなかに埋めたままにする。カメの奇妙な特徴のひとつが、卵から孵化する仔の雌雄は、哺乳類や鳥類のように染色体で決まるのではなく、多くの種で卵が埋められる場所の地温で決まることだ。普通は地温が高ければメスが多くなり、低ければオスが多くなる傾向にある。しかしいくつかの種では、オスは〝ゴルディロックス〟的に決まる（イギリスの童話『三びきのくま』で、ゴルディロックスという少女はクマの家にあった三杯の粥のうち、ちょうどいい温度のものを選んで食べた）。たとえばカミツキガメは、最も低い温度と最も高い温度の場合はメスに、その中間、つまり〝ちょうどいい温度〟ではオスになる。この〈温度依存性決定〉という性質が発見されて以降、カメの保護活動は多大な進歩を得た。飼育繁殖する場合、必要性の高い性の仔が多く生まれるよう管理できるからだ。

ゾウガメは地球上の数多くの大洋島と一部の大陸に生息していたが、現在では熱帯にあるふたつの島嶼部にしかいない。南米大陸から西へ約一〇〇〇キロメートル離れた赤道直下にあるガラパゴス諸島には、近縁関係にある何種ものゾウガメが存在し、アフリカの東海岸沖六三〇キロメートルのインド洋に浮かぶアルダブラ環礁には一種のみ生息している。このゾウガメたちはまさしく島嶼巨大化したカメだと言える。ガラパゴスゾウガメの最も近縁な現生種はアルゼンチンとパラグアイとボリビアにいるチャコリクガメ（*Chelonoidis chilensis*）だが、このカメのサイズは靴箱ほどしかない。

ゾウガメの寿命

ゾウガメの長寿は文字どおり〝伝説的〟だ。ゾウガメがとんでもなく長生きすることはわかっているが、実際にどれだけ生きるかについては、いまだに驚くほどあやふやだ。それにはもっともな理由がある。コウモリや鳥類の場合、最初に捕獲した研究者が記録したうえで標識をつけた個体を、死ぬか姿を消すまで継続的に調査する標識づけとモニタリングで寿命を把握できるが、人間よりずっと長生きするゾウガメのような超長寿動物でそれを実施するとすれば、二世紀ほど前から始めなければならないところだ。ところが当時の博物学者たちは、野外調査の対象とする動物を捕らえて標識をつけて放すのではなく、撃ち殺すという手段を大いに好んだ。さらには、飛び抜けて長寿の動物を見世物にすれば、かなりの評判と金を手に入れることができるので、〝世界最高齢の動物〟業界は年齢詐称であふれている。いくつかあるリクガメの長寿記録を検証して、そこから判定を下してみよう。

誇張もはなはだしい例は面白みはあるが、何の根拠もないからさっさと嘘と認定できる。たとえば二〇一九年、ゾウガメではないが大型の種であるケヅメリクガメ（*Centrochelys sulcata*）の〈アラバ（長寿という意味）〉と名づけられた個体が、ナイジェリアのオヨ州のある首長の宮殿で、三四四歳という驚異の超高齢で死んだというニュースが流れた。ここで指摘しておくが、この驚きの報道を扱ったのは〈BBCニュース〉だ。BBCは動物や人間の寿命についてのばかばかしい話をうっかり提供してくれるという点で、最も信頼できる発信源のひとつだ。そして肝心なのは、〈アラバ〉には強力なヒーリングパワーが備わっているとされていたので、方々から人を集めていたことだ。

お次はサンスクリット語で〝唯一無二〟を意味する〈アドワイチャ〉という名前の、アルダブラ環礁から連れてこられたと思しきオスのゾウガメだ。〈アドワイチャ〉はインド最古の動物園であるコルカタのアリポール動物園で一八七六年の開園当時から飼われ、二〇〇六年に死んだが、死亡時の年齢は二五五歳だったという。賢明なる読者のみなさんなら、〈アドワイチャ〉が動物園にいたのは一三〇年間だけだというところが引っかかるだろうが——それだけでもリクガメとしては立派な長寿だ——それではこの二五五歳という年齢の根拠は何なのだろうか？　動物園が〈アドワイチャ〉を入手したとき、その当時の飼い主から、最初の飼い主は英領インドの基礎を築いたロバート・クライヴで、一七五七年のプラッシーの戦いでの勝利という武勲に対する褒美として授けられたカメだと聞かされていた。この歴史に残るような物語が〈アドワイチャ〉の購入金額にどれほどの影響を与えたのかは記録に残っていない。それでも〈アドワイチャ〉が動物園に来た時点ですでに成体になっていたことは記されているので、二〇〇年を超えて生きたと信じるに足る証拠には欠けるものの、少なくとも一五〇年から一六〇年以上生きたということはほぼまちがいない。アルダブラゾウガメが成体のサイズになるまでに、少なくとも二〇年から三〇年を要するからだ。

ゾウガメの長寿記録のなかで信用してもいい、と言うよりも怪しいところがいくらか少ないものは、実は三つある。そのなかの最長寿は、南大西洋にあるセントヘレナ島の観光ガイドで大きく取り上げられている、一八八二年から島にいるとされるアルダブラゾウガメの〈ジョナサン〉だ。公平を期するために言っておくべきだと思うのだが、セントヘレナ島は地球上で最も外界から隔絶された島のひとつで、だからこそイギリスはナポレオンの流刑地に選び、元フランス皇帝に悲しく孤独な余生を過ごさせた。同じ理由で、島はあらゆる手を使って観光収入を得ようとしている。かくして堂々たる長寿の〈ジョナサン〉は広く宣伝され、その姿は島発行の切手と五ペンス硬貨にも描かれている。

ほかの三頭のリクガメとともにセントヘレナ島に連れてこられた時点で、すでに〈ジョナサン〉はすっかり成熟していたと思われる。その証拠に、島に到着したとされる年から四年後の一八八六年に撮影されたという写真には、たしかに〈ジョナサン〉だとされる成体のゾウカメが四人の成人男性と一緒に写っている［図6-2］。セントヘレナ島の観光局によれば、アルダブラゾウガメが完全に成熟するまでは少なくとも五〇年はかかるという。その主張に従うならば、推定出生年は一八三二年、すなわち本書を執筆している時点で一八九歳ということになる。一方、リクガメについて造詣の深い生物学者たちは、アルダブラゾウガメが完全に成熟するまでに要する年月は、先に述べたとおり二〇年から三〇年だと考えている。セントヘレナの観光局とリクガメを研究する生物学者の主張は、どちらも正しいのかもしれない。動物の一生において、成体になるまでかかる年月

［図6-2］今もセントヘレナ島に暮らし、しょっちゅう世界最高齢の動物だとまちがわれているアルダブラゾウガメの〈ジョナサン〉。左側のカメが〈ジョナサン〉だが、この写真が撮影された時期については1860年代や1880年代や1902年、さらには“1900年前後”と（〈ジョナサン〉とその後ろの2人の男だけが入るようにトリミングされたバージョンだ）さまざまな説がある。2021年3月時点で〈ジョナサン〉はまだ存命中らしい。どう見ても〈ジョナサン〉はかなり高齢だが、正確な年齢についてはまったくの推測か、あるいは希望的観測にすぎない。

ほど変わりやすい期間はない。この変動の原因は、大抵の場合エネルギーのバランスにある。大量の餌を労せず手に入れることのできる個体は、労多くして益少なしの個体よりも早く成体になる。餌をめぐって何千匹ものカメが争う生息地にいた〈ジョナサン〉は、食べ放題の動物園で飼われた場合よりもずっと長い時間をかけて完全な成体になったのかもしれない。

いずれにしても、写真のゾウガメが〈ジョナサン〉だとすると、彼はまだ一五九歳かもしれないし一八九歳以上なのかもしれない。どちらに転んでもかなりの爺さんだ。〈ジョナサン〉は高齢なだけではない。老化しているのだ。白内障にかかり、二〇一五年からは眼が見えず、嗅覚を失い、現在は手で餌を与えてやらなければならない。長寿のリクガメの老化現象も、人間のそれと似ていることに注目してほしい。ずっと遅くなってから生じるだけなのだ。

地球で最高齢とされる脊椎動物の一匹の甲羅に触れたければ、ヨハネスブルクから週に一回飛ぶセントヘレナ行きの便に急いで乗ったほうがいいだろう。

興味深く、わずかながらも説得力のあるリクガメの長寿記録のふたつ目は、キャプテン・クックが三回目にして最後の探検航海で、一七七七年にトンガ諸島の王家に献上したとされる、トンガ語で〝マリラ王〟を意味する〈トゥイ・マリラ〉と名づけられたメスのホウシャガメ（*Astrochelys radiata*）だ。ホウシャガメのサイズは大皿ほどで、ゾウガメに遠く及ばない。〈トゥイ・マリラ〉は一九六五年五月一九日に（一九六六年五月一六日だとする説もある）一八八年とされる生涯を終えたが、そのほとんどのあいだはオスだと思われていた。本当の性別は死後にようやく明らかになった。気楽な一生でもなかった。王家所有の〝セレブガメ〟だったにもかかわらず、何度も馬に蹴られたり踏みつけられたりして、ひどい傷を負った。長寿以外で〈トゥイ・マリラ〉を有名にしたのは、一九五三年にトンガを訪問したイギリス女王エリザベス二世と夫のエディンバラ公、そしてトンガの王族たちとの写真に一緒に写ったことだ。傷はあったが元気な一七六歳のリクガメを初めて紹介されたとき、エリザベス二世は女王になってからわずか一年後の二七歳で、エディンバラ公フィリップは三二歳だった。ほかの何人かのよく知られた著名人と同様に（わたしの知るかぎりではウラジーミル・レーニンと毛沢東、そして俳優のロイ・ロジャースが西部劇で乗っていた馬のトリガーだ）〈トゥイ・マリラ〉の亡骸《なきがら》は保存処理が施されてトンガ王宮に展示され、今でも観光客を集めている。

この高齢のセレブリクガメの年齢をめぐる物語のある重要な箇所に、わたしの〃デタラメ発見器〃がピクっと反応した。実はキャプテン・クックは三回目の航海で、トンガを訪れる前にホウシャガメが生息する島にはどこにも立ち寄っていなかったのだ。彼の航海日誌にも、このリクガメは一切言及されていない。それでも、このエキゾチックなカメがトンガに先立つ寄港地で売られていて、船員が買った可能性はある。トンガ王家が船長ではなく一介の船員からの献上品を受けとったかどうかという考察は、わたしにとっては専門外である心理学の範疇《はんちゅう》にある。〈トゥイ・マリラ〉の出自についてのふたつ目の眉唾ものの物語は、トンガ国王ジョージ・ツポウ一世が治世のどこかで島にたまたま立ち寄った船から彼女を得たというものだ。〃治世〃をどう定義するかによって変わってくるが、ツポウ一世は一八二〇年または四五年または七五年から九三年に崩御するまで王国を統治した。ツポウ一世が購入したか献上されたりしたとするならば、〈トゥイ・マリラ〉は一八八歳よりずっと若くして死んだことになるが、それでも一世紀かそれ以上生きていた可能性は高い。

わたしに見つけることのできた〈トゥイ・マリラ〉の最も古い写真は、女王サローテ・ツポウ三世の弟ヴィーライ・ツポウに抱えられているものだ。その写真は、即位間もないイギリス女王との写真の少し前に撮られたものだと思われる。したがって、少なくとも証拠写真という点では〈ジョナサン〉の年齢のほうがずっと信憑性がある。

超長寿カメの最後の一頭は、正真正銘ガラパゴス諸島から来た〈ハリエット〉という名前のゾウガメだ。〈ハリエット〉は、人気テレビ番組『クロコダイル・ハンター』の司会者として名を馳せた環境活動家の故スティーヴ・アーウィンとその妻テリーが所有していた、オーストラリア動物園で飼育されていた。ここではガラパゴスゾウガメにラテン語の学名を添えないことにしたが、それはDNA解析でガラパゴス諸島に生息するゾウガメの近縁種は一種や数種ではなく一五種ほどだと確認されたからだ。これは動物学では類似種群と呼ばれるが、ここでは簡潔にするため、〈ハリエット〉は単に〝ガラパゴスゾウガメ〟とする。

飼い主が著名人という話が続くことになるが、〈ハリエット〉は一八三五年に、ほかならぬチャールズ・ダーウィン本人によって捕獲されたという。〈ハリエット〉はガラパゴス諸島からオーストラリアのビアワーにある動物園まで連れてこられたとされているが、その旅路はビーグル号の航海よりも迂遠なものだったのかもしれない。

こうした長寿のカメの話のどれを見てもすぐにわかるのだが、必ずその一生のうちのどこか一か所もしくは数か所で管理記録があやふやになる。しかし〈ハリエット〉の場合、そのあやふやさは頭ひとつ抜けている。ハリエットについては、こんな話がよく知られている。ガラパゴス諸島を訪れたとき、ダーウィンは三匹の仔カメを捕獲し、ペットとして飼うためにイングランドに持ち帰った。そしてどこかの時点でジョン・ウィッカムというビーグル号の乗組員に渡した。海軍を退役したウィッカムは、一八四一年にオーストラリアのブリスベンに三匹の仔ガメ（トム、ディック、ハリーと名づけられていた）とともども移住した。一八六〇年、ウィッカムは完全に成体になっていたゾウガメたちをブリスベンシティー植物園内の動物園に寄贈した。そして植物園が閉園となった一九五二年、高名な自然史研究家で動物学者のデイヴィッド・フレイがハリーを買い取った。優れた自然史研究家であったフレイこそ、ハリーが実は〈ハリエット〉と名づけられるべきだという事実を発見した人物だ。カメの性別判定には、自然史研究家の熟練の眼がまちがいなく必要だということだ。〈ハリエット〉はフレイに飼われていたが、一九八七年にクイーンズランド爬虫類動物公園に移された。当時、この動物公園はボブとリンのアーウィン夫妻が所有しており、のちに息子のスティーヴとテリーが受け継ぎ、オーストラリア動物園と改名された。ここまでおわかりいただけただろうか？〈ハリエット〉の飼い主はダーウィンからウィッカム、そしてブリスベンシティー植物園、フレイ、そしてアーウィンへと変わっていったということだ。〝ダーウィンのリクガメ〟としても知られていた〈ハリエット〉は、晩年を迎えるとかなりの客を集め、その人気は二〇〇六年に亡くなるまで続いた。ここまでの経歴がすべて正しいとすると、彼女はおそらく一八三四年もしくはその数年前に卵から孵《かえ》ったことになるので、少なくとも一七二歳まで生きたということだ。

この華々しい経歴に異をさしはさむのは無粋だと思われるかもしれないが、実際にはかなりおかしなところがいくつかある。そのひとつとして、この話はダーウィンの助手でビーグル号にも同乗したシムズ・コヴィントンの当時の記述と食いちがっているところが挙げられる。コヴィントンによれば、ダーウィンが持ち帰った仔ガメは一匹だけで、コヴィントン自身が別の一匹を持ち帰った。この二匹がペットだった可能性は少ない。ダーウィンは〝ペットを飼う〟ような人物ではなかった。むしろ〝標本を調べる〟タイプだった。ペットではなかったことは、何年ものちにダーウィンが受けた問い合わせへの返答からもかなり明確だ。このとき彼は、カメを持ち帰ったこともまったく憶えていなかった。それに、ウィッカムがダーウィンからカメをもらったとされる時点で、ダーウィンはイギリスに住んでいたが、国勢調査の書類にはウィッカムはオーストラリアに住んでいたことになっている。ダーウィン自身、航海後にウィッカムに会ったのは、二〇年ほどのちに催されたビーグル号〝懇親会〟だったと記憶している。ダーウィンにまつわるこの話にとどめを刺す、最も確たる証拠は、ロンドンの自然史博物館のコリン・マッカーシーによる最近の発見だ。二〇〇九年のダーウィン生誕二〇〇年展に向けて準備を進めていたマッカーシーは、博物館の地下にある動物学第一乾燥収蔵庫で、どちらも一八三七年八月一三日登録——ビーグル号帰還の一〇か月後だ——の二匹の仔ガメの骨格を発見したが、そのラベルには〝チャールズ・ダーウィン様から寄贈〟と記されていたのだ。

どう見ても〈ハリエット〉はダーウィンのカメではなかったようだが、だからといってそれほど高齢でない可能性があるというわけではないし、宣伝文句どおりの高齢ということさえあり得る。ここで述べたことの多くは科学ジャーナリストのポール・チェンバーズの調査結果から引用させていただいたが、彼は〈ハリエット〉の死後に採取された非公開のDNA分析の結果を突き止めた。その分析によれば〈ハリエット〉が生まれたのは、ダーウィンの時代にはインディファティガブル島と呼ばれたサンタクルス島で、そこにダーウィンは一度も訪れていない。しかしながら、この分析結果は別のあることも示している。

一九世紀中頃、おもに航海中のビーグル号で作成された見事な出来の海図のおかげで、ガラパゴス諸島はマッコウクジラが豊富な熱帯の海を行き来する捕鯨船の人気の寄港地となっていた。一八四九年にカリフォルニアでゴールドラッシュが起こり、一獲千金を狙う〈フォーティーナイナーズ〉たちを大勢乗せた客船も、東海岸から出航して南米大陸最南端のホーン岬を越えて西海岸に向かう途中でガラパゴスに押し寄せ（パナマ運河はまだ開通していなかった）ゾウガメをさらっていった。代謝が遅いカメは、餌も水も与えずに最長で一年間も生きたまま船倉で保存できるので、訪れたほぼすべての客船がゾウガメを略奪し、しかもその肉の味は誰に訊いても異口同音に美味しいと答えたという。ビーグル号が訪れた数十年後には、通りかかった船による略奪でガラパゴスゾウガメの個体数は激減していた。推算では、諸島に人間がやってくる以前は二五万匹いたとされているが、二〇世紀中頃にはわずか三〇〇〇匹になってしまった。現在は保護活動のおかげで増加傾向にあるが、個体数が激減したために深刻なボトルネック効果が生じ、生存する個体のDNAは原形を留めないほどではないものの、以前からは明らかに変わってしまった。〈ハリエット〉のDNAはサンタクルス島に現在生息するゾウガメのものに結構近く、彼女もこの島で生まれたと判断し得るが、それでもずっと昔に生まれたことを示唆する程度には異なっている――ダーウィンがガラパゴスを訪れた頃の可能性すらある。

そういうわけで最初に述べたとおり、リクガメは長生きするが、具体的にどれだけ長生きするのかは謎のままだ。しかし推測するならば、一五〇年から二〇〇年のあいだのどこかというのが妥当なところだろう。

これらのどのカメについても長寿指数《LQ》を算出していないことにお気づきだろうか。これは数十年以内の精度で本当の年齢を確認することがむずかしいから、というわけではまったくない。算出できない理由は重い甲羅にある。LQは動物園で、またはペットとして飼育された甲羅のない哺乳類の寿命に基づいており、さらには体重で決まる。大雑把に言えば、ほとんどの哺乳類の体重は体積と連動している。しかし甲羅のあるカメは同じ体積の甲羅のない動物よりずっと重いので、他種の動物と比較すると誤解を招きかねないのだ。

島の動物のなかには、かなり長生きする甲羅を持たない爬虫類がいる。ここで触れておくべきだろう。

ムカシトカゲ

もうひとつの島の爬虫類は、島の動物の基準からしても珍しく、かなり奇妙なムカシトカゲ(*Sphenodon punctatus*)だ。ムカシトカゲは、恐竜全盛の時代には南半球全体に数多くの種が生息していたが、現在はニュージーランド沿岸にある三二の小さな島々に二種がいるのみだ。ムカシトカゲは先住民族マオリの文化において象徴的な位置を占め、特別な場所を護る特別な宝〈タオンガ〉と見なされている。ムカシトカゲはニュージーランドの旧五セント硬貨に描かれており、ニュージーランド唯一のプロ野球チームは〈オークランド・トゥアタラ（トゥアタラはムカシトカゲのこと）〉だ。

ムカシトカゲはトカゲのように見えるがトカゲではない［図6-3］。実は、恐竜が出現する以前の約二億五〇〇〇万年前にトカゲやヘビから分かれた。現生種のムカシトカゲは島嶼矮小化し、太古の昔に絶滅した祖先よりも小さい。成体の体長は六〇センチメートルで、体重は一キログラムほどしかない。成体は純然たる夜行性で地上を棲み処とする一方、幼体は日中に活動し、ほとんどの時間を樹上で過ごすが、これはおそらく島に共生

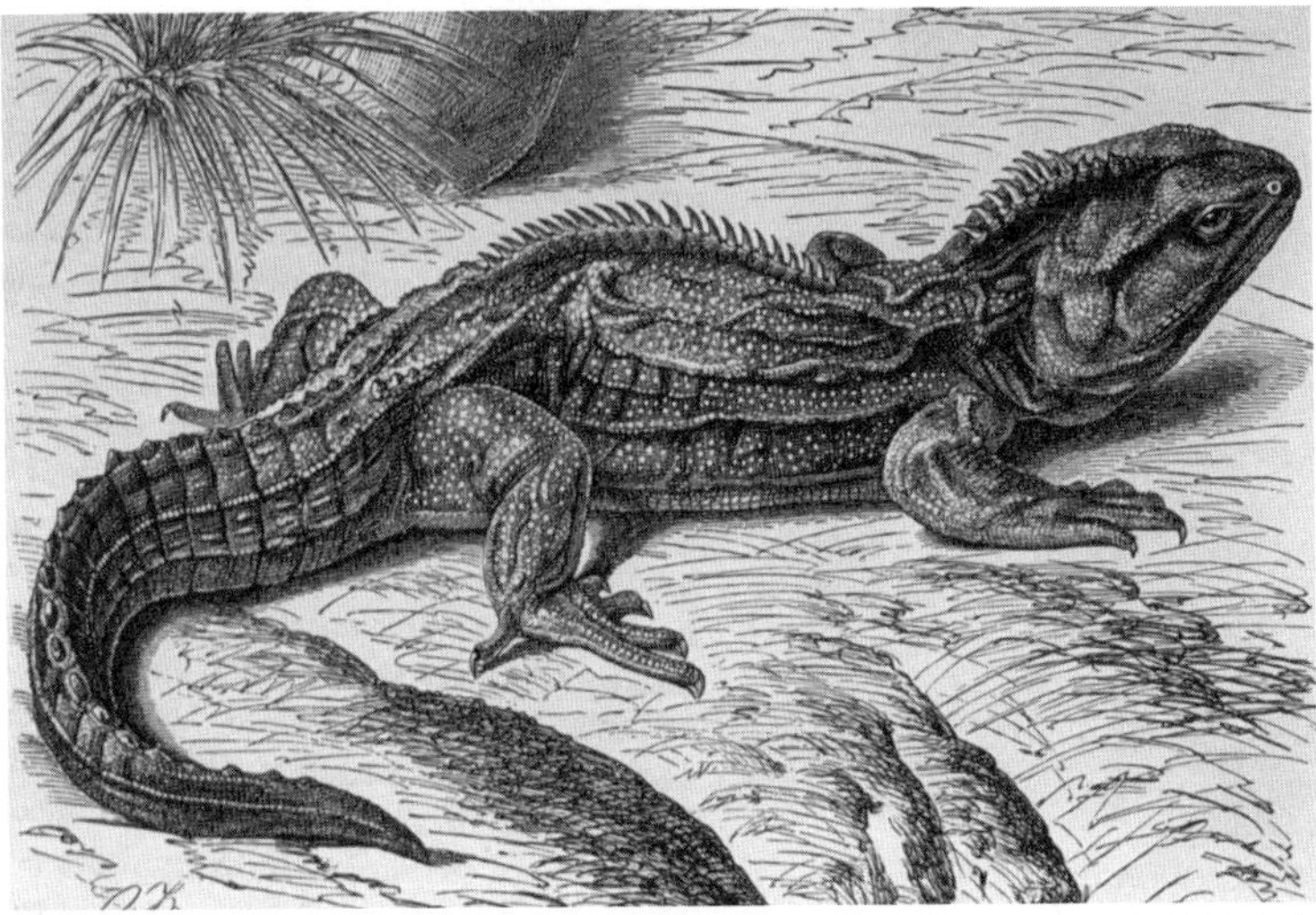

［図6-3］ムカシトカゲはトカゲではない。2億5000万年前にヘビやトカゲから分岐した太古の爬虫類だ。英語名の〈トゥアタラ（tuatara）〉はマオリ語で「背中のトゲ」を意味する。この成長の最も遅い爬虫類は、最も長寿の種のひとつでもある。これは1886年の銅版画。Photo by George Bernard/Science Photo Library.

する海鳥の餌食にならないようにするためだろう。夜行性の肉食動物らしく暗所視力に優れ、暗くても色を識別できるのかもしれない。この視力は、頭の上に第三の眼を持っていることとは無関係だ。この第三の眼は頭頂部にあり、水晶体も網膜もそろっており、生まれて数か月のあいだは肉眼で確認できるが、その後は鱗に覆われる。下顎の歯は一列で、上顎の二列の歯のあいだにすっぽり収まる。生え変わりをしない一生歯性なので、硬い餌を磨り潰しつづけると加齢とともにすり減っていく。若いムカシトカゲはコオロギや甲虫といった歯ごたえのあるものを多く食べるが、歳を取るにつれて歯は小さく鈍くなり、やがて小さな突起でしかなくなると、今度はミミズやナメクジ、昆虫の幼虫に切り替え、そうしたものを死ぬまで歯茎で食べることができる。

ムカシトカゲは急がない。二億五〇〇〇万年ものあいだ、氷河の移動速度のようにゆっくりとした歩みで進化し、生き方も変わっていない。爬虫類のなかで成長速度が最も遅く、自然環境下で最終的な成体の大きさに達するまでに三五年かそれ以上かかる。卵は産み落とされてから八か月から一年後に孵化し、一〇代で生殖可能になる。野生のメスは四年に一回程度しか卵を産まない。これは生息地の気候が寒冷で霧がよく発生し、好適体温が摂氏一六度から二一度と、爬虫類のなかで最も低いからだろう。リクガメと同様に、ムカシトカゲの性別は温度で決まる。しかしほとんどのリクガメとは反対に、低温でほとんどがメスになり、高温になると大半がオスになる。地球温暖化で野生のムカシトカゲはオスのみになるのではないかという懸念の声が、一部の保護活動家のあいだから上がっている。

この成長の遅い、寒さを好む爬虫類はどれだけ長生きするのだろうか？　一〇〇歳とか、さらには二〇〇歳のムカシトカゲがいるという確たる証拠もない説が、もう何年も出回っている。そんななか、わたしは、二〇〇九年にニュージーランドのサウスランド美術館・博物館《SMAG》で飼育されている一一〇歳の〈ヘンリー〉というオスのムカシトカゲと〈ミルドレッド〉という八〇歳の若いメスが番《つがい》になり、卵を産んで一一匹の健康な仔が孵ったというCNNの報道を眼にした。詳細は興味深かったが、本筋の話は怪しく感じられた。どうやら〈ヘンリー〉は偏屈な爺さんで、少なくとも三五年間は異性に興味を示さなかった。ところが獣医師らが〈ヘンリー〉のいわゆる下《しも》の部分に腫瘍を見つけた。そんなところに腫瘍ができたら、わたしだって偏屈になるだろう。腫瘍を取り除いてやると性格は改善、性欲は回復し、気づいたときにはもう〈ミルドレッド〉とのあいだに何匹もの仔をもうけていたという。控え目に言っても半信半疑だったわたしは、SMAGの学芸員でムカシトカゲの繁殖については優れた腕を有するリンジー・ヘイズリーに連絡を取り、詳しいところを訊いてみた。

ヘイズリーはSMAGにおけるムカシトカゲのコロニーの〈カイティアキ（マオリ語で後見人）〉を自任し、その管理を五〇年近くにわたって担ってきた。その五〇年もの歳月のあいだに、ヘイズリーは、ムカシトカゲを健康で繁殖意欲のある状態に保つために必要な飼育上の問題の大部分を、自力で解決してきた。事実、彼は飼育環境下で生まれた七〇ほどの個体のムカシトカゲをニュージーランド中の動物園に振り分け、この種の保護活動の継続を訴えつづけている。

わたしは真っ先に「〈ヘンリー〉の年齢はどうやって把握したんですか?」と訊いてみた。一一〇歳という切りのいい数字から察していたとおり推定年齢だったのだが、話を聞くとまともな、長期にわたる観察に基づいた推定値だった。〈ヘンリー〉は一九七〇年にフルサイズの成体で捕獲され、以来SMAGで暮らしてきた。ヘイズリーが管理するコロニーには、〈ヘンリー〉のようなオスがおり、彼はそれらのオスが卵から成体になるまでを三〇年以上にわたって観察してきた。その成長速度から、飼育環境下で生まれたオスが〈ヘンリー〉の捕獲時のサイズに達するまでに二〇年から三〇年かかると推定した。SMAGのコロニー内の温度は〈ヘンリー〉が育った自然環境より五度から六度高い摂氏一五度から一七度に保たれており、そして野生のものに比べてこのコロニーで育てられたムカシトカゲは餌を探すこともなく大量にとることができることを考慮して、ヘイズリーは〈ヘンリー〉がSMAGにやってきたときの年齢を六〇歳前後と算出した。[2]したがってSMAGで暮らした五〇年と、寒冷で霧がちで風の強いスティーヴンズ島の自然の中で自由に暮らしていた六〇年を足せば答えが出るというわけだ。たしかに推測だが、わたしには妥当だと思える。〈ヘンリー〉の推定年齢を使って割り出すと、ムカシトカゲのLQは約一〇・三になる。ブラントホオヒゲコウモリよりサイズに対する寿命がやや長いということになる。

カメやムカシトカゲから寿命の生物学について何が学べるか？

リクガメをはじめとする爬虫類の寿命についての考察は、まずはその外温性を理解しないことには始まらない。外温性ということは体温を自分では生み出すことができず、環境の温度任せということだ。ガラパゴス諸島の年間平均気温は摂氏二四度だから、ガラパゴスゾウガメの平均体温もこれに近いだろう。ムカシトカゲの生息地の場合は九度から一〇度なので、これが平均体温ということになるはずだ。

周囲より何度も高い体温を維持するために膨大なエネルギーコストをかけるかわりに——たとえば猛禽類のガラパゴスノスリ（*Buteo galapagoensis*）の体温は四一度だ——長生きの爬虫類たちはすべての速度を落とし、エネルギーを節約するという戦略を採ってきた。ゾウガメとムカシトカゲはゆっくりと動き、ゆっくりと成長し、生涯の重要な通過点にゆっくりと達する。早足の人間の歩行速度は時速六キロメートルだが、ガラパゴスゾウガメの場合、ダーウィンの計算によれば日速六キロメートルだ。飼育環境下で餌をたっぷり与えられた場合、リクガメ的思春期に達するまでには最低で二〇年から三〇年を要し、自然環境下では四〇年かそれ以上かかる。心拍数はかなり少なく、一分でたった六回だ。呼吸もゆっくりだ。細胞の分裂もゆっくりだ。頭の回転速度まではわからないが、ゾウガメ相手にチェスをするのはやめたほうがいい。

この省エネ戦略のおかげで、爬虫類は全般的に、そしてリクガメとムカシトカゲはとくに、似たような大きさの哺乳類に比べてほんの少ししか餌を食べなくても大丈夫だ。鳥類や哺乳類と同じく、爬虫類でも小型のものより大型のもののほうが代謝率は低い。だからゾウガメは餌も水も与えずに、船倉に一年とかそれ以上置いておくことができるのだ。

リクガメとムカシトカゲの並はずれた長寿は、その生活が全般的に不活発だという点で、鳥類とコウモリの長寿とは大きくちがう。鳥類とコウモリは体のサイズから見てかなりの長生きだが、これは内温性動物のなかでエネルギーの処理速度が速いわりには長生きだということを意味する。絶対的な年数で言えば、どちらの寿命もリクガメはおろかヒトにすら及ばない。先に挙げた最長寿の動物園の鳥であるクルマサカオウムの〈クッキー〉は八三歳まで生きたが、これはヒトからすればそれほど長生きではない。それでも鳥類もコウモリも、その営みのさまざまな処理速度が速い。そこからヒトの生物学的寿命と健康寿命を延ばす術の多くを学ぶことができると、わたしは確信している。その生涯のうちに、〈クッキー〉は最長寿のヒトの約九倍のエネルギーを、その副産物として生じる有害物質もすべて含めて処理したのだ。鳥類はヒトより多くのエネルギーをずっと早く処理でき、そしてエネルギーや体温は、餌と酸素を心臓の鼓動や脳の思考に変換するといった有益な化学反応を高速化するだけでなく、活性酸素や褐変をはじめとした有害物質の生成といった有害な化学反応も加速させる。生命活動にダメージをもたらす脅威に直面しながら健康を維持する術については、鳥類とコウモリから多くを学ぶことができるかもしれない。

一方、少なくとも一五〇年は生き、おそらくはさらに何十年も生きるゾウガメと、少なくとも一世紀は生きると思われるムカシトカゲが、その長い一生のあいだに処理するエネルギーの量はヒトに比べるとほんのわずかだ。平均的なヒトに比べて心拍数はかなり少なく、呼吸数もずっと少ない。代謝速度もとんでもなく遅く、体温も低いので、いきおい活性酸素の発生量は少なく、たんぱく質の褐変もゆっくり進行する。事実、老化の原因のほぼすべては細胞の化学反応で生じる有害な副産物にあり、ほぼすべての化学反応は低温下ではゆっくり進行するので、ゾウガメやムカシトカゲが超長寿の動物でないとしたら、むしろそっちのほうが生物学的に見て驚きだ。

だからと言って、これらの爬虫類から学ぶべきことがまったくないということではない。たしかにその長寿の秘訣は超低速運転にあるのかもしれないが、それ以外の可能性も考えられる。とくに、サイズが大きいということは細胞の数が多く、そのすべての細胞ががんに転じる可能性を抱えているということになるため、がんに対する特別な防御機構が細胞内にあるのかもしれない。実際にその見込みがあることは、初期段階のゲノム解析で示されている。

二一世紀で最大の科学的進展は、現在までのところはゲノム配列を解析する驚異の技術だ。ヌクレオチドと呼ばれるDNA内の四つの文字列がゲノムを構成しているが、この配列がゲノムにどの遺伝子が含まれるか、それらの遺伝子のスウィッチをいつどのようにオン・オフするか、そして遺伝子がどの細胞内の作業を実行するかを決定している。ヒトのゲノム配列、つまり欽定訳聖書一〇〇〇冊分の文字数に当たる三〇億個のヌクレオチドすべての解析は、一〇年と一〇億ドルを費やして二〇〇三年にようやく完了した。それから二〇年も経っていない現在、動物のゲノム解析にはほんの数時間しかかからず、費用も高級レストランでのディナーより安い。長寿の種のゲノム配列の解析は手早く安価でできるようになった。まあ、ちょっと単純化しすぎているのは認めよう。ゲノムを解読しても、それが示す生物学的情報の解読はまだまだ大変な作業を要するが、それでもその技術も向上し、スピードも上がっている。ゲノム配列の解析は、長寿の理解につながりそうな分野を見つけるのに役立つ可能性がある。たとえば、長寿のリクガメのゲノム配列に関する最近の研究では、DNAの損傷修復力とがん化に対する細胞の抵抗力が、代謝が遅いこと以上に並はずれた長寿に寄与する主要なプロセスである可能性があることがわかった。しかしゲノム解析は方向しか示してくれない――断定してはくれないのだ。あくまで長寿の生物学を理解するスタートラインでしかない。

ある長寿の種を調べてわかったことが、人間の健康と健康寿命の向上に役立つかどうか判断するには、まずその種が老化のひとつ、あるいは複数のプロセスにヒトよりうまく対処しているかどうかを把握し、もしそうだとしたら、今度はどうやって対処しているのかを学ばなければならない。これはゲノム解析をはるかに超えた、大規模な研究活動を要する困難な作業だ。しかし悲しいかな現状はその逆で、ヒトに比べると老化のプロセスへの対処が哀れなほど下手だとわかっている種を掘り下げている研究ばかりだ。そして、そうした種の寿命を少しでも延ばしてやることができれば大成功だと考えている。本書がきっかけとなり、メトシェラの動物園にいる有望株の動物たちの本格的な研究が始まってくれればと願っている。それこそが人間の健康寿命を延ばす薬品開発のカギになると思うのだが。

7章　一生涯女王

平々凡々な家庭に並はずれた女性がいたとしよう。その家庭は、取り立てて傑出した人間を出したことのない、いわば普通の人間ばかりの家系に連なっている。この女性が並はずれているのは、七〇年から九〇年という普通の寿命をまっとうする親戚たちとはちがい、二〇〇〇年以上生きているところだ。彼女は古代ギリシアの黄金時代を、ローマ帝国の盛衰を、ペストが猛威を振るった中世を、ルネサンスの開花を、啓蒙時代と科学の隆盛を、産業革命がもたらした驚異の富と空気汚染を、テクノロジーの拡大を経験し、そして現在のデジタル時代にあっても健康状態は良好だ。この女性を普通の人間の何倍も長生きさせている特別な因子は何なのだろう？　その探求に興味はないだろうか？　わたしだったらもちろん知りたいと思う。驚くべきことに、自然界にはまさしくこのとおりのことが起こっている——もちろんヒトではなく、昆虫で。

この超の上に超がつく長寿のメスの個体は、しかるべく〝女王〟と呼ばれている。女王は壮健なまま、とんでもなく長生きする。その寿命は〝王位継承権〟のない親族の三〇倍になることもある。普通の三〇倍という寿命を現在の人間にあてはめると、アリストテレスの時代辺りに生まれたことになる。こうした女王の最もよい例となるのは、普段からよく見かける平凡な、そして往々にして嫌われている昆虫、つまりアリとシロアリだ。アリもシロアリも、超長寿の女王を戴くことに加えて、複雑な社会を構成する。このふたつの際立った特徴には、実は関連性がある。

アリとシロアリの女王と社会には、ある重要な共通点がいくつかある。そのひとつは、このふたつの昆虫の生態を初めて観察した科学者たちは、あまり深く考えずに擬人化表現を用いて記録したというところだ。だから女王アリ以外にも、アリとシロアリの社会は階級型《カスト》（もしくは職型）と名づけられ、それぞれの役割に応じて働きアリや怠けアリ、王アリ、内勤アリ、兵隊アリ、さらには奴隷アリとされた。最近では、こうした役割には〈大型職蟻《しょくぎ》〉とか〈擬職蟻《ぎしょくぎ》〉とか〈兵蟻《へいぎ》〉といった、一般にはよくわからない専門用語がつけられている。同じように体の部位も、胸は中体節、腹は後体節と、やはり難解な専門用語で呼ばれている。しかしわかりづらい専門用語の袋小路にはまり込むのはよくない。やはりここは擬人化表現には何ら含むところはないという共通の理解に立ったうえで、引きつづき一般的な言葉を使うことにする。

通常、アリとシロアリのコロニーは数世代にわたる一家族で構成されるが、いくつもの家族からなる場合もある。そうした家族の規模は、そのアリの種と環境によって小さな村になることもあれば大都市になることもある。家族はトンネルと部屋で構成された大規模な地下ネットワークと地上の要塞からなる護りが堅固な巣、あるいは木のなかに棲む。暗がりを棲み処とするため、化学物質を使った信号でコミュニケーションを図る。家族を養うために必要な餌と労働はすべて働きアリが提供する。成虫は普通生殖せず、王位に就いているものだけにその特権が認められている。

アリとシロアリの社会には興味深いちがいもある。

アリとその社会

アリはどこにでもいると思っているなら、それは正しい。アリは南極を除くすべての大陸に在来種が存在する。公園や遊び場や食料庫だけでなく、砂漠や平原、森林にも驚くほど大量にいる。熱帯では、アメリカンフットボールのフィールドの広さに約五〇〇万匹のアリがいることがある。貪欲な肉食種もいて、クモや昆虫、そしてヤスデやムカデ、ミミズ、そしてシロアリといったさまざまな小型の土壌動物を大量に捕食する。花の蜜を吸い、アブラムシの排泄物を好む種もいる。そのアリのためだけに生えている植物の部位を食べるものもいる。さらには、人間より少なくとも五〇〇〇万年も早く農業を発明し、巣のなかの農園でキノコを育てる種もいる。砂漠にいる種は大量の種子を蓄える。アリは地下に大きな巣のネットワークを築くので、土壌を攪拌《かくはん》して耕す量は北方ではミミズと同じぐらい、熱帯では大きく上まわる。餌となる動植物の死骸を巣のなかに持ち込み、それが腐ることで、土壌に少なからぬ量の肥料をもたらす。

餌と空間をめぐってヒトと競合するほかの動物と同様に、アリも害虫と見なされ、その根絶のみを目的とする産業の市場規模は数十億ドル以上にも及ぶ。有名なアリ根絶活動のひとつが、アメリカ合衆国南東部で広範囲にわたって敢行された、殺虫剤のＤＤＴによる絨毯《じゅうたん》爆撃だ。外来種のヒアリを根絶しようとしたのだが、ＤＤＴ自体が建造物と農業、そして家畜に甚大な被害をもたらした。皮肉なことに、ヒアリよりも大きな被害をペットとアリ以外の野生生物に与えた無駄な試みが、生物学者レイチェル・カーソンの眼を惹いた。カーソンが一九六二年に著した、殺虫剤の野放図な使用を警告する書『沈黙の春』がきっかけで環境保護運動は始まったと言われている。

アリの社会は女性社会だ。女王アリはもちろんメスだが、働きアリも全部メスだ。働きアリはその名に恥じない〝働き〟を見せる。まずもって餌探しをすべて担っている。そして見つけた餌を巣まで持ち帰る。コロニーの拡大に合わせて新しい部屋やトンネルを掘り、維持し管理する。卵と幼虫と蛹《ブルード》を手間暇かけて育てる。自分たちの腹に収めた餌を吐き戻し、女王や働きアリ同士やブルードに与える。必要に応じてブルードを移動させ、貯蔵した餌を管理し、コロニーを清潔に保ち、いざとなったら死を賭してコロニーを護る。

アリの幼虫は肢も眼も触覚もない、自力では何もできない小さな芋虫のようなもので、人間の乳幼児並みの世話が必要だ。働きアリは、初めのうちは吐き戻した液体を与え、時期が来れば固形物を与える。幼虫を舐めて排泄物を取り除く――人間で言えばおむつ替えだ。脱皮の介添えもする。幼虫は食べる機械だ。成長の過程で通常は四回脱皮し、体は次第に成長しつつも相変わらず非力な幼虫のままだが、やがて繭を紡いで蛹になって動かなくなり、数週間後にかたちも大きさも最終的な成虫になって出てくる。ほかの昆虫と同じく、成虫になると脱皮しないので、体の損傷を修復する能力はかなり限られてくる。

アリは一万五〇〇〇種ほど存在するが、特殊な例はあるものの、そのコロニーの興亡の過程にはひとつの共通点とさまざまな相違点が見られる。典型的な過程は、一匹の翅のあるメスが、生まれたコロニーからほかの翅のあるメスとオスの一群と一緒に飛び立ち、新しいコロニーを立ち上げるところから始まる。生涯でただ一度の飛翔のあいだに、そのメスは交尾する。着陸すると自分の翅をもぎ取り、その後の生涯を過ごす部屋を掘る。一緒に飛んでいたオスの配偶者たちには、そんな未来は待っていない。交尾というただひとつ託された仕事を済ませると、じきに死んでしまう。

翅をなくした女王は、まもなくすると卵を産み始める。卵が孵化して幼虫になると、女王は脂肪として蓄えた、もしくはもう必要のない飛翔筋のかたちで蓄えたエネルギーを元にしたものを吐き戻して与える。この第一世代の卵が一か月か二か月後に働きアリにまで成長すると、今度は彼女らがコロニーのほぼすべての仕事を引き継ぐ。そこには餌を探して、女王と次世代の卵から生まれる幼虫に食べさせる役割も含まれる。コロニーの立ち上げで女王の体重は半分にまで落ちるので、働きアリたちは〝陛下〟への餌やりにとくに気を使う。この段階に達すると、女王は残りの一生を、ただ餌を食べるだけの卵製造機となって安穏として過ごす。

先に述べたとおり、オスの役目は交尾だけで、それ以外の仕事はない。働きアリたちはオスの幼虫にも同じように餌をやり世話をして育てるが、オスがコロニーのために働くのはたった一回、生涯一度きりの交尾飛行で新女王に精子を渡すときだけだ。オスのアリは短命だが、精子はそうではない。女王はその精子を特殊な器官に蓄え、長い一生のうちに少しずつ使って卵を受精させる。

オスは一年のある時期だけコロニー内に溢れ返るが、それ以外はメスよりもずっとずっと少ない。であれば、アリの性別はどのように決定され、大きく偏った性比率になるのかという疑問が当然湧いてくる。答えはミツバチやスズメバチなど、そしてほかのいくつかの昆虫群にも共通する生物学的なトリックにある。アリのメスは受精卵からしか生まれない。多くの動物の場合、未受精卵はそのまま死んでしまうが、アリの場合はオスになるのだ。女王は一年三六五日、卵を産みつづけるが、その卵が産卵管を通過するときに、女王は蓄えた精子をほんの少し放出して受精させることもできるし、させないこともできる。受精させれば、その卵からはメスが生まれる。そうでなければオスになる。コロニー内の性別比は女王に決定権がある。

この特異な性決定システムは、人間の眼から見れば奇妙な遺伝上の結果をもたらす。オスはメスの半分の遺伝物質しか持たず、オスの遺伝子はすべて母親から受け継いだものになる。一方のメスは、母親の遺伝子の半分と短命な父親の遺伝子すべてを持つ。結果として、姉妹たち、つまり同じコロニーの働きアリたちは四分の三の遺伝子を共有していることになる――両親からの半分と、短命でほぼ役立たずの男兄弟からのわずか四分の一だ。言い換えれば、働きアリたち同士は両親と男兄弟より血のつながりが濃いのだ。この珍しい遺伝系が、アリの複雑な社会を進化させたとする研究者もいる。

謎はもうひとつある――しかも賞金一〇億ドルの、超の上に超がつく難問だ。メスになる卵が、比較的短命な働きアリになるのか長生きする女王になるのかは何によって決まるのか、そして何よりも、女王を生み出す要因を解明すれば、人間の健康寿命を延ばすことについて何か学べる可能性はあるのか、という謎だ。が、その前に、アリとシロアリの社会を比較してみよう。シロアリの女王もかなりの長生きだからだ。このふたつのグループを比べることで、昆虫が著しい長寿を発達させた進化について、何らかの全体像が見えてくるかもしれない。

シロアリとその社会

　シロアリはアリに似た見た目にばかり眼がいきがちで、だからこそシロアリと呼ばれているのだが、実際にはアリの近縁種でも何でもない。むしろ近いのは、こちらもやはり人気のある昆虫のゴキブリだ。実際、現在の生物学者たちはシロアリをゴキブリ目のなかの科だと考えている。アリとちがってシロアリは〝腐食性生物〟で、生きている植物も餌にはするが、もっぱら枯れて分解中のさまざまな段階にある植物を食べる。言ってみればシロアリは最高のリサイクル業者だ。もっとも、わたしが熱帯地域で暮らしていたときのように、家の木材や書斎の本をリサイクルするようになると、あまりありがたい公益事業だとは思えなくなるかもしれないが。一部のアリと同じように、シロアリのなかにも巣のなかでキノコを育てる種もいる。シロアリを研究する生物学者たちは、シロアリはアリよりも早く農業を始めていたのだと、とくに訊かれたわけでもないのに言うだろう。そう自慢したくなるのももっともな話だ。シロアリは、まだ恐竜が地上を闊歩していた頃から農業にいそしんでいたのだから。

　アリと同様シロアリもどこにでもいるように思われるが、やはり南極以外のすべての大陸で見つかる。とくに熱帯地域ではそのあまりの多さに唖然とするほどだ。熱帯にはとんでもない量のアリとシロアリが生息しているので、アリクイやツチオオカミ、アルマジロ、センザンコウ、フクロアリクイなどのように、そこそこの大きさの哺乳類のなかにはアリとシロアリを主食にしているものがいる。アリもシロアリも凄腕の建築家だ――大抵のアリは地下に迷宮を築き、シロアリの多くは地上に眼を瞠るような塚を建てる。

アリとシロアリは、その社会も一見してよく似ていて、同じ基本要素に基づいたヴァリエーションで構成されている。シロアリのコロニーも翅の生えた成虫によって立ち上げられ、やはり一度きりの結婚飛行を終えて着陸すると、すぐに翅をもぎ取る。そして巣を掘り、そこから二度と出ることはないところも同じだ。一般的なシロアリのコロニーも、それを立ち上げた一匹の女王が産んだ卵から生まれてくる、複数世代の家族で構成される。卵のほとんどは翅がなく生殖能力を持たないさまざまなタイプの働きアリとなり、餌を集めて女王や幼虫やほかの働きアリに食べさせるなど、コロニーに必要な労働を一手に担う。

これほどの類似点があるものの、注目すべき相違点もいくつかある。アリとは異なり、シロアリの女王は、一度きりの結婚飛行中に交尾をしない。飛行の目的はただひとつ、生涯の相手を見つけることにある。翅のあるオスとメスはパートナーとなって一緒に着陸し、一緒に翅をもぎ取る。土や枯れ木のなかに一緒に巣を掘り、これだけの下準備を終えてから、ようやく二匹は交尾する。アリに比べて、シロアリはロマンチストなのだ。つまりシロアリのコロニーには女王だけでなく王もいる。

相違点はまだある。アリとはちがって、シロアリは肢も触覚もない無力な幼虫から蛹を経て、見かけが大きく異なる成虫になるという完全変態をしない。シロアリの幼虫には肢があり、孵化したては何もできないが、成長し脱皮するにつれて〈ニンフ〉と呼ばれる、小さな成虫に似たものになる。成長したニンフはコロニーの仕事をいくらか担うようにさえなる。シロアリの発達システムは、アリよりずっと柔軟で複雑だ。脱皮は止まるが再開することができる〝発育遅延〟の段階を経るものさえいて、コロニーに必要になったときに生殖可能な成虫になる。

メスもオスもほぼ同数生まれ、どちらも働きアリになるところもアリとは異なる。シロアリの性決定の仕組みは哺乳類と同じだ。両親からそれぞれX染色体をひとつずつ受け継ぐとメスになり、母親からX染色体をひとつ、父親からY染色体をひとつ受け継ぐとオスになる。

アリとシロアリの寿命

2章で、バッタやチョウやハエといった、自然の中で飛翔し、餌を探し、交尾する昆虫の成虫は短命だと述べたことを思い出してほしい。そうした昆虫が成虫として生きていられるのは、だいたい数週間か数か月、長くてもせいぜい一年というところだ。サイズが小さいのでさまざまな〈環境上の危険〉に対して無力で、おまけに自然のなかでは体の損傷はつきものだが、最後の脱皮を経て成虫になった時点で、損傷部位を修復する能力がほぼ失われてしまうからだ。そうした昆虫は長生きを可能にする器官を発達させることはなく、その必要もなかった。

アリとシロアリの一生は、それとはまったくちがう。ここで気をつけなければいけないのは、ケヅメリクガメの〈アラバ〉や巷《ちまた》に溢れる人間の長寿伝説と同じように、信憑性を確認できないとんでもない長寿の話がいくつかあり、とくにシロアリにはそれが多い。ぶっちゃけて言ってしまえば、昆虫の個体、とくに地下に数千から一〇〇万単位の個体数のコロニーを形成することもある種を、数週間から数か月にわたって観察するのは生半可なことではなく、それが数年とか数十年となればなおさらだ。それでも研究環境で作られたコロニーでは、アリとシロアリの女王は脱皮しない成虫として何十年も生き永らえることはわかっている。そうした研究室に暮らすシロアリの女王の最高齢は、寿命が判明している陸棲の昆虫の二〇倍の二一歳で、さらにはこの年齢に達した何匹かは報告が上がってきた時点でまだ生きていたので、もっと長生きするかもしれない。こうした二一歳の女王たちはオーストラリアに生息するムカシシロアリ（*Mastotermes darwiniensis*）で、その英語名〈giant northern termites（巨大な北部のシロアリ）〉のとおり、翅のある女王と王の平均体長は三五ミリメートルと大きい。ついでに言っておくと、ムカシシロアリの王も女王に負けず劣らずの長寿だ。四〇〇〇種ほど存在するシロアリのなかでもとくに長生きだというわけではないのかもしれない。四〇〇〇種ほど存在するシロアリについては、人間に与える実害がかなり大きな、ほんのひと握りの種についてのわずかなことしか把握されていないが、それでもムカシシロアリ以外の少なくとも五つの種で女王が一〇歳を超えて生きることがわかっており、もっと長生きする可能性もある。

アリの女王はさらに上を行くみたいだ。正真正銘の出生証明書とでも言えるものがある最長寿のアリの女王は、ヨーロッパで最もよく見られるアリの一種、ヨーロッパトビイロケアリ（*Lasius niger*）の二九歳の女王だ。この長寿記録は、アリの女王のものとして、どれほど飛び抜けたものなのだろうか？　シロアリと同様、アリについてもほんの少しの種のことがほんの少しわかっているだけなので、その答えはさっぱりわからない。それでもヨーロッパトビイロケアリは管理がしやすく、アリの飼育マニアに人気の種なので、たまたま多くのことがわかっている。しかしこのアリとは別に、家庭や研究施設で女王が二〇歳以上になったという証明書つきの記録を持つアリが、少なくとも六種いることがわかっている。たとえば種子を収穫して巣に貯蔵する〈収穫アリ〉の一種（*Pogonomyrmex owyheei*）は、自然環境下で少なくとも三〇年生きるという、それなりに信頼できる出生証明書を持ってさえいる。[1]アリの女王の寿命は、昆虫のなかでは例外中の例外だと言える。

アリにしてもシロアリにしても、本書でここまで見てきた長寿の鉄則のひとつを破っている。具体的に言えば、爬虫類と鳥類と哺乳類に見られた、長寿には遅い成長速度と低い繁殖率が必須だという鉄則だ。たとえば鳥類では、長寿のマンクスミズナギドリは成鳥になるまで六年を要し、卵を一年にひとつ産むのに対し、短命のシチメンチョウは一年で成熟し、一度に一ダースの卵を産む。哺乳類では、長寿のコウモリは成熟に一年から二年かかり、一年に一匹だけ仔を産むのに対して、同じサイズで短命のハツカネズミは二か月で成体になり、六週間ごとに六匹ほどの仔を産むことができる。長寿のリクガメは成体になるまで数十年を要することも忘れないでおこう。

これらと比べると、アリとシロアリの女王はひと月から二か月で成虫になり、それからの一生のあいだに毎分一個ものペースで卵を産みつづけるにもかかわらず、知られているかぎりでは最長寿の昆虫だ。同様に、女王たちは〝長寿は代謝率の低さと関連している〟という緩やかだが広く見られるパターンも破っているみたいだ。たとえば女王の産卵には、幼虫の世話をすることよりずっと多くのエネルギーを必要とするが、それにもかかわらず女王は働きアリの何倍も長生きする。

その一方で、外部からの脅威から身を護ることのできる環境的ニッチを占める種は長生きするという一般的な法則には当てはまっている。アリとシロアリの女王は、地下や極めて堅固な要塞、もしくは木材のなかを棲み処とし、自分の命を差し出してでも餌を与えてくれ、身を挺して護ってくれる数千匹もの働きアリのおかげで外部からの脅威から護られている。ここで指摘しておくが、アリとシロアリの働きアリもかなり長生きだ。種によっては三年から四年まで生き、とくに巣から出る必要がない仕事に就いている働きアリは長生きする。しょっちゅう巣を離れて餌探しや戦いに出る働きアリの寿命は、ほかの昆虫と同様に短命だ。さらにこのパターンの存在を裏づけているのは、一部のアリ、とくにコロニー内に女王が二匹以上君臨する種は、それほど複雑で護りの堅い巣は作らず、周囲の状況の変化に応じてコロニー全体で定期的に地上へ出て、別の場所へ引っ越しするという事実だ。こうしたコロニーの女王の寿命は、たとえ研究環境下であっても一生を地下で暮らす女王ほどには長くない。裏づけならほかにもある。ミツバチは地上に近いところに巣をつくることが多く、護りはそれほど堅くはないが、それ以外はアリとほとんど同じ社会システムを構築していて、やはり女王は働きバチよりはずっと長生きだが、それでもアリの女王よりずっと短命だ。ハチ研究の学界では、ミツバチの女王の寿命は最長で五年だと考えられている。

ついでに述べておくが、一九六〇年代初頭、ソ連の養蜂専門誌にミツバチの女王が八年生きたという話が掲載された。[2] この数字は何千件もの養蜂家による観察記録のそれと大きくかけ離れているので、養蜂業界ではおおむね眉唾ものとされてきた。一方でこれは、やはり一九六〇年代にソ連で報告された、かなり下駄を履かされた長寿の人間の話と似かよったところがある（詳細はのちほど）。

アリとシロアリがもっぱら従うもうひとつのパターンは、サイズの原則だ。体が大きなグループ

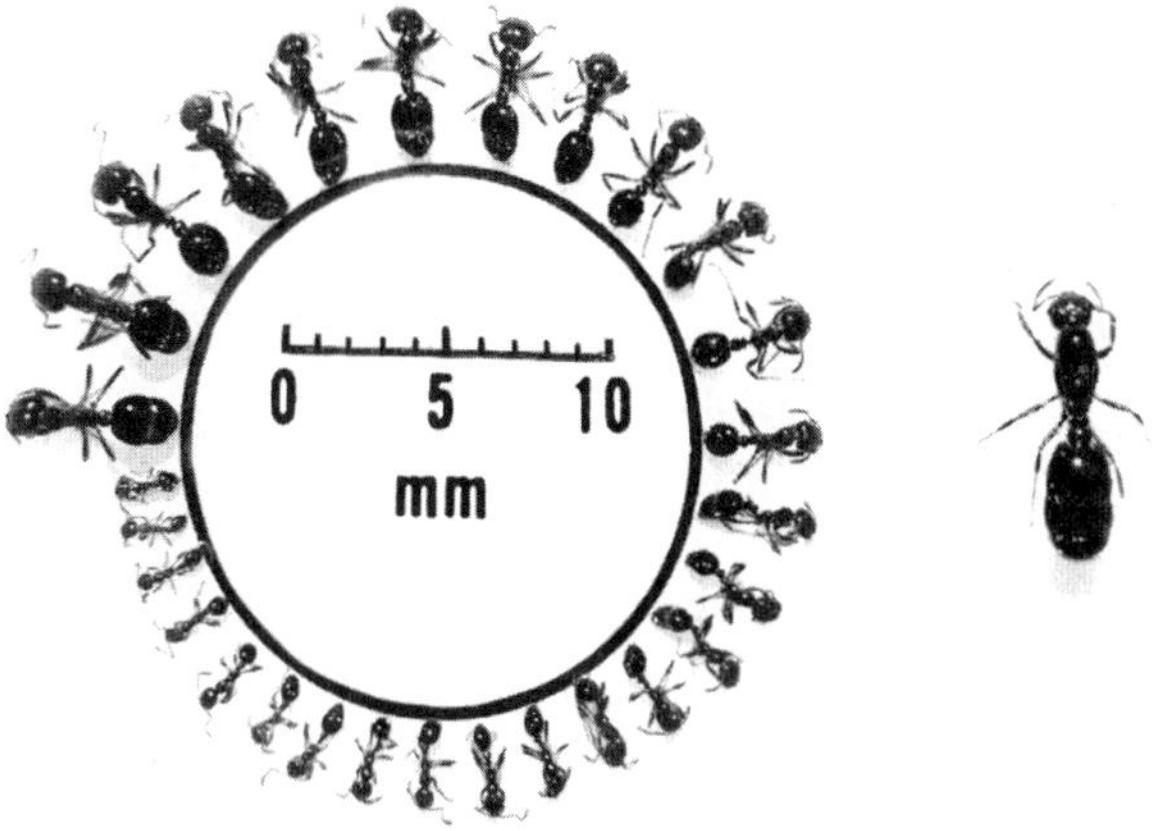

[図7-1]外来種であるヒアリの働きアリ(左の円)と女王(右)。大型の働きアリは小型のものより長く生きるが、女王は最も大きな働きアリよりさらに25倍も長生きする。Photo courtesy of S. D. Porter.

は小さなものより長生きする。まだ言っていなかったが、単一のコロニー内でのそれぞれの働きアリの大きさは一五倍から二〇倍異なる場合があるが、女王はどの働きアリよりも大きく、はるかに大きいこともある。どの親戚より三〇倍長生きする特別な女性という冒頭のたとえ話に立ち戻れば、その並々ならぬ女性は巨体で、身長三メートルもしくはそれ以上という、これまた人並みはずれた人間でもある。

アメリカの外来種ヒアリ（*Solenopsis invicta*）は、人間に与える経済的被害が大きいせいで、おそらくアリのなかで最も理解が進み、働きアリの寿命について詳しいことがわかっている数少ない種のひとつだ［図7-1］。フロリダ州立大学名誉教授で、わたしが〝ヒアリ博士〟と呼んでいるウォルター・チンケル博士は、輝かしい研究人生のうちに、ヒアリのほぼすべてを知り尽くした。博士の教え子たちが骨身を惜しまず愛情をこめてヒアリを研究室で育て、その働きアリを大中小の三つのサイズ別に分けて収集したデータから、小型の働きアリが平均で五一日、中型が八〇日、大型が一二一日生きることがわかった。やはりヒアリの女王も、どの働きアリよりずっと長生きで、アリとしてはとくに長生きというわけではないが、それでも最長で八年と、養い手の働きアリの二五倍から六〇倍長く生きる。

つまり多くの種の場合、成体が〈環境上の危険〉に晒されなくなると、進化の力により長寿のための器官が――もしくは長寿を可能にする生理学的能力が――獲得できる機会が生じると思われる。進化のほうも、自身が与えたその機会を逆に利用することもよくあるみたいだ。ここで興味をかき立てられるのは、この長寿のための器官もしくは能力の中身は、どの種でも同じなのだろうか、という疑問だ。

アリとシロアリの長寿の秘訣

アリでもシロアリでも、女王と働きアリは同じ遺伝子を受け継いでいる。つまりほとんどの種で、どのメスの卵も働きアリと女王のどちらにも育つ可能性がある。であれば、短命の働きアリになる卵と長寿の女王になる卵とのちがいは何なのだろうか？

アリの研究者たちは、玉座に就くことになるアリは幼虫の段階で特別な、魔法の養分と言っていい餌を与えられ、それが長寿の秘密だと考えてきた。突拍子もない説のように思えるが、働きアリを詳細に観察すると、女王になる幼虫を育てる場合は、吐き戻して食べさせる物質がほかの幼虫とは異なることがわかる。これはミツバチについても同じことが言え、ミツバチのこの特別な物質には名前がついている――女王《ロイヤル》のゼリーだ。ロイヤルゼリーを販売する健康食品店やネットショップは、今でも驚異の健康促進効能と奇跡のアンチエイジングパワーを宣伝文句にしている。わたしのような疑り深い人間は、そうした売り口上は自分がミツバチなら当てはまるかもしれないと言っていたものだ。しかし現在では、自分がミツバチだったとしてもそんな効き目はないことはわかっている。研究施設での研究で、多種多様な餌を与えられたミツバチの幼虫は、どんな餌であっても充分に与えられれば女王になり得ることが明らかになったのだ。[3] つまりは質より量、ということだ。

シロアリのニンフが兵隊アリや働きアリになるか、それとも女王（もしくは王）に成長するのかを決定する要因について、まだ触れていないことにお気づきかもしれない。その理由は、シロアリの発達については、アリ（あるいはハチ）と比べると、まだほんのわずかなことしかわかっていないからだ。現時点でわかっているかぎり、シロアリとアリの階級決定の仕組みはそれなりに似ていると思われる。そういうわけで、最も信頼できる情報があるグループに焦点を当てて話を進めよう。

アリの幼虫が最終的にどの階級になるのかは――女王あるいはそれ以外になるのかは――サイズで決まる。あまり面白みのない事実だが、幼虫のサイズを決定する要素は複雑だ。何と言っても生物学なのだから。生物学は複雑なのだ。単純だったら物理学になってしまう。

栄養が大きな役割を果たすのは確かだが、ミツバチと同様に栄養の質と同じくらい量も重要だ。ホルモンも重要で、ここに女王が関わってくる。女王は卵を産む際に〈幼若ホルモン〉と呼ばれる、栄養とともにアリのサイズを決定づけるホルモンの量を加減することができる。さらに女王は、幼虫の成長と卵巣の発達を抑制するにおい、つまりフェロモンを発する。コロニー内の温度も影響を与える。先ほど言ったように複雑だが、ヒトの寿命にことさら関係があるわけではない。

しかし別の次元の答えもあり、こっちのほうはヒトの寿命に関係があるかもしれない。女王になる幼虫も働きアリになる幼虫も同じ遺伝子を持っているが、同じ遺伝子が活性化しているとはかぎらない。ヒトの体の細胞もすべて同じ遺伝子を持つが、脳細胞になるものもあれば筋細胞になるものも、肝細胞や血液細胞になるものもある。細胞の種類と、その最終的な形態および機能は、どの遺伝子のスウィッチが入り（つまり活性化して）どの遺伝子のスウィッチが切れているかで決まる。アリが女王になるか働きアリになるのかもこれと似ている。アリの女王と働きアリの遺伝子活性化を比較すれば、長寿をもたらす遺伝子の何かがわかるのだろうか？

女王は代謝が活発なのだから、細胞の損傷を防ぎ修復する遺伝子は、働きアリよりもはるかに多くスウィッチが入っていて活性化されていてしかるべきだと考えてもいいだろう。この推測は正しい。まさしく働きアリに比べて、女王は保護・修復遺伝子がごまんと活性化されている。あるアリの遺伝子がとくに注目を集めている。ロックフェラー大学のダニエル・クロナウアー教授らは、インスリン様ペプチドをコードする遺伝子を同定し、七種のアリでこの遺伝子が女王ではかなり活性化されて、働きアリではそれほど活発でないことを発見した。[4] この遺伝子には〈ＩＬＰ－２（インスリン様ペプチド２）〉という面白くも何ともない名前がつけられた。インスリンそのものとインスリン様ペプチド遺伝子は代謝と成長、そして生殖に関わっており、老化研究で特別な位置を占めている。線虫やショウジョウバエ、マウスといった複数の短命な実験動物の寿命に影響を与えることが発見された最初の遺伝子はインスリン様ペプチド遺伝子だった。アリに見つかった二種類のインスリン様ペプチドのうち、〈ILP-2〉のほうがヒトのインスリンに似ている。が、ここに進化の謎がある。実験動物の寿命は、インスリン様ペプチド遺伝子の活動を抑制すると延びる。その反対に長寿の女王アリでは、この遺伝子の活動が短命な働きアリより増加しているのだ。つまり女王アリは、かなり特殊なインスリン様ペプチド遺伝子の働きで長寿を成し遂げている可能性が極めて高いということで、それはすなわち、この遺伝子を研究すれば、長寿の達成について斬新かつ大きな意味を持つことが学べるかもしれないということだ。こうした研究はまだ緒に就いたばかりだが、それほど遠くない将来に女王たちが授けてくれることに期待は膨らむばかりだ。

ここまで見てきたように、昆虫は空を飛んだことで寿命を延ばしてきたわけではない。長寿のカギとなる素因は、〈環境上の危険〉から護られた地下生活にあるみたいだ。これが当てはまる動物は、実は昆虫だけではない。

8章　トンネルと洞窟

わたしの友人の研究者のひとりは、その動物を〝小さいペニスか大きい親指に歯が生えたもの〟だと表現している。その動物は、総延長が一キロメートルを超えることもある曲がりくねったトンネルと部屋からなる複雑な巣を作り、そのなかで数十から数百匹の血縁家族のコロニーを形成して暮らしている。植物の根がエネルギーを蓄える大きな塊茎を餌にしているので、地下の巣から一度も出ることはなく、したがって太陽を見ることもない。シロアリのように、コロニーの繁殖を一手に引き受ける一匹の女王がいて、女王が四六時中受精し仔をポンポンと産めるように、一匹か場合によっては数匹の王もいる。女王と王以外は、近親者同士で生殖能力のないオスとメスの労働階級がコロニーを占める。労働階級には巣穴のネットワークを掘削し、補修し、清掃するものがいる。女王と発達中の仔に、栄養たっぷりの糞というかたちで食事を与えるものもいる。必要に応じて仔を運ぶものもいる。最も大きなものたちは兵隊となり、内外の敵の――つまり同じ種の侵略者とヘビのような捕食者の――襲撃からコロニーを護る。

その動物は哺乳類だが、ほかの哺乳類とちがって体温を調節することがほとんどできないので、体温は周囲の温度に近くなる。膨大な量のエネルギーを消費して体温を維持する必要がないので、エネルギーの消費速度、つまり代謝は同じサイズのほかの哺乳類に比べて遅い。安定した環境下で暮らし、外部の危険からしっかり保護され、代謝率が低く、そしてこれまで見てきた自然界の例の法則がそれなりに正しいとするならば、この動物は長生きするはずだと――少なくとも女王はそうだし、労働階級でさえその可能性があると――思えるところだ。その予測は正しい。この動物は、長寿指数《LQ》に基づいたヒト以外の哺乳類長寿ランキングのトップ二五に、唯一コウモリ以外でランクインしている。その動物とは、サイズはハツカネズミと同程度のハダカデバネズミ（*Heterocephalus glaber*）で、哺乳類のなかで最も醜いとも最も可愛らしいとも言われている［図8-1］。わたしは前者に賛成だ。

　ハダカデバネズミはモグラでもネズミでもない。サハラ砂漠以南の乾燥地域に広く分布する、小型でユニークな穴居性齧歯《げっし》類だ。齧歯類の進化のな

［図8-1］長寿のカリスマ、ハダカデバネズミ。そんなハダカデバネズミでも、齢を重ねればしわが増える。Drawing by Wolfe Gleitsman / 2 New Things.

かで、非鳥類型恐竜と翼竜が姿を消した時代に枝分かれしたハダカデバネズミとネズミは、何とかギリギリ親戚と呼べる程度の関係しかない。齧歯類でも何でもないモグラとはもっと離れている。モグラと似ているところは地下に棲み、巣穴を作ったときに掘り出して地上に捨てた土が、独特な〈モグラ塚〉を形成するところだけだ。

ハダカデバネズミは一九七〇年代後半に生物学者の注目を集めた。その当時の進化研究で散々論じられていたテーマのひとつが、脊椎動物がなぜ真社会性を発達させなかったかという点だった。真社会性とは、ここまで見てきたようにアリやシロアリなどが持つ、何世代かの家族が一緒に棲み、生殖を行う女王と、さまざまな仕事を行って女王の生殖活動を支える生殖能力のない労働階級で構成され、分業が徹底されている社会システムだ。進化の過程で、昆虫が真社会性を複数回発達させてきたのはまちがいない。なぜ脊椎動物ではそうならなかったのだろうか？　真社会性の発達が議論の的になっていたのは、進化は個体の生殖に有利な形質のみを好むという、当時の定説を覆す考え方だったからだ。真社会性を持つ集団では、個体の圧倒的大多数は生殖しない。その代わりに他の個体の生殖を助けるという、どう見ても利他の極致と言える行為を発達させた。

わたしが博士号を取得した年なので今でもはっきり憶えているが、この疑問への答えは一九八一年に見つかった。南アフリカの動物学者ジェニファー・ジャーヴィスが、今では有名になった論文のなかで、実は脊椎動物でも真社会性を持つものがいることを明らかにしたのだ。[1]ジャーヴィスが一五年にわたって人知れずこっそりと研究していたハダカデバネズミは、真社会性を持つことがわかった最初の哺乳類だ。それから四〇年を経た現在でも、真社会性を有すると確認された脊椎動物はほんのひと握りしかいない。

ハダカデバネズミは、地下の温度が年間を通して一定で暖かい、アフリカ東部の赤道付近に生息する。彼らの複雑で大規模な巣穴のネットワークのなかには、フットボールほどの大きさにもなる塊茎につながる、浅い場所に掘られた狭い餌とり用トンネルもある。深いところに太い幹線トンネルを掘り、そこから餌とり用トンネルが何本も枝分かれしている。地下二メートルの最深部には、女王が仔育てをする巣ごもりの部屋がある。謁見の間はないが化粧室はある。トンネルは清潔に保たれている。ゴミや掘り出した土は浅いトンネルに運ばれ、働きネズミたちが地表まで貫通する小さな〝排気口《チムニー》〟を掘り、そこから蹴り出す。地下にハダカデバネズミが巣を作っていることを示す唯一の証拠である〝モグラ塚〟を、早朝か午後遅くに静かに観察していれば、噴火する火山から昇煙のように土が飛び出してくるかもしれない。この火山にそっと注意深く近づくと、土を蹴飛ばす後肢も見えるかもしれない。ハダカデバネズミが地上に最も近づくのはこのときだけで、たまに生まれたコロニーを捨てて新しいコロニーを作るとき以外、地上に出てこない。捕食者に一番襲われやすいのは、このゴミ出しと巣立ちのタイミングだ。女王は女王たる威厳を保ち、決してこのようなかたちで身をさらすことはない。

ハダカデバネズミの真社会性についての有名な論文で、ジャーヴィス博士はその寿命については申し訳程度にしか触れていない。飼育環境下のコロニーでは、働きネズミのなかには少なくとも七年生きると記されている。ハツカネズミ大の動物にしてはそれなりに長寿だが、とくに長生きというわけでもない。LQは一・二五だ。自分の科学的関心が行動進化（ハダカデバネズミについては真社会性という点から動向をチェックしていた）から老化と寿命に移っていった一九八〇年代後半、わたしはふと、ハダカデバネズミは老化の観点から見ても興味深いかもしれないと考えた。そこでジャーヴィス博士と連絡を取り、ハダカデバネズミの寿命、とくに女王の寿命について新たにわかったことはないか尋ねた。女王は少なくとも一〇代後半まで生きるが、その歳でもまだ健康で生殖力も旺盛だという答えが返ってきた。これでハダカデバネズミのＬＱは少なく見積もっても三・〇だということがわかった。知れば知るほど、わたしはますますハダカデバネズミに興味を引かれていった。

やはり光の届かない地下世界で生涯の大半またはすべてを過ごすアリとシロアリと同様に、ハダカデバネズミの自然の巣のなかの暮らしぶりはなかなかわからない。わかっているのは、おおむね研究施設に作らせたコロニーから学んだことばかりだ。実はハダカデバネズミは飼育しやすい。今では、生殖能力のない働きネズミは、女王から生殖不能を強いられていることがわかっている。コロニーから女王を排除すると、メスの働きネズミのなかの一匹が新たに戴冠する——大抵は、野心に燃える姉妹たちと血みどろの戦いを繰り広げた末に。研究環境では、女王を退位させれば古いコロニーを破壊することなく新しいコロニーをすぐに、簡単に作ることができる。実際、ハダカデバネズミは世界各地の動物園や博物館で人気を博し、透明なプラスチックのトンネルや部屋で休みなくせわしげに動きまわる姿が多くの人々を愉しませている。ついにお茶の間にまで進出し、アメリカのテレビアニメ『キム・ポッシブル』に登場する、ルーファスというハダカデバネズミの声を担当したナンシー・カートライトは、デイタイム・エミー賞を受賞した。

本書で取り上げている種のなかで、老化の観点から本格的に研究されているのはハダカデバネズミだけだ。これはジャーヴィス博士の教え子の博士課程の学生で、一九九〇年後半に数匹のハダカデバネズミとともにアメリカに移り住んだロシェル・バッフェンスタインの努力によるところが大きい。バッフェンスタインの当初の興味は、ハダカデバネズミがどうやって充分なビタミンDを摂取しているのかという、それまでの研究から離れつつあった。ほとんどの哺乳類で、ビタミンDは日光に当たることで皮膚内で活性型に変化する。深い闇のなかに生きる動物が、どうやって充分なビタミンDを摂取しているのかは謎だった。しかしアメリカに移住する頃になると、彼女の興味は同じ謎でもハダカデバネズミがかなり長生きする謎に移っていった。そのあいだにも、彼女とジャーヴィス博士が何年も前にケニアで捕獲した個体は生きつづけた。現在、ハダカデバネズミの長寿記録は三九年だ。[2] 三九年ならばＬＱは六・七とヒトより大きくなり、実験用マウスのＬＱの一〇倍近く、さらには最長寿の野鳥をも凌ぐ。

ハダカデバネズミの長寿の詳細は興味深い。バッフェンスタインの飼育コロニーでは、女王と働きネズミの寿命に差はそんなにない。アリやシロアリと同じように、ハダカデバネズミでもコロニーで最大の個体は女王だ。同様に、生きているあいだはずっと生殖にいそしむことができる。バッフェンスタインが飼育してきたなかで最長寿の女王は、豊穣に満ちた生涯で一〇〇〇匹以上の仔を産んだ。ハダカデバネズミの寿命の最も際立った特徴は、二〇代後半に至るまで老化の兆しがほとんど見られないことだろう。もちろん白髪はない。しわは？　あることはあるが、仔の頃からしわだらけだ。心機能にも代謝にも骨質にも変化は生じない。現時点で判明している最も特異な特徴は、少なくとも二〇代のある程度まで老化が原因で死ぬ可能性はかなり低いというところだと言える。これはほかのほぼすべての種と異なる。老化の影響は加齢に伴う死亡リスクの飛躍的増加というかたちで現れ、それは昆虫からゾウに至るまで変わらない。ヒトでも、死亡率は四〇歳を過ぎると八年ごとに倍になる。マウスでは三か月ごとに倍になる。ところがハダカデバネズミは、生後六か月頃で成体になってからは、死亡率は何歳になっても倍にならない可能性がある。

しかし自然環境下では様子は少しちがう。現在はセントルイス・ワシントン大学の生物学科で教鞭を執るスタン・ブラードは、学部生だった一九八〇年代初頭以来、野生のハダカデバネズミを研究してきた。ブラード教授が調査した最長寿の女王は一七歳まで生きたが（それでもLQは三・〇だ）、働きネズミは二年か三年すれば死んでしまったという——シロアリによく似た寿命差だ。[3] むろん自然環境下では、護りが堅固な巣でも危険に見舞われることがある。ハダカデバネズミにとっての〈環境上の危険〉はヘビ、巣穴の冠水、寄生虫、病原体、そしてコロニーをともにする仲間との諍《いさか》いだ。

バッフェンスタインの報告のなかには、生物医学界がとくに強い関心を寄せたことがもうひとつある。ハダカデバネズミは実験用マウスの一〇倍以上長生きしながら、どうやらがんにかからないみたいなのだ。この観察結果はまさしく驚異で、ハダカデバネズミからがん予防について多くを学べる可能性があることを示している。しかしこの観察結果を読み解くには、ここで少し脇道にそれて、がんと長寿とその相互関係、そしてこの両方が体のサイズからどのような影響を受けるかについて考えてみる必要がある。

ハダカデバネズミとがん

一生を通じて細胞の複製を続ける種は、がんになるリスクを抱えていることを思い出していただきたい。細胞が複製能力を保つかぎり、複製能力が制御できなくなる可能性も保たれるからだ。制御不能に陥った細胞分裂ががんだ。つまりがんとは、細胞分裂を生涯続ける能力を持ち、損傷した部分を修復し交換できる種に課せられた代償なのだ。

長寿には外傷と体内の損傷を修復する能力が必要だが、がん耐性も欠かせない。がん耐性は、細胞分裂における厳密かつ冗長的な制御を発達させることで進化してきた。自動車にたとえるなら、独立した複数のアクセルで一定の速度をキープしつつ、さらに必要なときに停止できるブレーキがいくつもあるようなものだ。がんを研究する生物学者たちは、このアクセルを〈がん原遺伝子〉と呼ぶ。細胞が分裂するタイミングをコントロールしていて、これが変異すると複製能力が制御できなくなり、がん遺伝子になる可能性がある。一方のブレーキは〈がん抑制遺伝子〉と呼ばれる。この遺伝子は制御が利かなくなった細胞分裂を、さまざまな手段を講じて抑制する。これが変異すると、抑制する力を失う。長寿の種は、より多くの性能のいいアクセルと非常ブレーキを備えているはずだ。

老化に興味を抱いたロシェル・バッフェンスタインは、かなりの長生きのハダカデバネズミを最終的に死に至らしめる病気は何なのか突き止めようとした。個体が死ぬと、彼女は解剖して調べた。

すると、一〇〇〇匹以上を解剖しても、腫瘍はひとつも見つからなかった。さらに多くの飼育コロニーでさらに多くの個体の死骸が、さらに多くの研究者や獣医師によって解剖されると、最終的にほんのわずかだけ腫瘍が発見された。それでも、マウスやラットやイヌやネコ、さらにオウムやヒトといった長寿の、よく研究されている種の老いた個体と比べても、その数はごくわずかだ。マウスで実証済みの化学発がん物質を使って腫瘍を誘発させようと試みたが、失敗に終わった。[4]ヒトに死と衰弱をもたらす病気の発症を抑える重要な手がかりが自然のなかにあることを端的に示してくれる例だ。

ハダカデバネズミがこれほど巧みにがんを回避できる理由はまだ解明されていないが、手がかりならいくつか見つかりつつある。ロチェスター大学のアンドレイ・セルアノフとヴェラ・ゴルブノヴァの両博士は（ふたりは夫婦だ）がん耐性に何らかの役割を果たしている可能性のある新たな化学物質を、ハダカデバネズミの皮膚内に発見した。その化学物質とは、わたしたちの肌にもあるヒアルロン酸の特殊なものだ。ヒアルロン酸は、いかにも皮膚を柔らかく保つ効果がありそうなネバネバした液体だが、それ以外にも非常に多くの効用がある。関節と臓器周辺の膜組織にとっては潤滑剤となる。細胞分裂と新たな血管の形成、そして傷の修復にも関わる。さまざまな化粧品にも配合され、とくに乾燥肌対策に用いられる。セルアノフとゴルブノヴァの研究チームは、シャーレ内のマウス細胞にハダカデバネズミが生成する特別なヒアルロン酸を加えると、ハダカデバネズミの細胞のがん耐性に関連があると思しき効果をみせることを発見した。[5]こうした研究はまだ初期段階だが、今後も注目すべきだ。時が経てば、この発見が極めて重要なことがわかるだろう。

ハダカデバネズミの並はずれた長寿は究極のがん耐性だけでは理解できない。さらに多くのことを知る必要がある。その長生きの秘訣はまだ見つかっていないが、ある重要な一般的な長寿の法則はハダカデバネズミには当てはまらない、ということはわかっている。通常の代謝の副産物である活性酸素は、ほぼすべての生物分子を損なうことを思い出してほしい。一般的に長寿の種は同じ年齢の短命の種に比べて代謝が遅く活性酸素の発生量が少ないか、あるいは活性酸素に対する防御機能が優れているかしているので、活性酸素による損傷が少ない。ところがハダカデバネズミの場合はその逆で、同年齢で比べると、活性酸素による損傷の程度がハツカネズミより少ないどころか逆に多いのだ[6]！　この奇想天外な発見を、わたしはにわかには信じられなかった。さまざまに異なる損傷の測定法を用いた研究で、この事実が何度も報告されるようになって、ようやく信じることができた。ハダカデバネズミのゲノムには、酸化防止に関わる主要遺伝子がひとつ欠けていることが発見されると、より合点がいった。つまりハダカデバネズミは、活性酸素による損傷が大きくても長生きすることはできるのだと教えてくれたのだ。しかし損傷に耐える秘訣までは教えてくれない。この点についても、長寿のカリスマの齧歯類に教えを乞わなければならない。

穴居性の齧歯類のなかには、長寿とがん耐性についてハダカデバネズミに勝るとも劣らない――しかし別種の――興味深いことを教えてくれそうなものがいる。名前は似ているが近縁種ではない。

シリアヒメメクラネズミ

シリアヒメメクラネズミ（*Spalax ehrenbergi*）は、その名前が示すとおり中東全域に生息し、そして眼がまったく見えない。眼は退化し、皮膚に覆われている。ハダカデバネズミよりハツカネズミに近い種だ。種の名前をひとつ挙げたが、メクラネズミ属（*Spalax*）はさまざまな点で興味深い。そのひとつ、いくつもの種に分化する途上に位置すると思われるところで、この属は厳密には〈種群〉と呼ばれる。しかし分化が終わったわけではないので、メクラネズミ属とわかりやすくひと括りにして呼ぶことにする。

種の進化という視点から見ればかなり遠い関係にあるにもかかわらず、メクラネズミ属とハダカデバネズミの生態と形態は驚くほどよく似ている。メクラネズミ属も複雑で密閉された地下の巣穴に棲み、根や塊茎を食べる。しかも大食いなので、ジャガイモや甜菜《ビート》のような根菜を育てる中東の農家にとっては天敵だ。トンネル掘りには、ほかの多くの穴居性の哺乳類のように強力な前肢ではなく、長く伸びた強力な門歯を使うところもハダカデバネズミと同じだ。しかし巣穴のなかで単独で生活し、おもに交尾のために短期間だけ穴から出てくるところは大きく異なる。

真社会性が長寿につながる扉のカギならば、メクラネズミ属の寿命は普通の齧歯類並みだと想像がつくだろう。もしそのカギが生涯を通じて地下で生活することにあるのなら、メクラネズミ属はかなり長生きするはずだ。一九九九年に刊行された、哺乳類を網羅した百科事典では、研究施設の最適環境下での最高齢は四・五歳（LQに換算すると〇・六）だという。したがって本書を一九九九年に執筆していたら、真社会性が長寿のカギだと結論づけていただろう。しかしそうしていたら、誤情報を書く羽目になっていた。

眼が見えないメクラネズミ属を調べると、逆に盲目だからこそ視覚に必要な分子機構がわかってくるのかもしれないので、二〇〇〇年代になると医学の実験動物としてさらに広く使われるようになった。飼育技術の改善と飼育個体数の増加により――中東の研究施設では、これまでに何千匹もが誕生から死まで観察されている――一九九九年の情報をもたらした初期の研究報告は著しく誤解を与えるものだったことが明らかになった。現在では、メクラネズミ属は飼育環境下では少なくとも二一年は生きることがわかっている。そのLQは、ハダカデバネズミを含むデバネズミ科の齧歯類に近い二・九だ。直近の報告では、この年齢の個体はまだ生きていたので、さらに長生きするのかもしれない。もっと興味深いことがある。ハダカデバネズミと同様に長い生涯にわたって老化の兆候をまったく見せず、しかもがん耐性がさらに高いのだ[7]。事実、中東の研究施設でこれまで飼われてきた何千匹ものメクラネズミ属のなかで、自然発生したがんはまったく見られない。本当に一件もない。強力な発がん性化学物質を投与しても、がんを発症させることはほぼ不可能だ。シャーレ上の細胞の振る舞いからすると、メクラネズミ属とハダカデバネズミのがん耐性には相違点がいくつかあるようだ[8]。死に抵抗するハダカデバネズミの細胞と異なり、メクラネズミ属のそれはほんのわずかな損傷で死ぬ。このことは、死にかけている細胞を素早く置き換える能力と併せて、ハダカデバネズミとメクラネズミ属の高いがん耐性を説明する上で重要だと思われる。この二種の動物それぞれから別の教訓が得られるかもしれないということだ。

それでは、地下生活の何が超長寿をもたらすのだろうか？　地下はどう見てもぬくぬくと護られたニッチで、外部の危険から逃れられる場所でもある。しかし、がんのような体の内部の脅威から護るものは、地下生活の何からもたらされるのだろうか？　地下の巣穴の空気に関係があるかもしれないという面白い説がある。

息をするように簡単なこと

魔法を使って体のサイズを縮めて、ハダカデバネズミやメクラネズミ属の複雑な巣穴のネットワークのなかを探検したとしよう。探検は長続きしないはずだ。トンネルの深遠部の空気のせいで、たちまちのうちに死んでしまうだろう。酸素が少なすぎて、逆に有毒な二酸化炭素とアンモニアが多すぎるのだ。

通常の空気は二一パーセントの酸素と〇・〇四パーセントの二酸化炭素を（産業化社会が到来するまでは〇・〇三パーセントだった）含み、アンモニアはほぼゼロだ。わたしたちの体は、そういう空気を吸って生きるよう設計されている。空気を吸うと、そのなかの酸素の一部を取り出して、代謝の副産物で有害物質になり得るので体内から除去しなければならない二酸化炭素と交換する。呼気の成分の約一六パーセントが酸素で、五パーセントが二酸化炭素だ。お気づきだと思うが、呼気は吸気に比べて酸素が約四分の一減っているが、二酸化炭素は一二五倍になっている。普段は二酸化炭素が有害だとは思わないが、その体内濃度が高くなると体液が酸性に傾き、有害物質になる。酸素が過少で有害なほど高い濃度の二酸化炭素を含んだ呼気のなかでは、ヒトは生きつづけることはできない。ここではアンモニアは無視するが、かなりの低濃度でも高い毒性があるとだけ指摘しておく。アンモニア中毒になると、昏睡や死という絶対に避けるべき症状が生じる。地下深くの同じトイレで数多くの個体が排尿すれば、トイレ付近の空気は不快なだけでなく有害だとだけ言っておけば充分だろう。洞窟の奥深くをねぐらとするコウモリの大きなコロニーでも、有害なレヴェルのアンモニアが発生している。

ヒトの低酸素・高二酸化炭素濃度への耐性は、もっぱら潜水艦の乗組員を生存させ覚醒させておく方法の研究で、かなりのことがわかっている。初期の潜水艦は、数時間ごとに浮上して新鮮な空気を補給しなければならなかった。現在は技術が発達し、酸素発生装置と二酸化炭素除去装置で艦内の空気を管理することができる。何か月も潜航したままでいられる原子力潜水艦の乗組員を対象とした研究で、酸素濃度が一九パーセントを下まわるか二酸化炭素濃度が〇・六パーセントを上まわると、眠気や頭痛や思考力の低下といった、核兵器を扱う人々に出てもらっては困る、さまざまな症状が出てくる。ここでも、〇・六パーセントの二酸化炭素というのは少量に思えるが、通常の空気に含まれる量の一五倍だということに注目してほしい。宇宙飛行士にも同様の問題が起こる。国際宇宙ステーション《ISS》で一年を過ごしたアメリカ人宇宙飛行士のスコット・ケリーは自著のなかで、ＩＳＳでの二酸化炭素の許容基準値は原潜の三倍だったと不満を述べている。この高濃度の二酸化炭素のせいで、彼は頭痛がして鼻が詰まり、眼がヒリヒリと痛み、頭がぼーっとするという体の不調に悩まされつづけた。

密閉された地下トンネルネットワークに棲む動物たちは、酸素発生装置も二酸化炭素除去装置も持っていない。したがって同じ空気を何度も吸うしかなく、この空気は地中に浸透して拡散するか、掘った土を捨てるために一時的に開かれたモグラ塚を通じて巣穴が換気されるかで、少量しか新たに入ってこない。地上に近い餌とり用トンネルであれば、空気はそれなりに新鮮かもしれないが、巣ごもりの部屋やトイレがある深遠部では酸素はさらに少なく、二酸化炭素はさらに多くなるだろう。多くの個体が棲んでいる巣穴ならば、状況はさらに悪くなる。デバネズミやメクラネズミの仲間の巣穴の酸素濃度は六パーセントにまで低下し、二酸化炭素濃度は一〇パーセントまで上昇するという記録がある。どちらの濃度でもヒトなら数分で意識を失い、ほどなくして死に至る。だから密閉された地下のトンネルネットワークを棲み処とする穴居性の動物たちは、低酸素および高二酸化炭素に対する耐性を発達させる必要があった。

地下に大きな群れを作って暮らすからだろうが、ハダカデバネズミは酸素が少なく二酸化炭素がやたらと多い空気への耐性が最も高い哺乳類だ。実験では、酸素濃度が五パーセントの空気のなかでも苦しむ様子は一切見せなかったが、これはハツカネズミならば一五分もかからずに死んでしまう濃度だ。さらには、酸素濃度三パーセントと二酸化炭素濃度八〇パーセントの環境下でも――そう、八〇パーセントとは巣の外の空気に含まれる濃度の二〇〇〇倍だ――何時間も生きつづけた。ちなみに、この低酸素への耐性が高いのは、それでなくても低い代謝をさらに下げられるからだ。デバネズミ科のほかの種も、実は低酸素状態に本当にすごく耐える――ハダカデバネズミには及ばないかもしれないが、ほぼすべての哺乳類と比べても耐性はかなり高い。[10] 結局のところ、デバネズミ科はどの種も密閉された地下のトンネルネットワークに暮らしているのだから。高濃度の二酸化炭素への耐性もかなり高いものと思われるが、多くの種でまだ調査されていない。

メクラネズミ属はどうだろうか？　巣穴は密閉され、地下の部屋に一匹か、一匹プラス生まれたばかりの仔だけで棲んでいる。巣穴の深さはハダカデバネズミのものより浅いが、それでも内部の空気の酸素濃度はたった七パーセントしかなく、二酸化炭素濃度は六パーセントになることもあり、ハダカデバネズミの居住環境に近い。メクラネズミ属も低酸素と高二酸化炭素に耐えられることは明らかだ。[11]

低酸素・高二酸化炭素濃度への耐性と、がん耐性および長寿とのあいだに関連はあるのだろうか？　わたしはあるのではないかと思う。通常とはちがう地下の巣穴の空気は細胞にストレスを与える。酸素濃度が低かったり二酸化炭素濃度が高かったりするとスウィッチが入る特別な遺伝子群があり、それはヒトにも備わっている。運動時や高山に滞在しているあいだは、細胞レヴェルでは酸素が欠乏したり二酸化炭素が少し多めになったりすることがしょっちゅうある。しかし密閉された巣穴に棲む動物たちは同じことを大幅に高いレヴェルで、しかも一生の大部分にわたって経験する。したがって低酸素・高二酸化炭素濃度がもたらすストレスに対して、とくに有効な防御機能もしくは耐性を発達させる必要があった。そうした防御機能は、ＤＮＡやほかの細胞の構成要素へのダメージなど、体の内部の脅威からの保護も担うのかもしれない。この防御の仕組みを詳しく調べれば、とくにヒトにもともと備わっているものより優れていると思われる部分から学べば、やがては人間の健康に役立つものが見つかるかもしれない。

北米大陸では馴染み深いホリネズミやモグラなど、ほかの穴居性哺乳類はどうだろうか？　がん耐性が高く、長寿なのだろうか？　答えはノーだ。地中に暮らす動物とされてはいるが、デバネズミやメクラネズミ属と比べれば、頻繁に地上に出てくる。実際、モグラは地表にかなり近いところで捕食するので、そのトンネルは土が盛り上がっているように見える。したがって、デバネズミ科のように外部の脅威から護られた環境で暮らしているわけではない。ヒトには脅威となるほど有害な空気を吸って一生を過ごすわけでもない。

酸素がないわけではないが、比較的安全な生態的ニッチについて考えてみよう——洞窟で一生を過ごす動物たちはどうだろうか？

ホライモリ

動物の一般名は、わたしの秘かな愉しみの宝庫だ。ここまで本書では、飛翔もしないしキツネザルでもないヒヨケザル〈flying lemur（空飛ぶキツネザル）〉、モグラでもネズミでもないデバネズミとメクラネズミ属が出てきた。次は、英語では〈人間魚《human fish》〉という一般名だが、びっくりなことに人間でも魚でもないホライモリ（*Proteus anguinus*）を紹介しよう。。小さな、白い、眼の見えない有尾目の両生類で、オルムとも呼ばれる。

有尾目は最も眼につかない脊椎動物なのかもしれない。見た目は皮膚がぬめぬめしたトカゲみたいで、昼間は岩の下や木のなかに隠れていて、夜に活発に活動するものが多い。派手な警告色で毒を持っていることを示す種以外は、体色は背景に溶け込むくすんだ茶色のものが多い。最小の種は、尾を含めても人間の指の関節ひとつ分の長さしかない。最大の種のチュウゴクオオサンショウウオは、小柄な人間ほどの大きさになることもある。ハダカデバネズミの美醜については意見が分かれるが、有尾目の大型種についての意見はほぼ全会一致になる。その意見に反対するのは有尾目の母親くらいだろう。

有尾目は恐竜の時代に中央アジアに登場し、現在でも大半の種が北半球の高緯度域に生息している。冷涼な気候に棲む外温性動物なので代謝は低く、したがって有尾目全体が長生きだと想像がつくかもしれないし、実際にそうだ。コウモリを除くほぼすべての動物と同じように、大型の種は小型のものより長く生きる傾向にあるが、小ぶりでありきたりな種、たとえば手のひらにすっぽり収まる小ささでアメリカ合衆国東部に生息するヌメサンショウウオ（*Plethodon glutinosus*）なども、ペットにして飼えば最長で二〇年ほど生きる。ＬＱに換算すると五・三になり、最長寿の野鳥に近い。

ホライモリもしくはオルムは〈洞窟サンショウウオ〉というかなり

［図8-2］オルムまたはホライモリ。あきれるほどゆっくりとした一生を歩み、交尾をするのは12年ほどに1回だ。ある個体は捕獲されたのち放され、7年後にまったく同じ場所で見つかった。成体の体長は尾を含めて約20センチメートルだ。Courtesy of Shutterstock.

特殊な有尾目の一種で、つまりコウモリのように洞窟をねぐらや冬眠場所としてのみ使うのではなく、一生をそこで過ごす［図8-2］。密閉された地下の巣穴と同様に、洞窟も安全で安定した環境で、食物連鎖の頂点に立っていればなおさら棲み心地はよく、ホライモリはちょうどこの地位に相当する。一生を洞窟で過ごす種はごくわずかしかいない。ヨーロッパでは最近まで、洞窟に生息する脊椎動物はホライモリしか知られていなかった。密閉された地下の巣穴と同じく、洞窟も深い闇に包まれている。自然はエネルギーの無駄遣いをとことん嫌うので、真っ暗闇のなかで生きていれば、進化の過程で皮膚の色素や眼を作るためにエネルギーを浪費する必要はなくなる。だからホライモリの皮膚は白く、眼は極小かつ機能しない。四肢が貧弱なのも同じ理由かもしれない。

　ホライモリは、バルカン半島のアドリア海側を南北に走るディナル・アルプス山脈に点在するカルスト洞窟内の池や小川を棲み処としている。洞窟内の温度は一年を通して摂氏一〇度に保たれている。この温度では、ホライモリの生活速度はすべてにおいて遅い。卵は五か月ほどをかけて孵り、体長一二ミリメートルのオタマジャクシになる。成体のサイズになり生殖を開始するのは一六歳と、ヒトによく似ている。メスは一回の産卵で三五個前後を産むと、急がず慌てず次の産卵まで一二年ほど待つ。おまけに餌を食べないまま少なくとも一年——もっとかもしれない——生きることができる。

　ホライモリがとんでもなく長生きすることは、以前から知られていた。動物園で七〇歳まで生きたという記録もある。しかし近年、自然環境下での六〇歳までの生存傾向を分析して数学的にはじき出した期待値では、最長寿命は一〇二歳に達するだろうとされている。[12]最長寿を七〇年にするにしろ一〇二年にするにしろ、この数字と手を開いた幅と同じぐらいの体長からLQを算出すると、一四・四と二一という眼玉が飛び出そうな値が出てくる。もちろん、これまで見てきたなかで最大だ。外温性動物で、冷涼な気候下にある安定して保護された環境に生息しているホライモリは、長寿動物の条件のほぼすべてをクリアしている。クリアしていないのは低酸素への耐性だけかもしれない。大抵の洞窟は外界に通ずる開口部が複数あり、換気性はそれなりにいいので、内部の空気に酸素が足りないということはない。しかしホライモリは暗い洞窟内の水中で一生を過ごす。酸素を生成する緑藻類や植物は暗闇のなかには生えない。したがって水中の酸素は散発的にしか入ってこず、もっぱら上から浸み込んでくる雨水に頼らざるを得ない。実際に日照りが続くと、洞窟の水は酸素をほとんど含まない状態になることもある。したがって、驚いたことにホライモリは低酸素にも実によく耐えるのだ[13]。これですべてクリアだ。

つまり暗く酸素が乏しい地下で生まれた生き物は、長生きしながらもがんにならない生き方について、何かしら教えてくれるのかもしれない。それについては今後の研究を見守るしかない。これらのうちいくつかの種の研究は少なくともなされている。では、巣穴や洞窟を棲み処とせず、飛ぶ能力もなく、身を護る殻も持たずに一生を過ごす動物はどうだろうか？　そんな動物たちも長生きする能力を発達させることは、果たしてあるのだろうか？　これから見てみることにしよう。

9章　巨獣たち

体の大きさと寿命がいちごとクリームのように相性がいいのならば、最大の動物は動物の寿命を論じるうえで大きな意味を持つはずだ。地上をのしのしと歩いていた地球史上最大の動物は、当然ながらもう存在しない。図体が大きければいろんな面で有利だと思われがちだが、ギリシア神話の巨神族というってつけの名前がつけられたタイタノサウルス類は、その体の大きさの甲斐もなく、六六〇〇万年前に起こった小惑星との衝突で、ほかの非鳥類型恐竜もろとも絶滅した。草食だったタイタノサウルス類のなかのどの種が最大だったかについては、古生物学会の晩餐会で料理を投げつけ合う喧嘩が始まることまちがいなしの話題だ。どの種が最大だったにせよ、体重は五〇トンから一〇〇トンぐらいで、体長は三〇メートルほどだったが、脳の大きさはテニスボール程度だった。つまりどの種にせよ、それほど頭がよかったわけではなく、それほど長生きではなかっただろう。現在知られている最長寿の恐竜は体重二〇トンの比較的貧弱なラパレントサウルス・マダガスカリエンシスだが、それでも四〇代までしか生きられなかったことを憶えておいてほしい。

地球史上最大の哺乳類にとっても、体の大きさはプラスに働かなかった。これに当てはまりそうなのは、体高が五メートル近く、体重は一五トンから二〇トンだったサイ類のパラケラテリウム

（*Paraceratherium*）だ。パラケラテリウムは二五〇〇万年前に姿を消したが、その理由は定かでない。それでも幸いなことに、もっと最近の大型哺乳類のように、ヒトに絶滅させられたとするには時代が早すぎた。多くの恐竜の骨には成長輪があるが、パラケラテリウムを含めた哺乳類にはそれがないので、どれほど長く生きたかはさっぱりわからない。それでも、死後何千年も経った動物の年齢を推定する手段を提供してくれそうなツールを、最新の分子生物学がもたらしてくれている。

陸上最大の現生哺乳類で、〈サヴァンナゾウ〉とも呼ばれるアフリカゾウ（*Loxodonta africana*）の体高は四メートル、体重は七トンにもなる。恐竜や大昔に絶滅した哺乳類とはちがい、ゾウについてはそれなりのことがわかっている。そのなかには、体の大きさや寿命をひとつの数字で説明すると大きな誤解を招くということも含まれる。

同定可能な最古のゾウの祖先は、六六〇〇万年前の大絶滅ののちに、哺乳類が爆発的に多様化していった時期に登場した。最初はイエネコほどの大きさしかなかったが、進化はこのグループのサイズ増大に有利に働き、ついに史上最大のゾウ、ナルバダゾウ（*Palaeoloxodon namadicus*）に行き着いた。これは現生種に比べて体高が一倍半、体重は四倍から五倍もあった。氷河期の終焉は、ナウマンゾウ属（パレオロクソドン属、*Palaeoloxodon*）の終焉でもあった。北に暮らしていたケナガマンモスと、より温暖な地域に生息していたマストドンという、もっと馴染みのある親戚たちの終焉でもあった。マストドンは、ハロウィンのカボチャとなっている植物の祖先の種子を最も拡散させたことでつとに知られる動物だ。これら三種のゾウに最も近い現生動物は、海に生き、ゆっくりと動き、植物を食べるジュゴンとマナティだ。

一般にゾウの現生種はふたつだけだとされているが、これが実は三種だと聞かされたら誰でも驚くだろう。アジアゾウ（*Elephas maximus*）はアフリカ起源で、アフリカにいる現在のゾウから約五〇〇万年前に分かれた。その名が示すとおり、歴史的に生息域はおおむね南アジアと東南アジアに限られていた。耳が小さく、訓練しやすい種で、サーカスの見世物として、また多種多様な労働力として現在も使われている。体も耳も大きなアフリカゾウは、やはりその名のとおりアフリカのサハラ砂漠以南のサヴァンナに生息している。それほど従順でなく訓練が難しいアフリカゾウは、餌につられて働くことはない。問題の三種目はもっと新しい、ひょっとするとほとんどの読者にとって初めて耳にするゾウかもしれない。マルミミゾウ（*Loxodonta cyclotis*）は、遺伝子解析の結果、アフリカに生息する独立種とすべきことがわかったため、二〇二一年に正式に種として認められた。三つの種のなかで最も体が小さく、アフリカ西部と中央部の熱帯雨林のみを生息域とする。アフリカゾウとアジアゾウに比べて、まだまだわからないことが多い。彼らのプライヴァシーに立ち入るのはここまでにしておこう。

ゾウほど絵になる動物はいない。実物を見たことがあろうがなかろうが、世界中の子どもたちはこの独特な牙と鼻を持つ巨大な動物の見た目を知っている。過去何千年にわたってずっとそうだった。石器時代の岩絵にもゾウは描かれている。ヒンドゥー教と仏教の寺院では重要な意味を持ち、多くの土着宗教に姿を見せる。遅くとも紀元前三〇〇〇年には飼育され、人間のために働くよう訓練されてきた。古代ギリシアの時代から二輪戦車を牽くために、また戦争での兵器としても用いられてきた。インドのマウリヤ朝のチャンドラグプタ王は九〇〇〇頭のゾウ軍団を保有していたと言われている。アレクサンドロス大王は紀元前三二六年のインド遠征で軍象と戦った。アジアの王たちは君臨当初からゾウに乗って狩りをし、自らの地位を見せつけてきた。東南アジアでは、現在でもゾウは林業の労働力となっている。野生のゾウと農民が共生する土地では、どこでも農作物の優先権をめぐって軋轢《あつれき》が生じる。ヒトはゾウの行為を農作物の略奪と呼ぶ。ゾウのほうはドライブスルーの食事のつもりでいるにちがいない。ゾウのことを知っている地域では、ゾウは力と知力、誠実さ、権力、統率力、そしてもちろん長寿の象徴とされている。怒りに燃える農民たちにとってはそうではないだろうが……

知能の定義はどうであれ、ゾウは知能が最も高い哺乳類のひとつだ。ゾウの優れた記憶力については昔からつとに知られているが、それればかりか学習能力にも優れ、さまざまな道具を使うことができる。言っておくが、あの長い鼻自体、なかなか大した道具だ。上唇と鼻が一体化したものがとんでもなく長く伸びたもので、骨も関節もなく、六万もの個別の筋肉で構成されていて、強さと柔軟性、そして驚くべき器用さを兼ね備えている。わたしたちの鼻と同様に呼吸と、バラの香りを嗅ぐのにも使われる。深い水のなかを進むときにはシュノーケルになる。ものを摑んだり持ち上げたり、食べたり飲んだり、水浴びをしたり、自己点検をしたりするのにも使われる。人間からすれば、むしろ鼻よりも手に近い。四〇〇キログラムもの重量を持ち上げられるし、ピーナツの殻をそっと割ることもできる。わたしなんか、いたずら好きなアフリカゾウの仔に、ヒップポケットに入れてあった財布を抜かれたことがある。いつかどこかで披露するにはうってつけの雑学ネタだが、アフリカゾウの鼻の先端にはふたつの小さな筋肉の出っぱりがあり、これをミトンをはめた手のように動かして細かいものを摑む。アジアゾウにはその出っぱりがひとつしかなく、これで摑みたいものを包み込む。言ってみれば親指のないミトンだ。木の枝に手を加えて道具に変え、ハエ叩きや孫の手として使ったり、また掘った穴を塞いだり、鼻を伸ばしても届かない高さのものを取ったりする様子が目撃されている。

牙も道具と見なすことができる。穴を掘り、ものを削り取り、低木を払い、そして武器にもなる。人間の利き手のように、ゾウも二本ある牙のうちの片方をよく使うので、その〝利き牙〟はもう一方よりすり減って短くなる。アフリカゾウはオスにもメスにも牙があるが、一般的にオスのもののほうが太い。アジアゾウでは、まれな例外を除いてメスに牙はない。

ゾウの牙は歯で、大きさと形状以外はヒトのそれと変わらない。ヒトの歯がゾウの牙と同じ大きさだったら、これまたゾウと同じように密猟されるかもしれない。象牙は門歯が変形したもので、齧歯類の門歯と同じく一生伸びつづける。大きめのゾウは象牙も大きくなり、過去には全長三メートルに達し、重さは一〇〇キログラム近くになった。しかしハンターたちが大型のゾウを好んで狩るという事態が何世代にもわたって続いたため、象牙と、おそらく個体の大きさは遺伝的に小さくなった。ゾウであれセイウチであれカバであれマッコウクジラであれ、そしてヒトであれ、その象牙質はクリーム色で美しく耐久性があり、彫っても割れない。古来、象牙には彫刻が施され、さまざまな装飾品に加工されてきた。時代が下ると装飾品以外にもビリヤードの球やピアノの鍵盤やドミノ、そして素晴らしい皮肉だが入れ歯の素材として使われてきた。人間の象牙への欲望は、世界中でゾウの個体数激減を招いた。この事実が一九世紀初頭からわかっていたことは、この時代のニユーヨークのあるビリヤード球製造業者が象牙がなくなるかもしれないことに気づいて、象牙の代用品の考案者に一万ドル（現在の貨幣価値に換算すると二〇万ドル）の懸賞金をかけたことからも明らかだ。代用品の発明はジョン・ウェズリー・ハイアットが一八六九年に成し遂げたが、懸賞金をもらったかどうかはわかっていない。現在、象牙から作れるものはすべて合成素材でも作ることができ、ありがたいことに象牙の国際取引は禁止されている。

その優れた知性のおかげで、ゾウは広範囲の土地を頭のなかの地図で把握することができる。水場や餌の在り処、そこまでの最適な経路を憶えている。危険が潜んでいる場所も憶えていて、そこを避ける。家族のそれぞれを視覚もしくは嗅覚で識別し、その家族に最後に遭遇した場所も憶えておくことができる。死んで何年にもなる親戚のにおいさえ憶えている。一頭だけではできない作業を、互いに協力して行う方法を編み出すことができる。仕込めば、さまざまな物体を見分けることができ、数の概念についてもいくらか理解する。サーカスでは、野生のゾウが絶対にやらない逆立ちなども含めて何十もの芸を憶える。鏡のなかのゾウが自分だとわかっている。つまり自己認識能力があるということだ。これは比較心理学者たちのあいだでは、ヒトと大型類人猿、イルカ、カササギ、魚のソメワケベラ、タコだけが持つ、極めて高度な知能の証と考えられている。まあ、タコの場合はまだよくわからないが。わたしが何より見事だと思うのは、ゾウが声だけで、ひょっとすると人間の言語のちがいを認識して、ゾウを狩る部族とそうでない部族の人々を区別できることだ。[1]もっとも、脳の大きさがわたしたちの三倍あることを考えれば、どれも驚くようなことではないのかもしれない。

　ゾウの巨体にはさまざまな利点がある。まずひとつ明らかなのは、ライオンやヒョウ、ハイエナ、トラなどの大型肉食動物がひしめいている環境で生きているにもかかわらず、成獣のサイズになればゾウガメと同様にヒト以外の捕食者をまったくと言っていいほど気にしないことだ。また、水場などではライオンやヒョウ、さらにカバでさえ充分なスペースを譲るので、生存に不可欠な物資を思いどおりに得ることができる。巨体ゆえにこうむるダメージを理解し、どこに足を置き、どれだけの体重をかければいいのか細心の注意を払う。ゾウの成獣たちは堅固な円陣を敷き、仔ゾウをなかに入れて危険から護る。一方、ゾウに害をなそうとすれば、どんな動物であれ確実に危険な目に遭う。何年も前のことだが、ケニアのアバデア国立公園でサイが仔ゾウを攻撃し、さらにこのサイが仔ゾウの家族の成獣たちに即座に踏み殺される様子が目撃された。映画業界で動物調教師として働いていたときのことだが、一度わたしの足がテレビドラマ『地上最強の美女バイオニック・ジェミー』の主演女優の足の代役を務めたことがある。脚本では、サイボーグの彼女はゾウに足を踏まれても気づかないということになっていた。監督は、自分の作品のヒロインに怪我をさせるわけにはいかないと判断し、わたしの足に役をくれたのだ。右足の出演料は大学院進学の資金の足しになった。ちなみに撮影のとき、そのゾウは実際にネコ顔負けの軽やかさでわたしの足に触れた。

　ゾウの巨体には代償も伴う――体の可動範囲が狭くなるのだ。肘と膝の動きは限られている。小走りも疾駆もジャンプも前肢の回転もできない。こうした動きをすると肘と膝の関節が痛み、動物のなかで最も太い肢の骨が折れてしまいかねない。小さなジャンプやねじりでも負荷が大きすぎる場合がある。走る様子はむしろ競歩のように見えるが、かなり高速の競歩なので追い越せるなどとゆめゆめ思ってはならない。重力は巨体の敵になり得る。林業に携わるゾウのおもな死因は転倒だ。木に登ろうとするゾウは、ドクター・スースの絵本に出てくる〈ホートン〉だけだ。自然環境下では、カロリーがかなり低く食物繊維の多い草や木の枝や樹皮などを餌にしているので、大きな体を支えるだけのエネルギーを生み出すために、起きている時間の最大七〇パーセントを食べて過ごし、この栄養価の低い餌を毎日一〇〇キログラムから一八〇キログラム摂取しなければいけない。

三種それぞれで細かいところは異なるが、野生のゾウは強い絆で結ばれたメスの成獣の親戚と、その仔と幼獣からなる社会集団を構成する。メスは成熟しても家族集団に残るが、オスは成熟に近づくと家族と過ごす時間がだんだん少なくなり、ついには集団を離れて独り暮らしをするか、独身ゾウの群れでゆるやかな社会生活を送る。独身ゾウたちは、妊娠の準備が整った生殖可能なメスを見つけるべくメスのグループに加わることがある。しかしお相手はめったに見つからない。ケニアのアンボセリ国立公園での五〇年近くにわたって続けられている調査では、研究者の計算によればメスは三年から九年ごとに、たった三日から六日しか生殖可能にならない。父親になりたければ注意を払い、準備を整えておく必要があるのだ。

一定の範囲内にいるオスの成獣たちは互いのことを知っていて、そこに多くの場合でサイズで決まる優勢順位が存在する。慎重を期して〝多くの場合〟としたのは、オスのゾウはほかの哺乳類には見られない謎の行動を見せるからだ。この行動は〈マスト〉と呼ばれる。マストの状態にあるゾウは、飼育下であっても調教師や飼育者にとってかなり危険だ。運悪く近くにいた動物も危ない目に遭うことがある。マストは発情による狂乱状態とされることもあるが、わたしはどちらかというと性的な不機嫌ととらえている。イギリスの作家ジョージ・オーウェルの、植民地主義の悪徳を描いた有名な短編『象を撃つ』で、宗主国イギリスからビルマに赴いた若い警察官が、普段はおとなしいがマストでちょっとおかしくなってしまったゾウを撃ち殺してくれと、怯えた村人たちから頼まれる。このゾウは鎖を壊して——飼われているゾウはマスト期が終わるまで鎖で繋がれることが多い——家を一軒と果物売りの屋台をいくつか壊し、牛を一頭と、まずいときにまずい場所にいた不運な男を殺していたのだ。

マストがいつ起こるのかを予測することは難しく、若いオスはとくにそうだ。メスがいると起こりやすいが、いれば必ず起こるというわけでもない。オスがマスト期にあることは、分泌物が頬から盛んに滴《したた》り、ペニスから臭い尿が垂れ、ほぼ何にでも攻撃的な態度を取ることからわかる。マスト期にはテストステロン値が一気に上昇する。そして体の大きさに関係なく一時的に優勢順位のトップに駆け上がる。わたしはこれを〝あいつに気をつけろ、まともじゃない〟症候群だと思っている。とはいえマスト期はオスにとっては難行で、眼に見えて体重が落ちてしまう。自然環境下では、マスト期のオスは餌とりの時間を犠牲にしてでも妊娠可能なメスにぴったり張りつく。理由は簡単、怒りっぽくてペニスから臭い尿が垂れ、頬が体液まみれのオスの誘惑に勝てるメスがいるだろうか？　ほとんどの仔ゾウはマスト期のオスが父親だ。

さすがに大型動物だけあって、ゾウは成獣になるまで時間がかかる。子宮内での発達に、陸棲哺乳類で最長の二二か月近くをかけ、生まれた時点で体重は一〇〇キログラム前後に達する。授乳期は三年ほど続き、その先どうなるかは餌の量と質、そして母親が次の仔をいつ産むかによって大きく変わる。ほとんどの動物では、未成熟の個体の成長速度と性成熟に達するタイミングは、全般的な健康状態とともにエネルギー収支——餌の摂取量と、餌の獲得に要する労力の比率——にかなり敏感に左右される。これが顕著に当てはまるのは、エネルギー収支と食事の質が成熟年齢に多大な影響を与えるヒトだ。初潮を迎える年齢は記録が容易だ。初潮年齢は文化によって大きく異なり、たとえばセネガルやバングラデシュなど、エネルギー収支の点で生活が大変な土地でおよそ一六歳、欧米の場合は一二歳と、かなり幅がある。[2] 例外が原則の証明に役立つ。体操や水泳といった、高負荷の身体的トレーニングを行う少女は、それほどの運動をしない友達に比べて初潮の到来が遅くなる。これは性的成熟には一定の体脂肪率を必要とするからかもしれない。男子は女子より全体的に成熟が遅いが、性的成熟が早まっている近年の傾向は男子にも当てはまる。

ゾウの幼獣と成獣の成長、生殖、そして寿命を理解するためには、アジアゾウとアフリカゾウを分けて考えなければいけない。どちらのゾウも飼育下での繁殖は難しい。野生ほど安定して番うこともなく、長くも生きないのだ。アジアゾウとアフリカゾウは成長も成熟も、さらに老化の様子もやや異なる。最も重要なのは、どちらのゾウについても多くのことがわかっているとはいえ、その内容はそれぞれで非常に異なる状況下でつかんだものだということだ。

ゾウにＬＳＤを与えるとどうなる？

一応は科学実験と呼ばれるもののなかで最も常軌を逸していると思われるのは、ゾウとマスト期についてのある実験だ。[3] ゾウの寿命に直接関係する話題ではないが、どうしてもここで述べておきたい。この実験は一九六二年に世界有数の著名な科学誌で発表されたのだが、その内容は一九六二年以降の科学の進歩を示すものだとしか言いようがない。

研究者たちは、表向きはゾウの飼育者を危険から護る一助とするべく、マストを理解しようとしているということだった。どうやったらいい？　一九六〇年代なのだから「このオスに幻覚剤のＬＳＤを与えて、マスト期みたいに行動するか調べてみよう」となったわけだ。なるほど、イカす実験だ。

問題は、ＬＳＤをどれだけ投与すればゾウがおかしくなるか、というところだった。人間に「鮮烈な幻視と、精神に異常をきたしたような、著しく錯乱した思考や行動」を引き起こす量にするのか、それともネコに「一時的な怒り」を生じさせるのに必要な、もっと多い量か？　よし、ネコの量でいこう。ゾウの体重はネコの三〇〇〇倍くらいだから、ネコに与える分の三〇〇〇倍にしよう、ということになった。

体のサイズが大きくなると、代謝などの生命活動のほぼすべてが遅くなるということを、彼らは思い出すべきだったかもしれない。が、思い出さなかった。

当然ながら、事は狙いどおりにはいかなかった。ＬＳＤが投与されるなり、〈タスコ〉という名前のかわいそうなゾウはふらつき始め、足取りがおぼつかなくなり、脱糞し、発作を起こして倒れ、二時間も経たずに死んだ。マスト期の兆候は見られなかった。わたし個人としては一九六〇年代は愉しい時代だったが、問題もあったということだ。

アジアゾウ

アジアゾウの長寿についてわかっていることの大半は、伐木の搬出に使われる半飼育下の個体のものだ。アジアゾウは比較的おとなしく、さまざまなことを教え込めるので、東南アジアでは一九世紀から林業に欠かせない労働力になっている。その当時は今よりずっと多くのゾウがいた。近年は生息地の環境破壊、人間との対立、そして価値の高い象牙のために個体数は激減している。ミャンマーの伐採拠点ではゾウを使い、欧米の富裕層向けの瀟洒《しょうしゃ》な家具の材料となる価値の高いチークを選んで伐採している。[4] ゾウを使うと、機械による伐採よりも森林へのダメージがずっと小さい。ミャンマーでは最も素晴らしく最も価値のある自然の贈り物だとされているゾウだが、この国でもほかの土地でも、林業での利用は減少している。

〝半飼育〟とは、飼い主が餌やりも選抜交配もしないことを意味する。一日の仕事が終わると森に野放しにされ、自分で餌を探すことになる。そのあいだに交尾したり喧嘩したり、余所《よそ》の現場のゾウや野生のゾウと交流することができる。善意に厚く知識に薄い動物保護活動家の話とは異なり、林業に携わるゾウもサーカスのゾウも大抵はいい扱いを受けている。ゾウの良好な健康状態が飼い主に経済的利益をもたらすのなら、扱いもよくなるというものだ。

ミャンマーの林業の現場では、ゾウはつらい仕事を担っている。ぬかるんだ斜面という難儀な土地で伐採された木を運ぶ。伐木を頭で押し、小径《こみち》を引きずって川まで運ぶ。伐木は川の流れに乗せられて市場へと送られる。ゾウは必要とあらば川に入り、溜まっている伐木を取り除く。仕事量はきっちりと管理されている。成獣になるまでは一人前の荷物を与えられることはない。仕事の量と種類と休息時間は、年齢と体の大きさ、体調によって決められる。さらに、一年で最も暑い乾季には仕事は完全に休みになる。老いが見えるようになると仕事量は減らされ、五五歳で定年を迎え、当然の権利としてゆったりとした余生を過ごす。全体として、ゾウたちはミャンマーに暮らす多くのヒトよりいい扱いを受けているのかもしれない。

アジアゾウの生活史と寿命を理解する上で最も重要になるのが、ミャンマーで林業用に訓練された数千頭の個体は、一頭ずつ登録番号と名前を付けることが法律で定められているところだ。出生年月日と出生地、そしていつ、どのように死んだかが詳細に記録されている。自然環境下で生まれた場合は、推定年齢と捕獲場所、捕獲方法が記される。若いゾウの推定年齢は、経験を積んだ作業員が調べればかなり正確にわかる。獣医師たちには数千頭の個体の記録を収めた登録簿を作成し、林業に携わるゾウの正式な所有者である政府への年次報告が義務づけられている。

では、伐木を運ぶ半飼育下のアジアゾウの何千頭もの記録から何がわかるのだろうか？

アジアゾウの一生の様子がオスとメスでかなり異なることはわかっている。成獣のオスはメスよりも体高が一〇パーセント高く、体重は三〇パーセント重い。しかしサイズの差は年齢とともに広がる。ずっと大きいにもかかわらず、メスの一生の軌跡は現代のヒトのメスのそれと不気味なほど似ている。ゾウのメスは初経に当たる身体的な性的成熟を一〇歳から一二歳で迎えるが、思春期の少女と同じく、この年齢での生殖能力は低い。ミャンマーの伐木搬出用のゾウは二〇歳ほどで生殖能力が最も高まる。ヒトに似て、多くのメスは生殖を三〇代で終えるが、その後も続ける個体もいる。ゾウには閉経がないため、ヒトより長く生殖を続けることもある。六〇代で仔を産むものもわずかだがいる。

とはいえ、伐採拠点でのゾウの生活を楽観視したくはない。当然ながらストレスはあり、自然環境下で生まれたのちに捕獲された個体はとくにそうだ。捕獲されるのは平均年齢一一歳の若いゾウだが、五歳のものもいれば二〇歳のものもいる。捕獲による精神的外傷はどうやら一生続くらしく、捕獲された個体は飼育下で生まれたものに比べて生殖がそれほどうまくいかず、寿命も短い。

伐採拠点でのゾウの幼獣死亡率は、一見すると高く見えるかもしれない。生後一年以内に一〇パーセントほどが死亡し、五年までには四分の一から三分の一が死ぬ。しかしこの数字は、ヨーロッパの一八世紀から一九世紀にかけてのヒトの乳幼児死亡率とほぼ同じだ。さらに言えば野生のアフリカゾウの幼獣死亡率にも近く、動物園での数字の約三分の一だと知ったらどう思われるだろうか。

オスのアジアゾウについては話が少しちがってくる。オスの体の成長は、メスに比べると少し遅い。一〇代の前半に最初のマストを経験するが、通常は二五歳くらいになるまで生殖に成功しない。二〇代で体高は成長限界に達するが、体重は生涯増えつづける。これは体長のほうは伸びつづけるからかもしれない。オスの一生を理解する上で、体の大きさは不可欠な要素だと言えよう。体の大きさはオス同士の優勢順位に関係し、その地位によってどの個体が生殖できるかが決まっているからだ——少なくともアフリカゾウについては。アジアゾウでも同じだと思われているが、こちらのゾウについてわかっていることのほぼすべては、人工的に形成された群れで生活する、飼い慣らされて訓練され、本来の社会的関係がとんでもなく乱れている個体たちから得られたものだ。

アジアゾウの寿命についてはどこまでわかっているのだろうか？　動物園で人気の長寿動物のご多分に漏れず、ゾウについてもとんでもなく長生きした個体の、眉唾ものだが面白い話がいくつか転がっている。おそらく最も有名なのは〈林旺《リン・ワン》〉という、第二次世界大戦中にビルマで日本軍が使役して大砲を運ばせていたとされるオスだろう。その後〈リン・ワン〉は、ビルマに侵攻した中国国民党軍に仲間たちとともに捕らえられた。その後は国民党軍とともに連れられて雲南の山岳地帯を越えて中国に連れていかれたが、その道中で仲間の半分が死んだ。ビルマから中国への山越えを勇敢にも乗り切ると、今度は戦没者慰霊碑の建立や戦後の飢饉救済の募金活動など、さまざまな仕事をした。一九四〇年代末に共産主義者たちが中国を制圧していくと、また国民党軍に連れられて台湾に逃れた。最終的に国民党軍は〈リン・ワン〉を台北動物園に寄贈し、波瀾万丈の人生を歩んできたゾウとして一番人気になった。一九八三年から八五歳とされる超高齢で亡くなる二〇〇三年まで、〈リン・ワン〉の誕生日パーティーが毎年開かれ、何千人もの来園者と地元の政治家たちを集めた。

まあ、ここは話半分に聞いておいたほうがいい。どうしてか？　ひとつには、現代の動物園や伐採拠点にいないかぎり、ゾウに身分証明書が発行されないことがある。〈リトル・プリンセス〉という一五七歳の動物園のゾウが、生涯のどこかでアフリカゾウからアジアゾウに変身するという奇跡を起こしたことを憶えているだろうか？　二〇〇三年に台北動物園で死んだ〈リン・ワン〉が、第二次世界大戦から第二次国共内戦にかけての混乱の時代をくぐり抜け、ビルマからいくつも山を越えて中国本土へ、さらに台湾へと渡り、そのあいだにさまざまな偉業を成し遂げただなんて、どれだけ頑張って信じようとしても信じられるものではない。それに〈リン・ワン〉が八五歳で亡くなったのだとすれば、国民党軍が日本軍から奪取した時点ですでに二六歳だったことになる。大戦前はどこにいたのか、何歳だったのかについては何の手がかりもない。最後に言っておくが、〈リン・ワン〉はオスだ。ゾウについてわかっていることはもうひとつあって、それはヒトと同じで、オスよりメスのほうが長生きするということだ。大法螺だと判明している長寿の人間の話のほぼすべてで――後述するが、これが山のようにあるのだ――そう吹聴していたのは男性だ。ゾウに関しても同じことが言えそうだ。

真面目な話、半飼育下のアジアゾウの寿命について本当にわかっているのは、動物園の個体よりずっと長く生きるということくらいだ。[5]　先に述べたように、ゾウは動物園ではあまりうまく生きられないのだ。また、メスの成獣はオスに比べて老齢になってからだけでなく、生涯を通じて死亡率が低い。これもやはりヒトの傾向にそっくりだ。生殖が可能になったメスの一〇頭に一頭程度が七〇代まで生き、疑う余地のない出生記録がある個体のなかで最高齢のメスは八〇歳の手前まで生きた。これもまた、狩猟採集生活をしていた太古の昔のヒトの最高齢に近いと思われる。しかし図体のでかいアジアゾウのＬＱは一・七ほどにしかならない。ゾウは体の大きさから予想されるよりは少し長く生きるものの、長寿のコウモリや穴居性齧歯類には遠く及ばない。その一方で絶対年数から見れば、陸棲哺乳類でアジアゾウより長生きするのはヒトだけだ。その体の大きさと、このかなりの長寿を考えれば、がんに対抗する立派な防御機構を備えているはずだ――ヒトよりずっと優れているものを。この点については少しあとで取り上げる。とりあえず先に、アジアゾウについてわかっていることと、アフリカゾウについてわかっていることを比べるとどうなるのかを見ておこう。

アフリカゾウ

歴史を遡れば、アフリカゾウは地中海から喜望峰までのアフリカ大陸全体を闊歩していた。一時は二〇〇〇万頭以上が生息していたと思われるが、アジアゾウと同じく個体数は激減している。その理由も同じだ――生息地の減少、人間との争い、そして人間の象牙への欲望。

アフリカゾウの生涯については、まったくの自然環境下で詳細に研究されている。最も長期にわたり最も徹底した調査は、ケニアのアンボセリ国立公園で一九七二年に始まったもので、現在でも続けられている。[6] 体の大きさについては、アフリカゾウのほうがアジアゾウよりも性差が大きく、この差はやはり年齢とともに広がっていく。ほぼすべての哺乳類と異なり、オスもメスも生涯成長しつづけるが、オスのほうが大きく、早く成長する。四〇歳のオスは二〇歳だったときに比べて体高は三〇パーセントも高くなり、体重は倍になる。

メスについてはアジアゾウと同じで、体はヒトよりずっと大きいにもかかわらず、生殖生活はヒトのメスとそれほど変わらない。一般的に一〇代なかばで最初の仔を産み、二〇歳から四〇歳にかけて生殖能力が最も高くなり、その後は次第に落ちていく。やはりアジアゾウと同じく、わずかだが六〇代になっても出産するメスもいる。野生のアフリカゾウの幼獣死亡率は、ミャンマーの伐採拠点や一八世紀から一九世紀にかけてのヨーロッパのヒトとあまり変わらない。

一方でオスのアフリカゾウは、ほぼすべての哺乳類と異なる生殖パターンを示す。ほとんどの哺乳類で、オスの成獣は若い段階で体力がピークに達し、メスに近づく権利もそこに集中するので、仔をもうけるのは大抵は若い成獣だ。これをわたしは〝若年種馬現象〟と呼んでいる。しかしアフリカゾウのオスは年齢とともに成長を続け、ほかのオスに対する優位性を強めていく。年齢とともに毎回のマスト期も長くなり、それにつれて優勢順位も上がっていく。メスも歳を取ったオスを好むようだ。したがってオスは生殖能力のピークを四〇代後半から五〇代前半に迎える。こっちは〝熟年種馬現象〟とでも呼ぶべきか。さらには、最初のマストを経験するのも三〇歳前後になってからだ。しかし熟年種馬には代償がともなう。マストは激しい肉体的な消耗がともなうことを思い出してほしい。マスト期になると体重は見るからに減り、歳を取れば取るほどマスト期も長くなるので、とくに負担が大きくなる。生殖能力がピークに達する年齢まで生き延びるオスはほとんどいない。

五〇年にわたる研究のおかげで充分なデータが蓄積され、アフリカゾウの平均余命を算出できるようになった。野生種で平均余命がわかるものはごくわずかだ。自然死する（つまり人間を死の原因としない）オスの平均余命は零歳時点で三七・四年だ。約三〇パーセントが五〇代まで生き、今のところ六〇代半ば以上長生きしたものはいないみたいだ。ヒトと同じで、超長寿はメスの独壇場になっているらしい。

ちょうど〈平均余命〉について触れ、これからゾウの平均余命とヒトの狩猟採集生活時代のそれを比べるので、平均余命のなんたるかとその意味を――そして意味しないことを――説明したほうがいいだろう。平均余命をひと言で表現すれば、個体が死ぬまでの年数の平均値だ。零歳時点での平均余命が平均寿命となる、つまり大雑把に言えば、生まれたばかりのものも含めて、すべての個体の平均死亡年齢のことだ。しかし平均余命は零歳以外でも計算できる。たとえば五〇歳時の平均余命は、五〇歳以上のすべての個体の五〇歳から死亡時までの年数を平均したものだ。

平均値は何でもそうだが、平均余命は年齢の分布が釣鐘形になるときに最も有意になる――つまり一般的な年数をあらわすことになる。釣鐘形の場合、平均値と中央値と最頻値が同じになる。しかし平均余命では小さな数字が多い場合、つまり幼体の死亡が多い場合は成体の死亡年齢をあまりあらわしていない。幼体の死亡が多ければ平均余命は若い年齢に偏り、老化にともなう死についてはあまりわからなくなる。このことは、ヒトも二〇世紀後半まではかなり若い段階で死を迎える場合が最も一般的だったことから見て、重要な意味を持つ。これは今も残る狩猟採集社会を含めて、科学技術の光が射していない地域では現在でも当てはまる。ここから何が言いたいかというと、アフリカゾウのオスの平均寿命が三七・四歳で、アフリカ東部の狩猟採集民族ハヅァ族の男性の平均寿命が三〇・八歳だとしても、ゾウの成獣がハヅァ族の成人より長生きするとはかぎらないということだ。実際、それは事実とは異なる。たとえば一五歳以上の平均余命はハヅァ族のほうが長く、最高齢のハヅァ族は最高齢のゾウより高齢だ。平均寿命の差が実際に意味するところは、ゾウよりハヅァ族のほうが乳幼児（幼獣）死亡率が高いということだ。ヒトの寿命の歴史を論じるうえで、これは重要なちがいだ。しかし今のところは、オスのゾウとヒトの男性は自然環境下では死亡時の平均年齢は大きく変わらないことにだけ注目しておこう。

では、メスのアフリカゾウの寿命はどうだろう？　野生の個体群のうち自然要因で死ぬものについては、今のところ平均寿命は四六・七歳となかなか素晴らしく、最高齢のメスは歯の擦り減り具合から七四歳と推測されている［図9－1］。一九八〇年代初頭からアンボセリ国立公園の調査プロジェクトに参加しているスターリング

［図9-1］確認されているなかで最長寿のアフリカゾウの一頭、〈バーバラ〉。アンセボリ国立公園のゾウ調査プロジェクトの対象のなかの一頭で、この写真が撮られた時点で60歳と推定されている。彼女は2020年に推定74歳で死んだ。 Photo courtesy of Phyllis C. Lee, Amboseli Trust for Elephants.

大学のフィリス・リー名誉教授によれば、七四歳という寿命は野生のアフリカゾウの最高寿命の近似値として妥当だと思われるという。したがってアフリカゾウの最高寿命はアジアゾウの八〇歳にかなり近く、陸棲哺乳類で三番目に長寿ということになる。ちなみにLQに換算すると一・六しかなく、体が大きいためアジアゾウの一・七に比べてやや小さくなる。ゾウは同じサイズの平均的な哺乳類より長く生きるが――ゾウ並みに大きいものがいるとして――地元の新聞の編集部宛てに手紙を書きたくなるような長寿ではないということだ。

ゾウの寿命を語るうえで、歯のことに多少なりとも触れないわけにはいかない――そう、歯だ。ゾウの頭部にくっついている歯で珍しいのは牙だけではない。ゾウだって咀嚼《そしゃく》をしなければならない。わたしたちヒトは二セット分の歯を持つ。乳歯が、下から生えてくる永久歯に押し出されて置き換わる。ゾウの歯も複数のセットがある。ゾウはおもに上下の顎の左右一本の臼歯だけで噛む。餌にしている草や木の葉と枝、そして樹皮はかなりざらざらしているので歯は擦り減る。しかしゾウの歯は下ではなく奥から生え替わる。新しい歯は顎の後部から出てきて、ベルトコンベヤーに載せられているかのように、その前にある歯を押し出す。ここに寿命との関わりがある。ゾウの臼歯は六セットしかない。そのうち四セットは、大抵は大人になるまでに失われる。普通は四〇代前半になるまでに五セット目がなくなるので、残りの生涯は最後の六セット目の臼歯でざらざらした餌を噛むしかない。この最後の臼歯が擦り減ってしまうと、摂食が次第に困難になる。スープも入れ歯もない。ゾウの寿命を決めているのは歯、というよりも歯の磨耗なのかもしれない。

ゾウとがん

ゾウの体重はヒトの五〇倍から一〇〇倍にもなる。したがって、ゾウはヒトの五〇倍から一〇〇倍の数の細胞を持ち、それらすべてがん化する可能性を抱えている。第一近似値として、ゾウの寿命はヒト、とく産業革命以前の人間と同程度だ。であれば、ゾウはがんになりやすいのだろうか？　そうでないのなら、ゾウからがん予防について学べることがあるだろうか？　あるのかもしれない。実は、ゾウには独自のがん予防法があるのだ。

　前述したとおり、ＤＮＡは長々と並んだ四つの〝文字〟からなる言語だ。この文字の並びがエンドウマメ《pea plant》なのかクジャク《peacock》なのかヒト《person》なのかを決め、どんな種類のエンドウマメやクジャクやヒトなのかも決めている。ゲノム解析にかかる費用が下がったおかげで、さまざまな種のＤＮＡ解析が続々と始まり、これまでに一〇〇種以上の哺乳類が解析されているが、そのなかにはやたらと人気があるがたまたま絶滅してしまっているネアンデルタール人、ケナガマンモス、マストドンも含まれる。三〇億文字というヒトのゲノムは、哺乳類のなかではごくありふれた長さだ。哺乳類のなかで最も短いゲノムを持つのはコウモリで、ヒトの三分の一ほどしかない。最長のものはある齧歯類で、ヒトの三倍ほどにもなる。その齧歯類とは、アルゼンチン産の有名なメンドサビスカーチャネズミ（*Tympanoctomys barrerae*）だ。

　ヒトには、がんに対する最終防衛ラインになってくれる〈がん抑制遺伝子〉と呼ばれる遺伝子が数多く備わっていることを思い出してほしい。最もよく研究され、おそらく最も重要ながん抑制遺伝子で、がんの予防についてゾウが何かしらを教えてくれる遺伝子には、TP53というぱっとしない名前がついている――TPはがん抑制たんぱく質《tumor protein》、53はサイズを示している。“ゲノムの守護神”という派手なふたつ名を持っているTP53は、細胞のDNAの損傷を検出し、その対応の司令塔になる。損傷が修復可能なら、TP53は細胞分裂を一時停止させ、DNA修復機構が仕事をする時間を作る。修復不可能なひどい損傷ならば、自殺スウィッチを入れ、あるいは細胞に青酸カリのカプセルを渡し――お好みの比喩を選んでいただきたい――細胞は死に支度を整え、すみやかにきれいさっぱり死ぬ。自殺した細胞は、損傷を受けていないほかの細胞のコピーで置き換えることができる。

がん予防におけるTP53の重要性は、不運にもひとつのコピーが変異した状態で（つまり、不活性の状態で）生まれてきた、リ・フラウメニ症候群というまれな病気の患者を見ればわかる。この遺伝疾患を抱える人はさまざまな小児がんを発症し、生涯を通じてのがん罹患リスクは男性で七三パーセント、女性だと一〇〇パーセント近くになる。わたしたちの大半は細胞のなかにふたつの完全なTP53を持って生まれてくるが、それらは時間経過と細胞分裂の繰り返しとともに変異する可能性がある。ヒトのすべてのがんのうち、半分以上が変異したTP53を持つ。

ゾウはヒトほどにはがんにならないことはわかっている。むしろがんにかかるゾウは少ない。ただし、ゾウは動物園ではそれほど長生きせず、これまでゾウの死後解剖検査のほぼすべてが動物園の個体のものだということはつけ加えなければならない。がんは老化が引き起こす病気なので、老年まで生きることが一般的でない状況下では、がんは少なくなる。人間の一九〇〇年時点のがん罹患数は現在より少ないが、それは今を生きるわたしたちが環境汚染が進んでいる世界に生きているからではなく、当時の人々は今ほど長生きしなかったからだ。いずれにせよ、ゾウがヒトよりがんになりにくいのは明らかだ。

どうしてそんなことができるのだろうか？　わたしたちは母親と父親からそれぞれからひとつずつＴＰ53のコピーを受け継ぐ。アフリカゾウは、すべての哺乳類と同じようにひとつに、一九個の予備を加えた二〇個を持っている。実際は、予備のいくつかは不活性になる変異を持っているので、一九個すべてが機能するわけではない。細胞の保護に不可欠な遺伝子の予備が複数あるという利点は、自然界ではずっと昔に見いだされていたと思われる。[7]ＴＰ53がゲノムの守護神なら、そのゲノムは神々の小隊に護られている。アフリカゾウより小さなアジアゾウの場合、予備のＴＰ53は一二個から一七個だ。ゾウのＴＰ53の機能は、シャーレに入れたゾウの細胞を内部のＤＮＡを意図的に傷つけて調べることで解明された。この実験で、ヒトの細胞に比べてゾウの細胞ではより低度のＤＮＡ損傷でＴＰ53が起動し、細胞死のスウィッチを入れる。ゾウの細胞の自殺スウィッチはものすごく敏感なのだ。マウスの細胞にＴＰ53を追加すると、やはり自殺スウィッチが敏感になり、ゾウの細胞が自殺しやすい理由はＴＰ53の予備の多さにあることが判明した。ほかの長寿の種の長生きの秘訣を人間の健康改善に役立てたいのであれば、こうした詳細な実験が必要だ。ゲノム解析だけでよしとするわけにはいかない。

自然には無尽蔵の発明力が備わっている。ゾウのがん耐性の全容解明はまだまだ先のことだが、出だしは順調だ。面白いことに、やはりがん耐性が著しく高く、その理由の少なくとも一部は細胞死がすぐに引き起こされることにあるメクラネズミ属は、別の手を使ってがんを回避している。ここでもすべての答えが出そろっているわけではないが、メクラネズミ属にはＴＰ53の予備はなく、代わりにＴＰ53遺伝子にいくつかの変化があり、それが高いがん耐性をもたらしていると思われる。クジラも、体のサイズと寿命からしてゾウよりさらに優れたがん耐性を有しているはずだ。自然はどうやら、クジラについては別の技を用意しているみたいだ。

生化学者のレスリー・オーゲルの口癖は〈進化はあなたより賢い〉だった。もちろんこの言葉が意味するところは、進化は何兆もの動物を数十億年にわたっていじくりまわしてきたので、そのなかで人間の演繹的理論では見つけられそうにない方法を発見してきたはずだということだ。がん耐性は、自然が少なくとも六億年にわたって取り組んでいる問題だ。ゾウガメやゾウやクジラや穴居性齧歯類などの自然の成功譚《たん》を学べば、わたしたち自身のがん耐性を高める新手の技を発見できるのかもしれない。

10章　霊長類の大きな脳

ヒトの自慢の種は大きな脳だ。親指がほかの指と向かい合わせになっていて、ものが摑みやすい拇指《ぼし》対向性も自慢だが、こちらの特技は大抵の霊長類や木に登るさまざまな哺乳類も持ちあわせている。実際、コアラは両手に親指が二本ずつあり、木登りならわたしたちよりかなりうまい。ほぼすべての霊長類は足の親指も向かい合っていて、やはりわたしたちより木登りが格段に上手だ。そういうわけで、拇指対向性はヒトだけの特徴ではないが、その脳、そしてヒトに最も近い親類であるサルと類人猿の脳はほかに類を見ない。ヒトの脳は驚くべき能力をわたしたちに与えてくれた。アフリカの熱帯草原《サヴァンナ》に興《おこ》ったヒトは大地を、空を、そして海を支配し、さらには地球外空間の支配にも乗り出している。ヒトの脳は農業、芸術、そして科学技術の発明を可能にした。その科学技術は、よくも悪くも地球を一変させた。今では世界中の図書館を手のひらに収めることも、情報を一瞬にして世界中に発信することも、そして太陽系外からほんの数時間で送り返すこともできるようになった。この惑星に毒を盛り、わたしたちと地球上のほかのすべての生き物を皆殺しにする力まで発達させた。こちらは鼻高々に自慢できる偉業ではないかもしれないが。わたしたちの脳は無から生まれたわけではない。祖先の霊長類から受け継ぎ、そして拡大させてきたものだ。霊長類は、哺乳類が大きな脳を持つとどうなるかという進化史上初めての実験だったのだ。

霊長類のなかでわたしたちに最も近い親類たちは、どれも体に対して大きく、哺乳類のすべてのグループのなかで最大の脳を持つ。そして体のサイズに対して長生きでもある。主要な哺乳類のなかで霊長類より長寿《L》指数《Q》が大きいのはコウモリだけだ。こうした体のわりには大きな脳が長寿につながるという傾向から、大きな脳が霊長類だけではなく、ひょっとするとほかの哺乳類にも長寿をもたらしていると考える研究者も出てきた。大きな脳はヒトの自慢の種だから、そう思いたいのだろうか……

この仮説には、多少なりとも納得のいく理由づけが存在する。脳が司令塔となり、体の外側と内側から襲いくるさまざまな脅威の大半に対応しているのだとしたら、脳が大きければそれだけさばき方もうまくなり、よりスマートに、より精緻に制御された策を打てるかもしれない。危険予知能力も高くなり、起こり得る不測の事態を回避できるかもしれない。とはいえ、脳の力を買いかぶるあまり、長寿も脳のおかげだとあっさりと考えてしまいそうになることも事実だ。乳幼児から独立した子どもへ、そして思春期から生殖可能な大人へという人生の大転換期の到来を判断し、無事に移行させる際に、脳が関与している可能性があることは簡単に理解できる。こうした移行には体全体の変化を協調させる必要があるからだ。事実、こうした人生の節目がやってくる時期の判断に、脳内で生成されるホルモンが関わっていることがわかっている。しかし成人の平均余命は、体の各部分の協調および伝達と優れた判断力だけでなく、細胞レヴェルの損傷予防と修復とも深く関わっている。長寿の少なくとも一部は（最大の部分かもしれない）シャーレで培養して観察し実験ができる、脳以外の細胞の特性によってもたらされる。穴居性の齧歯類やヒトの皮膚細胞のがん耐性は脳に依存しない。

一般的な法則として、脳の大きさと体の大きさには相関関係がある。大きいと便利かもしれないが、ハツカネズミがゾウと同じサイズの脳を持つことはできない。一般的に、哺乳類の体に対する脳の大きさの比率は、その種の体のサイズが大きくなるにしたがって予想どおりに減少する。たとえばハツカネズミとヒトの脳の重量は、どちらも体重の約二パーセントだ。しかしハツカネズミの脳は同じ体の大きさの動物の脳の平均より小さく、反対にヒトはこのサイズの動物にしてはかなり大きな脳を持つ。同じことは肝臓や腎臓の大きさにも当てはまる——しかし心臓には当てはまらない。心臓はハツカネズミであれヘラジカであれマッコウクジラであれ、どれでも体重の〇・五パーセントほどだ。

では、体の大きさに対して平均より大きな脳を持てば、平均より長く生きるということになるのだろうか？　脳の相対的な大きさとほかのもの、おもに知能を結びつけるという考え方は、何年も前に脳化指数《EQ》と呼ばれるものを生み出した。実を言えば、長寿指数《LQ》はEQの考え方をそっくりそのまま盗用したものだ。つまりLQと同様に、EQもある動物種の脳の大きさが、体の大きさが同じ哺乳類の脳の平均サイズに対してどれだけ大きいかという比率だ。EQは、現生種と絶滅種を含めた動物種間の知能の比較に役立てられないかと考えた古生物学者のハリー・ジェリソンが公式を作った。LQと同じように、平均的な哺乳類は定義上一・〇のEQを持つ。それより大きいと脳は平均より大きく、下なら平均より小さいことを意味する。

ここではっきりさせておくが、ＥＱは種同士の脳の大きさのちがいを示すものであって、ひとつの種の個体同士のちがいではない。女性の脳は平均すると男性のものより小さいが、それは体が男性よりも平均的に小さいからだ。言うまでもなく、これは女性が男性より知能が低いだとか、ほかの女性より大きな脳を持つ女性は賢いだとかということではない。アルベルト・アインシュタインの脳は平均よりわずかに小さく、ノーベル文学賞を受賞した作家のアナトール・フランスの場合は、これまで計測された標準サイズの人間のなかで最小レヴェルだった。個々の脳の大きさの差が知能の尺度になるという一九世紀的な考え方は根絶させ、星占いや骨相学や臓物占いなどと一緒に疑似科学の墓に葬り去るべきだ。

とはいえ、脳の相対的な大きさは種の寿命について何かを示しているのだろうか？　あるとしたら、それは何なのだろうか？　霊長類全体は、予想より二・五倍近く大きな脳を持つ。正確には、平均的な霊長類のＥＱは二・三だ。そして寿命も、サイズからの予想値の約二倍だ。ここまではよさそうだ。しかし早々に水を差して申し訳ないのだが、このパターンが動物全体に広く当てはまるかといえば、そうではない。哺乳類全体で断トツのＬＱを誇るコウモリのＥＱは、おおむね平均だ。老化に興味を持ってまもない頃、わたしは教え子で大学院生だったキート・フィッシャーと一緒にこの問題に取り組んだ。わたしたちは何十種もの哺乳類を使い、脳の絶対的な大きさと相対的な大きさの両方が、寿命とどんな相関関係にあるのかを調べた。[1]同時に、それまで大脳中心主義の研究者たちが見落としていたこともやってみた。確実に脳特有の何かを探すべく、心臓や肝臓、腎臓、そして脾臓といったほかの臓器のサイズと寿命の関連も調べてみたのだ。蓋を開けてみれば、体の大きな種ではこうした臓器のすべてが大きくなり、そして平均的に長く生きることがわかった。つまり臓器の大きさと寿命は相関しているのだ。一方、脳と寿命の相関はほかの臓器ほどではなく、むしろ若干弱かった――しかし霊長類はちがった。哺乳類全体では、体の大きさに対する相対的な脳の大きさと相対的な寿命のあいだに相関はないが、霊長類のあいだにはまちがいなくある。霊長類の寿命にとっては、何らかの理由で脳の大きさが重要なカギになっているみたいだ。

霊長類の起源

霊長類の祖先は、樹上生活をする夜行性の小さな哺乳類だ。その大きな脳は、好物の餌が見つかる時期と位置を憶えていたり、普段から危険が潜んでいる場所を肝《きも》に銘じたり、熱帯雨林という複雑な三次元構造のなかを進む術を習得したり、あるいはこれらすべてに対処するために進化を生み出したのかもしれない。霊長類の現生種は数百種ほどで、その体のサイズは千差万別だ。最小のものはハツカネズミほどで、最大のものはゴリラだ。背中の毛が白くなったオス《シルヴァーバック》のゴリラの体重は二八〇キログラムほどになることがある。霊長類は今でも多くが木登りに特化しているので、四肢の親指が対向している。キツネザルとロリスなどの原猿類に対してサルと類人猿を意味する、いわゆる高等霊長類は、色覚を含めて優れた視覚で緑の背景のなかから熟した果物を選び取り、哺乳類にしては珍しく、おもに日中に活動する。一般に霊長類は群れで暮らすが、その規模は小家族から小村まで幅広く、そこは穴居性齧歯類に何となく似ている。また、ほかの哺乳類に比べて一生の歩みは遅い。つまりひとりで生きていけるようになるまでは親の、大抵は母親のみによる長期間の世話を必要とする。成体のサイズになるまで時間がかかり、成体になってからも生殖をゆっくり行う。この一般的な生涯のペースからすれば、平均的な哺乳類より長く生きるというのも驚くことではないかもしれない。

ヒトとそれ以外の霊長類の身体構造における類似は、両者が祖先を同じくすることを示唆するという明々白々な事実をチャールズ・ダーウィンが指摘するずっと以前から認識されていた。初期の解剖学者たちは、霊長類のなかでも人に最もよく似ているのはチンパンジーとゴリラとオランウータンからなる大型類人猿だということにも気づいていた。ダーウィンは、類人猿のうちでチンパンジーが最も近い親戚だと推測した。彼が立てた仮説の大半と同様に、この点についてもやはりダーウィンは正しかった。わたしたちは、ほかの霊長類とどれだけ近い関係にあるのだろうか？　種同士の進化的関係を評価する現時点での最良の方法は、DNAを構成するヌクレオチド配列の類似性を比較することだ。すべての大型類人猿と数多くのサルの全ゲノム、つまりその種のDNA全体が、すでに解析されている。その結果、ヒトと類人猿が共有している遺伝子、つまり圧倒的大多数の遺伝子のなかで、チンパンジーとヒトのヌクレオチドは一・二パーセントしかちがわないことが判明した。このうち約三〇パーセントの遺伝子で、わたしたちとチンパンジーのDNA配列は同じだ。これらの数字がどれほどかというと、ヒト同士のヌクレオチドのちがいは〇・一パーセントと、チンパンジーとのちがいの一二分の一になる。その次にヒトに近いのはゴリラで、共有する遺伝子のなかのヌクレオチドのちがいは一・六パーセントだ。ついでにもうひとつの大型類人猿であるオランウータンとの遺伝的関係について言うと、三・一パーセントのヌクレオチドにちがいがある。さらに遠縁の哺乳類について言えば、アフリカでよく見られるサルとは七パーセント、ハツカネズミとは一五パーセント異なる。

脳の大きさの意味

霊長類のいくつかの種の寿命についての議論に先立って、脳の大きさの意味についてもう少し深く考えてみよう。脳をひとつのまとまった器官だとするのは、現代から見れば中世的な考えに近い。すでに一九世紀の時点で、脳のすべての部位が同じように作られているわけではないことはわかっていた。脳卒中や、脳のさまざまな部位に負った損傷による影響を観察した結果、脳は領域によってその働きがちがうことが判明した。脳には言語・視覚・触覚・嗅覚・運動・計画立案・推理・記憶などに特化した領域があり、意識しなくとも呼吸し、ホルモンを分泌し、心臓を動かしつづけるといった生命維持に特化した領域もある。動物の脳の場合、進化の過程で広がった領域もあれば縮んだ部分もあり、これはそうした領域がその種の繁殖と生存に与えた影響で決まる。進化は種のほぼすべての特徴を形成するが、同時に脳の大きさと形状も決定する。たとえば暗闇のなかで一生を送るハダカデバネズミにとって、視覚は繁殖面でも生存面でも重要性を持たない。逆に触覚、特に顔の辺りは（穴を掘るのも餌をとるのも頭からだったことを思い出してほしい）かなり大切だ。その結果、何百万年にもわたる進化により触覚、とくに顔のまわりと門歯に特化した脳の領域がかなり大幅に拡大され、視覚領域は縮小された。

そこで、寿命に最も深く関わっているのは、脳全体ではなく特定の領域の大きさではないかという疑問が当然出てくる。ヒトの脳の特徴は皮質が大きいことだ。どれほど大きいかといえば、キノコのかさが軸に覆いかぶさっているように、脳の残りの部分にかぶさっているほどだ。皮質にはヒトの五感と言語をつかさどる部分があり、皮質の前方にある、いわゆる前頭前野は、通常はわたしたちの思考の中枢だと考えられている部位だ。

注目に値する脳の領域はもうひとつある──小脳だ。一九世紀中頃からごく最近まで、小脳は(cerebellum はラテン語で〈小さな脳〉を意味する)あまり重視されていなかった。すべての種でだいたい同じ見た目で、皮質の後部か下部から突き出ていて、脳全体の大きさに合わせてサイズが変わる。ヒトではほぼ野球のボールの大きさで、アコーディオンの〝ふいご〟さながらの蛇腹状のひだがある。その存在が知られてから現在までの大半のあいだ、小脳は運動調節のみに関わっているとされてきた。驚くべき定説だ。なにしろ小脳には、情報の処理と伝達を担う神経細胞、つまりニューロンが、脳のほかの部分の総数よりも多く存在するのだから。少なくとも〝小さな脳〟というイメージを払拭できれば、それで良しなのではないかと思われるかもしれないが、そうした考えですらも、最近になってようやく出てきたばかりなのだ。脳映像化技術の飛躍的進歩により、小脳は運動調節だけでなく、ひっきりなしに洪水のように押し寄せる知覚情報の処理と整理に重要な役割を果たしている可能性が指摘されている。短期記憶や感情、注意力および集中力、高次の思考プロセス、そして作業を計画しスケジュールを立てる能力においても、小脳が機能している可能性がある。そうした機能はすべて、以前は脳のほかの部位の働きによるものだとされていた。したがって、小脳のサイズおよびニューロンの数と寿命とのあいだに関係があるということも可能性としてはあり得る。

ヒトの脳全体のサイズ、そして皮質と小脳は、単純に長寿の種や、体の大きさに対して長生きする、つまりＬＱが高い種の皮質や小脳と比べると、どうなのだろうか？

繰り返し述べてきたように、コウモリは小さな体のわりには長寿の哺乳類だが、その脳は体のわりには大きくない。ほかの同じサイズの哺乳類の平均に近いか、やや小さい。自力飛翔には体重の最軽量化が不可欠だと考えれば、脳が小さいことは驚くべきことではない。コウモリはゲノムさえ最小化されている。コウモリのゲノムのサイズは、ほかの哺乳類の約三分の一だ。コウモリの脳の大きさは平均的だとしても、皮質と小脳にほかの哺乳類には見られない特徴はないだろうか？

皮質のサイズに別段おかしなところはない。コウモリの皮質は脳の大きさからしても小さい。しかし小脳は、少なくとも脳全体に対する割合から見れば大きすぎる。脳の全体にせよ、各領域にせよ、その重さから機能を評価するのは大雑把なやり方だと感じるのだとすれば、そのとおりだ。今ならもう一歩進んだやり方ができる。神経科学者で進化生物学者のスザーナ・エルクラーノ＝ウゼルが二〇〇〇年代初期に開発した巧妙な手法のおかげで、さまざまな脳の領域のニューロンの個数がわかるようになったのだ。この手法は生きている動物の頭蓋骨に収まっている脳には使えないが、エルクラーノ＝ウゼルは世界中の生物学研究室の戸棚にごまんとある瓶詰めの脳標本を使って、細胞の数を数えた。[2]

ニューロンの個数についてのエルクラーノ＝ウゼルの研究は、あっという間にひとつの謎を解決した。それは、脳の絶対的な大きさからは、全般的な知能を含めた――そんなものがあるとして――脳の機能がどうしてほとんどわからないのかという謎だ。脳の重量と体積は何世紀にもわたって測定されてきたが、その数値はニューロンの数の推算には役立たないことがわかったのだ。なぜならニューロンのサイズが千差万別だからだ。たとえばヒグマはニューロンのサイズが大きいので、ゴールデン・レトリーバーに比べて皮質の大きさが三倍あるにもかかわらず、そのニューロンの数はレトリーバーより少ない。また、ゾウやクジラやイルカはヒトより大きな脳を持つ。たとえばアフリカゾウの脳の大きさはヒトの脳の三倍で、ニューロンの数も三倍だ。それなら、どうしてゾウやクジラやイルカはヒトに近い知能を持っていないのだろうか？　不動産業者たちが口をそろえて言うとおり、一にロケーション、二にロケーション、三、四がなくて五にロケーションだからだ。ヒトの思考をつかさどる大脳皮質内にあるニューロンの数は、ゾウのもっと大きな皮質の三倍もあるのだ。理由は単純で、ゾウの皮質のニューロンはわれわれのものより大きいからだ。実際のところヒトの皮質には、調査済みのどの種よりも多くのニューロンが存在する。ただし公平を期するために言っておくと、クジラやイルカの脳についてはまだほとんどわかっていない。ゾウのニューロンのほとんど、実に九八パーセントが小脳に詰め込まれている。ではゾウの小脳の機能とは？　まだよくわかっていないが、エルクラーノ＝ウゼルは、あの一〇〇キログラムの鼻を複雑に操る能力に関係があるのかもしれないと考えている。わたしとしては、小脳についての新たな知見からすると、それだけにはとどまらないのではないかと思っている。

ここで一旦立ち止まって、動物の知能はニューロンの数だけで推し量ることができると思い込んではならないことを強調しておこう。知能それ自体の解明はおそろしく困難で、それが動物間での比較となればなおさらだ。イヌはネコより賢いか？　それは知能をどう定義するかによる。〈チェイサー〉という名のボーダー・コリーは訓練を積んで一〇〇〇個のものの名前が認識できるようになった。そしてイヌは数多くの芸を覚えることができる。周知のとおり、ネコは芸を覚えず命令も聞かない。一方で、〈チェイサー〉のようなイヌを野に放ったら、平均的なイエネコと比べてどれほどうまく生きられるだろうか？　特定の種の知能を理解するには、脳の配線がニューロンの数と同じように、あるいはそれ以上に重要なのかもしれない。残念ながら、ニューロンを数えることはできても、脳の配線の比較法についてはほとんど何もわかっていない。

したがって、ニューロンの数ではコウモリの寿命を説明できないのも驚くようなことではないのかもしれない。先に述べたように、コウモリの脳はその全体のサイズに反して皮質は小さく、小脳は大きい。ニューロンの数という点で見ても、皮質は貧弱だ。小脳にも哺乳類の平均的な数しかない。それでもコウモリは、その小さな脳のおかげで驚異の能力を発揮できる。この事実にしても、やはりニューロンの数が脳機能の答えのすべてではないことを強く物語っている。たとえばコウモリは毎晩何十キロメートルも離れた場所まで餌とりに出かけ、暗闇のなかを何の苦もなく戻ってきてねぐらを見つける。メスのコウモリなど、何百万匹がひしめいていることもあるねぐらのなかで、どこに自分の仔を置いていったかということすら憶えている。ニューロンの数だけですべてがわかるわけではないことはまちがいない。いずれにせよ、脳の大きさとニューロンの数が寿命に何らかの役目を果たしているとすれば、それは霊長類に限ったことだとわたしは見ている。[3] その答えは、霊長類にとって脳が重要な理由と、脳の大きさと寿命が各種の霊長類のあいだでどのように異なるのかを解明すれば、いくらかわかってくるのかもしれない。わたしたちに最も近い親戚から見てみよう。

チンパンジー

チンパンジーは霊長類のなかで最大の脳を持ち、寿命も一番長い。最大の脳を持ち最も長生きのチンパンジーは、わたしたちヒトだ。まあたしかに、誰もが自分のことをチンパンジーだと考えているわけではないだろうが、動物学者にとってはずばりそうなのだ。ヒト眼線で見れば、チンパンジーに近いのはゴリラのほうだと思えるが、ゲノムの類似性のところで論じたとおり、明らかにヒトのほうがチンパンジーに近い。しかしヒトというユニークな種を語るには丸々一章が必要だ。したがってこの裸の類人猿についてはのちに詳しく扱う。

チンパンジーの現生種は、ヒトのほかに二種存在する。いわゆるナミチンパンジー（*Pan troglodytes*）（この先はこれだけをチンパンジーと呼ぶことにする）と、ボノボ（*Pan paniscus*）だ。どちらもアフリカ中部および西部に生息するが、生息域はコンゴ川で地理的に分かれている。ヒトとチンパンジーとボノボは六〇〇万年ほど前の哺乳類を共通の祖先に持ち、チンパンジーとボノボは一〇〇万年前までにそこから分岐した。

チンパンジーもボノボも平均的にはヒトより小柄だが、サイズ面で見れば同じ傾向がかなり多く見られる。どちらの種でもオスのほうが体が大きい。野生のチンパンジーの平均体重はオスで五五キログラム、メスで三九キログラムだが、ヒトと同じで平均値を中心にして大きなばらつきがある。ボノボはもう少しほっそりとしていて小柄だ。どちらの種も木の上で多くの時間を過ごし、夜も樹上の巣で眠る。地上でも難なく移動でき、大抵はナックルウォークと呼ばれる握った手を使った四足歩行をする。その気になれば二足歩行もできるが、ぎこちない。ほとんどの霊長類と同様に果実を主食とするが、それ以外にもいろいろなものを食べ、そこにはほかの動物も含まれる。

どちらの種も複雑な〝離合集散〟する社会集団を形成する——つまり一〇〇頭かそれ以上の大きなコロニーの内部に、さまざまなタイプや大きさの一時的な集団が存在する。火星人の動物行動学者なら、おそらくヒトも離合集散する社会集団を形成していると言うだろう——家庭グループ、作業グループ、そしてフットボールチームといった具合に。

チンパンジーは近親のオス同士が社会の安定した中核をなし、メスはしかるべき時が来ると新しい集団に移る。オスのあいだには確固とした優勢順位が存在し、個体間あるいはグループ間の争いは身体的な、ときに死に至る暴力で決着をつける。

ボノボはまったくちがう。集団の支配権はメスが握っている。争いをはじめとして、ほとんどの社会的交流は性行為で解決される。それどころかボノボは、オスメスかかわらず来るものは拒まず、同意があろうがなかろうが性器を擦り合わせるというかたちの性行為を始終やっているみたいだ。進化の歴史から見ればごく最近に同じ祖先から枝分かれし、体つきも体格も似ているふたつの種が、これほど極端に異なる社会的行動を取っていることは、霊長類の行動に関する大きな謎のひとつだ。

チンパンジーの脳もボノボの脳も、どちらもヒトの脳の三分の一ほどの大きさだ。双方の大脳皮質にあるニューロンの数もヒトの約三分の一だ。この二種の類人猿を扱う仕事をしていた人間なら誰でも実感するが、この大きな大脳皮質のおかげでどちらもとんでもなく賢い。わたしがハリウッド映画の仕事をしていた当時、業界で働く調教師たちのあいだでチンパンジーは嫌われていた。頭のいいチンパンジーたちは外面はおとなしいふりをして、いざ撮影現場に連れてくると教えられたとおりにやらず、調教師に赤っ恥をかかせるからだ。前もって計画を立て、試行錯誤ではなく思考で問題を解決し、さまざまな道具を使い、手話で人間に望みを伝えることさえ学習できるほど頭がいい。モニター上のランダムな位置に一瞬だけ同時に点滅表示される一から九までの番号を憶え、その位置を番号順にタップするという短期記憶のテストで、〈アユム〉という名のチンパンジーは人間の記憶力チャンピオンよりもずっといい成績を叩き出した。その脳は自転車の乗り方を習得できるほど出来がいいのかもしれないが、自転車を発明できるほどではないのかもしれない。

野生のゾウと同じく、野生のチンパンジーもヒトより少し早く初期の発達段階の節目に達するが、ことさら早いというわけではない。メスのチンパンジーは野生の個体で一〇歳から一一歳にかけて初潮を、その二年か三年後に初産を迎える。栄養価の高い餌を大量に、しかも何の努力もなく得られる飼育下のチンパンジーの場合、初潮も初産もさらに早く訪れる。この条件では成長速度が上がり、早く成熟するのだ。

ここで肝心要の疑問が出てくる。チンパンジーはどれくらい生きるのだろうか？　自然環境下での研究はボノボよりずっと進んでいるので、ここからはチンパンジーだけに注目する。チンパンジーの寿命は、野生のものでも動物園で飼われているものでも複雑だ。その物語は、まずは一頭のチンパンジーから始めるべきだろう。それは一九三二年の『類猿人ターザン』を第一作とする〈ターザン〉シリーズで、ジョニー・ワイズミュラーとともに主役を張った〈チータ〉という名前のチンパンジーだ。

わたしは捨ててあった新聞のなかで〈チータ〉の話に出会った。その記事は、〈チータ〉が七二歳の誕生日を祝ったばかりだと伝えていた。前にも述べたとおり、わたしは映画用のネコ科の大型種の調教を生業としていたことがある。その経験から学んだことのひとつが、映画に登場する動物に関して流れるニュースのすべてが嘘っぱちかもしれないということだ。その一方で、当時の老化研究の領域でチンパンジーの最長寿は五九歳とされていた。〈チータ〉の話が本当なら、わたしたちに最も近い親戚の動物は予想をはるかに超えて長生きするという、科学的に興味深い発見だということになる。

真相を探るべく、わたしはカリフォルニア州パームスプリングスの動物保護施設に電話をかけ、記事で飼い主として紹介されていたダン・ウェストフォールに、〈チータ〉の年齢をどうやって把握したのか尋ねてみた。ウェストフォールは、伯父で動物調教師のトニー・ジェントリーから〈チータ〉を譲り受けたが、ジェントリーは一九三二年にまだ幼かった〈チータ〉をリベリアで購入し、ターザン映画の一作目に間に合うように飛行機でアメリカに連れ帰ってきたという。譲渡が一回だけ、しかも親族間でのやり取りというところから、〈チータ〉は本当に超長寿のチンパンジーで、個体の取りちがえでそういうことになっているわけではないことを強く物語っている。ウェストフォールはまた、〈チータ〉が一九六七年のレックス・ハリソン主演の映画『ドリトル先生不思議な旅』で役を演じたのちに引退したとも言った。これは妙に思えた。〈チータ〉はその時点で三〇代後半だったと思われるが、オスの成獣のチンパンジーは予期せぬ攻撃的な行動を取り、しかも人間よりずっとずっと力が強い――つまり映画のセットに放しておくにはあまりに危険すぎるということだ。映画でもてはやされるのは幼いチンパンジーなので、成長し切ったチンパンジーの大きさはあまり知られていない。たとえば〈チータ〉は体重七二キログラムだったと言われている。

科学的使命と〈チータ〉の年齢を確かめたいという思いに駆られ、わたしはなけなしの金をはたいてワイズミュラー主演のすべてのターザン映画の映像ソフトを購入し、チンパンジーが出てくるシーンをひとつずつ、コマ送りで何度も観た。この点はちゃんと評価していただきたい。何しろこのシリーズは、映画史上最悪の映画のひとつだからだ。わたしはチンパンジーの耳の巻き具合にとくに注目した。身体的特徴に比べて年齢による変化が少ないからだ。ワイズミュラー主演の〈ターザン〉シリーズ全一二作にはオスメスあわせてさまざまに異なる〈チータ〉が登場しているが、一九三二年の第一作の個体の耳の渦が、新聞の記事にあった〈チータ〉のものと一致している可能性があると、わたしには思えた。『ドリトル先生不思議な旅』にはチンパンジーの成獣は登場せず、幼獣しか確認できなかった。ところがこれがまたビックリ仰天のとんでもない映画で、無理やり見て再確認することすらままならなかった。あまりのひどさに眼をそらしたタイミングで、〈チータ〉は画面をさっと横切ったにちがいない。こんなにあっさりと嘘だとばれるような話を、誰かがでっちあげたりするわけがないのだから。

そういうわけでわたしは、これまでチンパンジーの寿命をかなり低く見積もっていたが、実際にはヒトにかなり近いという事実を研究仲間たちに触れまわるようになった。さまざまな学会の講演で何度もこの話をした。一方の〈チータ〉は七三歳、七四歳、そして七五歳の誕生日を祝い、長寿記録を毎年更新し、『ギネスブック』に認められもした。

ところが二〇〇八年、ノンフィクション作家のR・D・ローゼンが書いた《ジャングルの嘘》という記事が〈ワシントン・ポスト〉紙に掲載された。ローゼンは、この超長寿のチンパンジーについての本を執筆すべくカリフォルニアに赴いたが、出版企画はあっという間に流れてしまった。大西洋を横断する民間飛行便は一九三二年にはなかったという事実が判明し、したがってトニー・ジェントリーはチンパンジーを連れていようがいまいが、リベリアからアメリカまで飛行機で戻ることはできなかったのだ。そしてわたしが確認したとおり、『ドリトル先生不思議な旅』を隅から隅まで丹念に観ても、チンパンジーの成獣は出てこない。ローゼンは、当時の映画界でジェントリーのことを知っていた動物調教師の何人かと連絡を取ったが——そのうちのひとりと、わたしは一緒に仕事をしたことがあった——彼らはジェントリーがターザン映画の仕事をしたことはないと異口同音に言った。それでも調教師たちは、ある有名なカリフォルニア州南部の遊園地が一九六七年に閉園したときに、ジェントリーが幼いチンパンジーを譲り受けたことを憶えていた。そういうわけで〈チータ〉は実際には七〇代半ばではなく、おそらく四〇代半ばで、チンパンジーとしては高齢ではあるがとりたてて長寿というわけではなく、この種のこれまでの寿命についての定説とぴったりと符合するということがわかった。この一件から、わたしはふたつの教訓を学んだ。ひとつ目は、科学者が——少なくともこの文を書いている科学者が——調査報道の真似事をやると、ろくなことにならないということ。ふたつ目は、ハリウッドではチンパンジーですら年齢を詐称するということだ。ここで〈チータ〉をめぐる赤面話を披露したのは、疑り深い科学者であっても、長寿記録についてはどれほど慎重に確認しなければならないかということを今一度強調するためだ。それが金のにおいが漂っていそうな飼育下の動物となればことさらに。映画スターとして名を馳せたこのチンパンジーが描いた絵が、しかもサイン入りのものが販売されているという話は、もうしただろうか？

野生のチンパンジーの寿命の研究は、いくつかの点で制限がある。まずは野生のチンパンジーに対する調査期間という点だ。野生のチンパンジーを対象にした最も長期にわたる調査は、タンザニアがまだタンガニーカと呼ばれていた一九六〇年に開始された、動物行動学者のジェーン・グドールによる、有名なゴンベでのチンパンジー・プロジェクトだ。それから数十年のあいだに、チンパンジーの長期研究が複数始まった。つまり野生のチンパンジーの追跡調査は最長でも約六〇年で、ゴンベ以外の集団についてはもっと短いということだ。またこの期間に、ゾウと同様にチンパンジーも人間による生息域への侵入および環境破壊と狩猟に加えて、感染症という脅威にさらされてきたことも決して忘れてはならない。グドールが調査を開始して以降、ゴンベのチンパンジー群の個体数は約一五〇から九〇に減少した。

遺伝子的に近い関係にあるため、基本的にチンパンジーはヒトとまったく同じ感染症にかかり、逆もまたしかりだ。後天性免疫不全症候群《AIDS》がチンパンジーからヒトに飛び火したウイルスによって引き起こされたことを思い出してほしい。ゴンベのチンパンジーの約一〇頭に一頭がサル免疫不《SI》全ウイルス《V》に感染し、そして感染した個体はそうでない個体と比べて、どの年齢でも死亡率が一〇倍になる。このＳＩＶがヒトのなかで変異したものが、ＡＩＤＳを発症させるヒト《H》免疫不全《I》ウイルス《V》だ。ゴンベのチンパンジーたちは一九六六年にポリオの流行にも見舞われ、一〇年に一度ほどの頻度でインフルエンザのような感染症の流行が発生している。ゴンベでは、チンパンジーの判明している死因の約半分が感染症によるものだ。こうした事実に触れたのは、ゴンベのチンパンジーたちは最も長期にわたって研究されているにもかかわらず、別の生息域のあまり脅威にさらされていない集団に比べると寿命がいくらか短いと思われるからだ。ゴンベで確認されている最高齢のチンパンジーは〈スパロウ〉と名づけられたメスだ。〈スパロウ〉は一九七一年九月に最初に発見され、その二年ほどのちに初産を迎え、最初に姿を見せてから四四年ほどのちに姿を消した。死亡したものと思われる。晩年には明らかに年老いて、最後の一四年間は出産しなかった。一九七〇年からこの調査に携わり、現在はジェーン・グドール・インスティテュート研究センターの所長を務め、〈スパロウ〉について教えてくれたアン・ピュージーが、ゴンベのほかのメスについてわかっていることから導き出した推算では、〈スパロウ〉の死亡時の年齢は五七歳プラスマイナス一歳か二歳だという。

〈スパロウ〉の話は、メスのチンパンジーの寿命を決定する上での難点をひとつ提示している。集団生活を営む哺乳類では、一般的にオスかメスの一方が生まれた集団に一生留まり、もう一方は広い世界に飛び出して別の集団に移る。集団からの離脱は、通常はその個体の生殖の準備が整う頃に始まるが、これは母親と息子、父親と娘、またはきょうだい同士などによる近親交配を未然に回避するために進化が発達させた手段だ。ほとんどの哺乳類でオスが離脱するが、チンパンジーではメスだ。この点が野生のチンパンジーの年齢を決定するうえで何を意味するのかと言えば、通常メスは生まれた集団と成獣としての生活を営む集団が異なるということだ。いきおいメスの出生年は推定になる場合が多い。しかし野生のチンパンジーが生殖を開始するおよその年齢はわかっているので、この推定は実はかなり正確だ。

調査期間が短いチンパンジーの集団の場合、最高齢のチンパンジーの年齢はほかのさまざまな手がかり、たとえば外見や行動、生殖パターンなどから推測するしかない。生息域のさまざま環境破壊がそれほど進んでいない集団の調査では、メスのチンパンジーの平均寿命は三〇歳前後で、半数が四五歳に達すると見られ、ごく一部が六〇歳まで、可能性としては六〇代後半まで生きることがわかった。本書を書いている時点で、ウガンダの野生のチンパンジーの一頭が推定六三歳にしてまだ生きており、その個体の生息域ほどには環境破壊が進んでいない地に暮らす集団に属する一頭は、六九歳にもなると見なされている。ＬＱにすると三・三だ。〈チータ〉の年齢はいんちきだったが、思っていたほど非現実的な年齢ではなかったのかもしれない。

ただし一点を除いて。〈チータ〉は――一九三二年の『類猿人ターザン』に出演した、齢七〇を超えた個体は――オスだった。チンパンジーはヒト以上にオスよりメスのほうが長生きし、それは自然環境下であっても飼育環境下であっても変わらない。野生のオスの平均寿命はメスより二〇から三〇パーセント短く、野生のオスの推定最高齢は、わたしの知り得るかぎりでは五七歳だ。ここで念を押しておくが、この数字はヒトの狩猟採集民族に比べてとくに短いというわけではない。しかし最高齢は大きく異なる。現代医療の恩恵を受けない自然豊かな環境に暮らす集団であっても、ヒトの最高齢は六〇代後半をはるかに超える。この事実は、平均寿命だけでは寿命の傾向を適切に説明できないことをあらためて示している。

それでは、わたしが〈チータ〉の本当の年齢を突きとめようとしていた当時よりもチンパンジーの寿命のことがよくわかっている現在から見ると、飼育環境下の最高齢のチンパンジーとして老化研究の対象にしていた五九歳の個体は、どんな位置づけになるだろうか？　飼育下のチンパンジーの寿命がそれぐらいで、野生の場合はそれより一〇年も長く生きるかもしれないとすると、それほど長寿ではない。飼われているチンパンジーにも脅威は存在する。とくに、この高度に社会的な動物に適切な社会集団を形成させ、しかもヒトの病気が移らないようにしておくということはかなり難しい。

飼育下のチンパンジーについての最新情報を得るべく、わたしはシカゴにあるリンカーンパーク動物園のスティーヴ・ロス博士と連絡を取った。ロス博士は、北米の動物園のすべてのチンパンジーの出生、死亡、繁殖の記録をつける血統登録台帳を管理している（ロス博士は二〇二二年四月に五二歳という若さで亡くなった）。皮肉なことに、動物園にいるチンパンジー、とくに高齢の個体たちは、正確な出生記録については野生のチンパンジーと同様の問題をいくつか抱えている。つまり、かなり高齢の個体たちは自然環境下で生まれ、何十年も昔の、まだ幼獣だった頃に捕獲されたので、動物園に連れてこられた時点での年齢は推定になり、さらには当時の動物園の記録はコンピューターではなく紙の書類で処理され、おまけにその管理は現在に比べたらおざなりなものだった。それでもかなり幼いときに、記録の作成が厳密な動物園に連れてこられた個体であれば、推定年齢はかなり正確なものになり得る。アメリカの動物園で正確な年齢が確認できる最高齢のチンパンジーは〈ウェンカ〉という名前の個体だ。〈ウェンカ〉は生まれて以来ずっと同じ施設で暮らしてきた数少ない高齢のメスなので、その年齢はまちがいない。本書を書いている時点で〈ウェンカ〉は六七歳で存命中だ。〈ウェンカ〉に加えて、日本からもたらされた最近の報告では、〈ジョニー〉というオスのチンパンジーは推定五歳で神戸市立王子動物園に連れてこられ、以来六四年間暮らし、二〇一九年一月に死亡した。[4] 五歳のチンパンジーの年齢推定は難しくないので、〈ジョニー〉が齢六九で亡くなったことはほぼまちがいない。それでも〈ジョニー〉でさえ野生のチンパンジーの何頭かの推定寿命と同じか、もしくは少し長い程度しか生きることはできなかった。わたしには、飼育下のチンパンジーの寿命はまだ限界には達していないように思える。ちなみに同じ論文によると、日本の飼育環境下にあるチンパンジーたちの平均寿命は、野生の個体たちとほぼ同じ二八・三歳だ。飼育下のチンパンジーが野生のものより長生きしないとは思えない。わたしたちはまだ最適な世話の方法を知らないのかもしれない。それともゾウと同じように、チンパンジーたちは人間に飼われるストレスにうまく対応できないだけなのかもしれない。

　自然環境下で生まれ、若いうちに捕獲されたもう一頭のメスが、動物園で暮らすチンパンジーの寿命の限界を、さらに詳《つまび》らかにしてくれるかもしれない。〝あくまで〟そのメスの物語が信じるに足るものであればの話だが。

まずはっきりさせておこう。〈リトル・ママ〉についての物語は、眉にかなりの唾をつけて聞くべきだ［図10-1］。本当の話かもしれないが、取りちがえの一例である可能性もある。どちらとも判じ難い。確実にわかっていることは以下のとおりだ――〈リトル・ママ〉は大自然のなかで生まれ、一九四〇年代に、おそらく一〇代のときにアメリカに連れてこられた。『*North American Regional Chimpanzee Studbook*（北米地域チンパンジー血統登録台帳）』には一一〇番として記載されている。記録管理面で決まって出てくる懸念のご多分に漏れず、若い頃の話はやや曖昧だ。一時期は個人所有のペットだったという話がいくつかある。見世物でスケートをさせられ、有名なアイス・ショーの〈アイス・カペーズ〉で滑っていたのかもしれない。確実に言えるのは、フロリダ州ウエストパームビーチの〈ライオン・カントリー・サファリ〉というサファリパークに一九六七年の開園時からいて、以来二〇一七年に死を迎えるまでの五〇年にわたり、

［図10-1］史上最高齢のチンパンジーとされている〈リトル・ママ〉。79歳9か月という長寿を疑う理由は数多あるが、死の1年前に写真に捉えられた〈リトル・ママ〉は、たしかにかなり高齢に見える。彼女の年齢が正しいとすれば、有効性が証明された出生および死亡記録がある、どのチンパンジーよりも10年以上長く生きたということになる。Photo by RHONA WISE/AFP/GETTY

この動物園で暮らしつづけた。動物園の公式記録では、一九七二年にジェーン・グドールが〈リトル・ママ〉とともに過ごし、出生年を一九三八年と推定した。高齢のチンパンジーの年齢の推定は、たとえ高名な霊長類学者がやってもかなりまちがえやすいが、それでも動物園側はグドールの推算を大喜びで受け入れた。そればかりか、〈リトル・ママ〉の公式な誕生日をバレンタイン・デーとし、晩年には誕生日パーティーが毎年大々的に報道された。どこかで聞いた話だと思えてきたのではないだろうか？

ちなみに、わたしは〈チータ〉のことでもジェーン・グドールと連絡を取った。飼い主のダン・ウェストフォールが、グドールなら〈チータ〉の年齢が正しいことを裏づけてくれると言ったからだ。グドールの答えは、憶えているかぎりではこんな感じだった。「まあ、あのチンパンジーがまだ生きてるなら、まるで古代人って感じ」もちろんご存じのとおり、同じ個体ではなかったのだが。

どうやらグドールは二〇一五年にも〈リトル・ママ〉のもとを再訪したらしく、動物園の広報は、〈リトル・ママ〉が旧友との再会を喜んで〝チューッとキスをするような〟音を発し、グドールの髪を撫でて挨拶をしたなどと、聞こえがいいだけで陳腐な言いまわしのプレスリリースを出した。二〇一七年一一月一四日に亡くなると、〈パームビーチ・ポスト〉紙はご大層な訃報を掲載した。推定出生年から七九年と九か月後に死を迎えたことになり、それに基づけばＬＱは約三・八になる。

〈リトル・ママ〉のご長寿話が疑わしく思える理由はいくつもある。そのひとつに経歴が複雑で、個体の取りちがえが起こりそうな機会が何度もあったことが挙げられる。それ以上にわたしが引っかかりを覚えるのは、記録が残されているどのチンパンジーよりもずっと高齢だという点だ。飼育環境下であろうが自然環境下であろうが、七〇歳に達したことが確認されている個体は〈リトル・ママ〉以外にはいないし、推定年齢のものですら一頭もいない。それなのに推定で八〇歳になんなんとする超長寿？　ヒトで言えば、どこかの介護施設で一四〇歳の老人がひとり見つかったようなものだ。一方で、野生のチンパンジーが六〇代まで生きられるのならば、野生と動物園の両方のチンパンジーよりも一〇年から一五年は長生きする個体が出てきたとしてもおかしな話ではない。動物園にいた〈リトル・ママ〉の長寿記録が正確なものだとすれば、陸棲哺乳類の長寿記録としてはアジアゾウと並んで二位タイとなる。むしろ、全体の平均余命がアジアゾウとアフリカゾウよりもずっと短いことを考えれば、絶対的な年齢で陸棲哺乳類の第四位となるはずだ。相対的な寿命、つまりLQから見れば、チンパンジーなどの霊長類はコウモリに遠く及ばない。

オランウータン

陸棲哺乳類の絶対的な年齢での長寿番付で二位にランクインするのは、もしかしたらオランウータンかもしれない。オランウータンは、何世紀にもわたって人間の想像の産物のなかでさまざまな役割を演じてきた。たとえば一八四一年の短編推理小説『モルグ街の殺人』で、この類人猿を犯人にしたエドガー・アラン・ポーは、おそらく生きたオランウータンを一度も見たことはなかったのだろう。この小説では、母親が喉を切られ、娘が首を絞められて殺されるというむごたらしい事件が起こり、実は盗んだ剃刀と人間を超える腕力を使った、怒り狂ったオランウータンの犯行だと判明する。オランウータンが実際にこんな凶暴な性格ではなくて何よりだ。何しろ、人間たちに交じって歩くことが結構多いのだから。

ヒトに次いで霊長類で二番目に大きな脳を持ち、脳化指数《EQ》は約二・九というオランウータンは高い知能を有し、その証拠にこれまでに何度も動物園から脱走してきた。どう見ても登れそうにない壁を乗り越えたり、柵の重要な部分をばらばらにしたり、錠をこじ開ける道具を作ったりして脱走してきた。ネブラスカ州オマハにあるヘンリードーリー動物園の〈フー・マンチュー〉というオランウータンは、柵の錠をこじ開ける道具を作っただけでなく、飼育員に見つからないように隠した。〝毛むくじゃらのフーディーニ（〈脱出王〉として名を馳せた奇術師）〟としてつとに有名なサンディエゴ動物園の〈ケン・アレン〉というオランウータンは、幼い頃に何度も、檻の天井のボルトをはずして脱走し、動物園の保育場を探索して夜を過ごし、朝になって動物園の職員がやってくるまでにまた檻に戻り、自分でボルトを締めた。成獣になってからも柵から何度も脱走し、バールを見つけて別のオランウータンに渡し、自分が脱出できるように窓をこじ開けさせたことすらある。先ほど述べたとおり、幸いなことにオランウータンはとくに攻撃的な性格ではなく、脱走しても来園客に怪我をさせたことは一度もないそうだ。

複雑な社会集団を形成して生活しないという点で、オランウータンは大型類人猿のほかの現生種とは明確に異なる。実際、集団で生活することはまったくない。インドネシアの熱帯雨林の湿地帯の広大な範囲で基本的に単独で暮らしているので、いきおい調査はとんでもなく難しい。オランウータンは類人猿のなかでも樹上で過ごす時間が最も長く、幼獣は何年にもわたって母親の近くで過ごし、群れに近い生活を送る。果実がたわわに実った木に数頭が集まることはあるが、大部分の時間は単独で過ごし、四肢を使ってゆっくりと林冠まで登り、果実が実った別の木を探す。ここで強調したいのは〝ゆっくりと〟だ。オランウータンはいくつかの意味で最も〝遅い〟類人猿だ。しくじって落ちたら大怪我をするか死んだりするほど大きな樹上動物らしく、木から木へとゆっくり移動する。さらには林冠を悠然と移動する様子からわかるとおり、代謝はかなり低い——事実、体の大きさに対する代謝率は、高等哺乳類のなかではナマケモノに次いで低い。[5] ご存じかもしれないが、ナマケモノはハチミツのなかを泳いでいるかのようにゆっくりと動く。オランウータンがゆっくりなのは動きだけではない。一生の節目もゆっくりと過ぎていくのだ。ゆっくり成長し、生殖能力をゆっくりと育み、仔づくりのペースもゆっくりだ。これらを考え併せると、老化のペースもゆっくりなのだろう。

現在、スマトラ島とボルネオ島の熱帯樹林にのみに生息するオランウータンは、森林破壊により四面楚歌の状態にある。以前は一種しかいないとされていたが、ごく最近になってボルネオに二種、スマトラに一種と、見分けがつかないほどよく似たものが三種いることがわかった。そういうわけで、ここでは三種の微妙なちがいは無視する。しかしオランウータンはかつてはアジア大陸の南部および南東部にも生息し、中国南部にもいた。体のサイズは人間とだいたい同じだが、脚はずっと短く腕は長いという、木に登るには便利な体つきだ。実際、腕は足首に届くほど長く、靴を履いたら靴紐を楽に結べるだろう。地上を歩く姿はぶざまだが、木の枝で直立してターザンによく似たポーズを取ることがある。

人間とだいたい同じサイズだと述べたが、オランウータンの大きさは事実誤認を招きやすいとも言っておこう。映画に登場するオランウータン、たとえばクリント・イーストウッド主演の一九七八年の駄作『ダーティファイター』に出てくるオランウータンは、チンパンジーと同じように力が強くて言うことを聞かない成獣を使うと俳優に怪我を負わせかねないので、幼獣が使われている。事実、その続編でさらに駄作の一九八〇年の『ダーティファイター　燃えよ鉄拳』では別のオランウータンが出ている。第一作に出演した〈マニス〉はすでに成獣になっていて、安全を考慮して使えなかったのだ。その一方で動物園のオランウータンは代謝が低く、栄養豊富な餌を何もしなくても大量に摂取でき、さらにオスは成獣になってからも一生成長しつづけるので、野生のオランウータンが遠く及ばないほどの巨体になる。動物園のオスで最大級の個体は体重二〇〇キログラム近くと、野生のオスの約二倍にまで達する。

野生のメスの成獣の体重は三五キログラムから四〇キログラムで、初産を一五歳頃に迎える。そして通常は八年か九年後に第二子をもうける。ここで注目すべきは、生殖可能になる年数と出産の間隔が野生のチンパンジーより数年長いことだ。単独生活をする野生のオランウータンを熱帯雨林で発見し、追跡することは難しい。だからこそ、スマトラ島では三〇年以上継続されている調査研究があるにもかかわらず、チンパンジーと比べると野生個体の寿命はあまりよくわかっていない。自然環境下での晩年の状態と寿命についての多くは、大雑把な推定でしかない。最も確かな知見は動物園や野生動物保護施設から得られるものだが、それが自然環境下での生活をどれだけ反映しているのかはわからない。少なくとも動物園の個体では、メスは二〇代後半で閉経する。しかし動物園のオランウータンは野生の個体ほどには長生きせず、むしろ少し短命なのかもしれないので、野生のメスの閉経期は二〇代後半ではない可能性は大いにある。動物園のメスの平均寿命は約二五歳だ。成獣になるまで生き延びたものでは平均で約三五歳まで生きる。[6] 飼育環境下のメスの最長寿は、一九七六年に五八歳で亡くなったとされるフィラデルフィア動物園の個体だ。[7]〝される〟とした理由は、あとで手短に説明する。とはいえ、別の動物園では五〇代前半から半ばで亡くなったという記録があるので、この五八歳という記録を完全に否定することはできない。最高齢の野生のメスは推定で四〇歳から五三歳のあいだのどこかだとされており、この幅の広さが野生のオランウータンの年齢推定の難しさを如実に物語っている。[8] そういうわけでメスのオランウータンは、少なくとも動物園で五〇代半ばまで生きる、そして野生でもそれに近いところまで生きるかもしれない、というところまではよしとしよう。そうすると、オランウータンは陸棲哺乳類の絶対年齢での長寿ランキングでヒト、ゾウ二種、そしてチンパンジーに次いで第五位になる。彼らのLQについては、ちょっとあと回しにしたい。

オスのオランウータンはメスとは別に考える必要がある。オスの成獣には一風変わった興味深い面がいくつかあり、そのなかにはオスのゾウを思わせるものがある。まず、オスが生殖可能になるのはメスと同じく一〇代半ばで、その時点では姿かたちも体の大きさもメスと似ているのだが、オスは一生成長しつづけるので、身体的に完全な成獣に達すると、体重はメスの約二倍の七五から九〇キログラムになる。したがってゾウのオスと同じく、年嵩《としかさ》のオスのほうが年下のオスより体が大きい。

［図10-2］タパヌリオランウータンの、フランジのないオス（左）とフランジのあるオス（右）。ここに示したタパヌリオランウータン（*Pongo tapanuliensis*）という種はスマトラ島に生息している。2017年に新種として分類されたばかりで、絶滅が危惧されている。フランジのあるオスの大きな頬の膨らみと長く伸びた顎ひげに注目してほしい。1キロメートルかそれ以上遠くまで森のなかを轟き渡り、妊娠可能なメスを惹きつける大きな呼び声を発する喉袋は、顎ひげの下に隠れている。　Photos by Tim Laman.

ユニークで何より興味深いのはここからだ。オランウータンのオスは、身体的には一〇代半ばで生殖が可能になるものの、その後もかなり長いあいだ、ときに一〇年や二〇年にもわたって未成熟に似た外見を保つが（つまりメスとかなり似た外見のままでいる）、体のサイズは大きくなり続ける。それなりの年齢に達したところで、ようやく成獣としての特徴をしっかりと見せるようになる――具体的には大きな喉袋と、成獣のオスの特徴である〈頬だこ《フランジ》〉という顔の大きな出っ張りだ［図10-2］。フランジと喉袋はオスの優位性の象徴だ。フランジが発達するにつれ、長く暗い〝ひげ〟が生え、筋肉もつく。オスたちは互いに重なりあっている広い縄張りを持っているが、そのなかで体が最も大きく最も〝ガラ〟の悪いオスは、発達させた喉袋から独特の大きな鳴き声を発して自分の存在を誇示する。この声は森中に響き渡り、一キロメートルかそれ以上先まで届く。フランジのある優位なオスの存在は、周辺のほかのオスのフランジと喉袋の発達を抑制するらしい。したがって生殖が可能でも比較的体が小さく若いオスは、オスとしての完全な発達が止まってしまう。もしフランジのある二頭のオスが、たとえば実のなっているイチジクの木で遭遇すると、しばしば暴力沙汰に発展する。フランジのあるオスが姿を消すと、それまでひげもフランジもなかったオスが急速にフランジと喉袋を発達させることがある。妊娠可能なメスは、交尾をしつこく迫ってくるフランジのないオスを避ける傾向にあり、フランジのあるオスに惹きつけられる。どうしてかって？　フランジとあの声の魅力に抗えるメスがいるだろうか？

オスのオランウータンはどれぐらい長く生きるものなのだろうか？　やはり長寿であることと、森の広い縄張りで単独生活を送るせいで追跡が難しいことから、大雑把な推定寿命しかわかっていない。これまでのところ最長寿は推定四七歳から五八歳で、それより数歳下だと見られる個体も何頭かいた。動物園の公式記録からは平均寿命が二〇年、生殖可能な年齢まで生き残ったものでは平均二八歳まで生きることがわかっている。こうした年齢が、ほかの大型類人猿と同様にメスより数年短いことに注目してほしい。興味深いことに、野生個体の推定平均余命は、オスのほうがやや長いことを示唆している。公式記録上の最長寿のオスは、一九七七年に推定五九歳で亡くなった。記録にある最高齢のメスは五八歳だったと〝される〟とした理由を、これから説明する。最高齢のオスと最高齢のメスはどちらも一九二八年にキューバのハバナで譲渡され、どちらも同じ一九三一年五月一日に同じフィラデルフィアの動物園に送られた。この二頭を合衆国に送ったミセス・アブレウなる人物は、どちらも自然環境下で一九一八年に生まれたと主張している。驚きの偶然の連続だ。[9]たしかに驚くべき偶然というものは起こり得るものだし、これはそのひとつかもしれない。しかし動物園での動物飼育がさまざまな面で改善され（とくにオランウータンはその恩恵を受けているみたいだ）[10]、記録管理のコンピューター化が進んでいることを考えると、世界中の動物園で現在ほどオランウータンにとって良好で長生きできる飼育環境を整えることができなかった時代に最長寿記録が達成されたという事実に、わたしのなかのデタラメ発見器のランプが点灯するのだ。これより最近の動物園での記録では五〇代前半というものがあり、これは野生での推定長寿記録に近い。オランウータンは明らかに五〇代まで、場合によっては五〇代後半まで生きることができるみたいだが、それでもヒトにもチンパンジーにも及ばない。

　オランウータンのＬＱはどうなるだろうか？　性別によって体のサイズが大きくちがう場合はどう算出すればいいのだろうか？　メスとオスで別のＬＱを出せばいいのだろうか？　本当のところは、それでは意味がない。ＬＱを使う理由は、寿命が種によってどうちがうかを説明することだということを思い出してほしい。大きな種は一般に小さな種より長く生きる。それは、ある種のなかの大きな個体が小さなものより長生きするということではない。実際にはその逆で、小さな個体のほうが長生きする場合が多いのだ。したがって、ひとつの種にひとつのＬＱにしなければならない。オスとメスの体のサイズを平均し、いまいち信用できない数字かもしれないが五九歳を最長寿記録だとするならば、オランウータンのＬＱは二・六になる。絶対的な年齢ならば霊長類のなかで三番、ヒトとヒト以外のチンパンジーに次いで三位だが、体のサイズからすると霊長類としてはいたって平均的な寿命だ。

ノドジロオマキザル（*Cebus capucinus*）

毛のないチンパンジーを含めた霊長類すべてのなかでＬＱが最大なのは、最長寿記録が正確だとすれば、どの類人猿よりもずっと小さな、新世界のとあるサルだ。

霊長類はアフリカに起源を持ち、新世界にはまったく生息していなかったが、四〇〇〇万年前から三〇〇〇万年前頃に、少なくともひとつの種のサルのオスとメスが、ひょっとすると嵐で押し流された樹木をいかだにして、大西洋を渡って南米大陸に流れ着いたのかもしれない。この時代の大西洋は現在よりずっと狭かったので、このいかだの冒険はもちろん驚くべきことではあるが、思うほど突飛なことではない。大西洋上にいくつもの島があった可能性もあるので、世代を超えた島づたいの旅路だったのかもしれない。いずれにせよ、この移民一世たちは一五〇以上のサルの種に分化し、体の大きさはピグミーマーモセット（*Cebuella pygmaea*）の一二〇グラムからミナミムリキ（*Brachyteles arachnoides*）の一二キログラムにまで広がった。新世界にはヒト以外の類人猿もいなければ、ヒヒのような大型のサルすらいない。つまりは小型霊長類の大陸なのだ。

小型の霊長類は危険に満ちた地上を可能なかぎり避ける必要があるので、一生のほぼすべてを樹上で過ごし、餌は大半が果物だが、花や葉、つぼみ、樹皮、樹液、そして小動物も食べる。新世界のサルのなかには、ものを摑める尾という、霊長類としての新たな特徴を発達させ、林冠の移動に役立てたものもいる。寿命の観点で最も興味深い新世界のサルのグループは、〈organ grinder monkey（手回しオルガン弾きのサル）〉とも呼ばれるオマキザルの仲間だ。

〝手回しオルガン弾き〟とは辻音楽師、今でいうところのストリートミュージシャンだ。彼らは一九世紀後半に押し寄せた移民の波に乗ってイタリアからアメリカにやってきて、街角で手回しオルガンを弾いて静けさを台なしにしていたが、ペットのサルに衣装を着せ、見物人に帽子やカップを差し出させて実入りを上げるという技を編み出した。小さめのネコほどの大きさで人に致死的な危害を及ぼすことはなく、芸を覚えるほど賢く、帽子やカップを持つほど器用で、風変わりな衣装を着せられても嫌がらないオマキザルは、手回しオルガン弾きだけでなく、わたしの妻の著書のタイトル『*Real People Don't Own Monkeys*（〝まともな人はサルを飼わない〟、邦題『犬をかう人　ブタをかう人　イグアナをかう人』藤田真利子訳、二〇〇三年、ポプラ社刊）』がぴったり言いあらわしているような人々がエキゾチックなペットとして飼っている。愛らしく訓練しやすいこのサルに映画界もぞっこんになった。オマキザルは何十本もの映画に出演し、そのなかでもわたしのお気に入りは、『レイダース／失われたアーク《聖櫃》』で、赤いヴェストを着てナチス式の敬礼をするサルのスパイだ。サルならごまんと生息しているエジプトで南米産のサルがペットになっている謎を解くことができるのは、意味不明なキャスティングをした担当者だけなのかもしれない。現在では、ありがたいことに多くの国でペットとしての取引が禁止されているオマキザルについて、お伝えしておくべきことがひとつある――連中は噛むのだ。いつ、どこで、どんな状況で、という問題ではない。陽が東から昇って西に沈み、潮が満ち引きするのと同じように、必ず飼い主やその子ども、そして飼い主の友人に噛みつくことになる。しかし本来の居場所である自然のなかでは、オマキザルは魅力にあふれている。

オマキザルは一〇匹から二五匹ほどの個体で、大抵は互いに眼もしくは耳の届く範囲内で群れをなし、果物のなっている木を探して森のなかを動きまわる。四肢と尾を巧みに操り、地上を走っても追いつけないほどのスピードで枝から枝へと跳び移って移動することができる。オスの成獣には餌の摂取と交尾をめぐって明確な優勢順位が存在するが、群れの縄張りは力を合わせて護る。群れのメスは近親で構成されることが多く、子育てで協力し、自分の仔以外の仔にも乳を与える。自然環境下のオスもメスも六年から七年をかけて成獣になり（飼育下では何年か早まる）、この段階でオスはしばしば集団で群れから離れ、ほかの群れを探し、そこのオスを追い払って自分たちの家族を作ろうとする。

オマキザルのEQは三以上になり、つまり体に対して大きな脳を持つ。だから訓練しやすいのかもしれないが、結局命令されることが嫌になって噛みつくのも、まちがいなくそのせいだ。その知能と手先の器用さを考えれば、さまざまな道具を使って木の実の殻を割る方法を見つけたとしても、それほど驚くようなことではない。チンパンジーとオランウータンほどではないが、オマキザルの知能は驚異的に高い。霊長類研究者のフランス・ドゥ・ヴァールは「類人猿は問題を考えて解決し、オマキザルは試行錯誤によって解決する」と述べている。

野生のオマキザルの調査は一九八〇年代半ばからコスタリカで続けられているが、寿命は驚くほど長いというわけではなさそうだ。メスよりもオスのほうがずっと短命だ。半分以上が成獣になるより早く死に、一〇代半ばに達するものはひと握りしかいない。一方でメスは一般に一〇代まで生き延び、最長寿のものは少なくとも二〇代半ばまで生きる。[11] こうした年齢から見れば、新世界の霊長類のなかでさえ最長寿ではなさそうだ。大きいほうのムリキ、つまりキタムリキは自然環境下で二五歳に達することがままあり、最も長生きのものは三〇代半ばに達する。しかしオマキザルが面白いのはここからだ。動物園では四〇代、さらには五〇代にすら達するのだ。最高齢記録は自然環境下で生まれて幼獣の段階で捕獲されたオスで、五四歳まで生きた可能性がある。[12] LQにすると四・三で、もしかするとわたしたちも含めて、どの類人猿よりも大きい。〝可能性がある〟とした点については少しあとで説明する。

ここで、あるパターンが存在していることを指摘しておく――少なくとも哺乳類では、自然環境下と飼育環境下での寿命の差は体のサイズで異なるというパターンだ。小さな哺乳類にとって、これほど自然環境がもたらす脅威をうまく際立たせる事実もないだろう。ハツカネズミは平均で三か月から四か月しか生きないが、飼育されたマウスは最長で三年生きる。ハダカデバネズミの働きネズミは研究室では寿命が一〇倍以上になり、女王は二倍以上長生きする。オマキザルは飼育下で寿命が二倍から三倍は延びるようだが、動物園のチンパンジーにしてもオランウータンにしても野生の個体ほどにはうまく生き延びることができるとは思われないし、ゾウでは飼育下のほうが寿命は少し短い。

それでは五四年生きた〝可能性がある〟オマキザルに話を移そう。最長寿の個体の年齢をその種の寿命とする最大の理由は、それが理想的な条件下で種が長生きする潜在能力をあらわしているかもしれないからだ。一方で欠点もある。これまで見てきたように、長寿記録には誤りや誇張が多くみられる。チンパンジーの〈リトル・ママ〉がその好例だ。彼女の寿命が二番目に長生きしたチンパンジーより一一年長いからだ。似たようなことが最長寿のオマキザルについても起きているようだ。その個体は自然環境下で生まれ、一九三五年一月、幼獣の段階でインディアナ州エヴァンズヴィルのメスカーパーク動物園に連れてこられ、一九八〇年に研究所に移され、そこで一九八八年に死んだ。アメリカに来て五三年後のことだ。この最長寿記録には気になる点がふたつある。まず、二番目に長生きしたオマキザルより六年長い。ふたつ目は、その二番目に長生きのオマキザルは四八年生き、そのうち四七年を、やはりメスカーパーク動物園で過ごしているのだ。びっくり驚きの偶然だ。インディアナ州エヴァンズヴィルが長寿のオマキザルの聖地だというのはあまりにも出来すぎで、少し無理があるように思える。メスカーパーク動物園で一生を過ごしたわけではなく、そして自然環境下で生まれて出生年が不確かなわけではない、つまり生まれも育ちも同じ動物園の最高齢のオマキザルは、シカゴのブルックフィールド動物園のメスで、四二歳一〇か月で死んだ。[13] 本物の、つまり正確な長寿記録が四〇代前半から半ばの可能性が高いなら、オマキザルのLQは三・六にしかならない。なかなかのものだが、宇宙船を造る毛なしチンパンジーのものほど見事な数字ではない。

霊長類の長寿の秘密

ここで、そもそもの疑問に戻ろう。霊長類はなぜ長寿なのだろう？　霊長類のなかでは、脳の相対的な大きさがさらなる長寿をもたらす傾向が見られるのはどうしてなのだろう？　ここまで伏せておいたが、カギは代謝率にある。霊長類は全体として代謝が遅く、一日に消費するエネルギー量は、同サイズのほかの哺乳類の約半分だ。これは行動の何もかもがゆっくりなオランウータンなら意外でも何でもないかもしれないが、四六時中ちょこまかと動きまわっているように見えるチンパンジーやほかのサルについても同様なのだ。[14]だから霊長類の長寿の一要因は、意外にも代謝の遅さだと言える。

脳の大きさはどうだろう？　脳が大きいと記憶力と判断力が向上するので、霊長類の大きな脳は〈環境上の危険〉の低減に役立っていると、わたしは考えている。ほぼすべての霊長類が、少なくともある程度は樹上で暮らしているが、この生活スタイルそのものが〈環境上の危険〉にさらされる頻度を低くしている。たとえば洪水や地上棲の捕食獣がもたらす危険は確実に減る。オランウータンという例外はあるものの、やはりほぼすべての種が営む集団生活がさらなる安全を約束してくれる。複雑な社会集団での生活にはかなりの判断力が必要なので、脳がより大きければ好都合だろう。どの時期にどこで餌が手に入るかを記憶し、樹上まで追ってくることができるヘビや猛禽類などからどう逃れたらいいのか、そして林床からはるか高いところにある危険な三次元空間を移動する際の判断ミスを減らすにはどうすればいいのかを考える場合にも、大きな脳のほうがより役に立つだろう。

霊長類の脳のサイズが寿命に与える影響を過大評価しているのだろうか？　そうかもしれない。わたしたちヒトの大きな脳を無闇に買いかぶりすぎているのかもしれない。大きな脳が長寿の要ではないのはまちがいない。コウモリやリクガメに訊いてみればすぐにわかることだ。しかし一方で、あって困るものでもない。

ほかの霊長類から、わたしたちの健康増進につながる何かを学べるだろうか？　たぶんそれほど多くのことは学べないだろう。結局のところ、ヒトは霊長類のなかで最も長くて最も健康な生涯を送っているのだから。体の大きさという点から見れば、つまりLQで比較すれば、わたしたちはオマキザル並みか、あるいはそれ以上長生きする。霊長類の長寿のパターンを研究する理由は、鳥やコウモリ、もしくはハダカデバネズミの寿命についてもっとよく理解すべき理由とは――わたしたちの健康寿命の延伸に役立ちそうな、進化が育んだ長寿の知恵を発見できないかどうか探ることとは――異なる。わたしたち自身の進化史について、もっとよく知るためなのだ。

3部 海の長寿

11章　ウニ、チューブワーム、ホンビノスガイ

海は広大だ。地球の表面の七一パーセントを覆っているという事実も、その広さを語る話の枕にもならない。むしろ海の平均深度は三七〇〇メートル近くと、アメリカのグランド・キャニオンの深さの倍に達し、最深部は陸の最高標高より一六〇〇メートルも深いと言ったほうがわかりやすいのかもしれない。地球全体の淡水、つまり世界中の小川からアマゾン川やナイル川やミシシッピ川などの大河、すべての池、すべての沼、スペリオル湖やヴィクトリア湖、バイカル湖のような大きなものから小さなものに至るすべての湖、世界中の高山の頂を覆う万年雪、さらには氷結して世界中の氷河とふたつの極地を覆っているすべての水を全部合わせても、海水の三パーセントにしかならない。表層から暗い最深部まで、至るところに生物が生息している海は、地球全体の生物圏の九〇パーセントを占める。それにもかかわらず、海は地球の生物圏のなかで最も理解が進んでいない。海洋学者たちの推算によれば、〝海の地図〟はいまだに全体の二〇パーセントしか完成しておらず、発見済みの海洋生物は全体の一〇パーセント以下だという。

そして海は古くもある。四〇億年近く前、溶融してドロドロだった地球の表面がしっかりと冷え、水が液体で存在するようになると雨が降り始め、それから何百万年分もの雨水が貯まって原初の海

が形成された。海は大陸よりさらに早い時期に誕生し、地球全体を覆っていたのかもしれない。この原初の海が生物を生み出す大釜でもあったということは、ほぼ誰しもが認めるところだ。生命が誕生したのは、海底の熱水噴出孔の周辺だという説が有力だ。地殻の割れ目から冷たい海水が浸み込み、マントルの下にあるマグマに出会う。冷たいものが熱いものにぶつかって爆発的にできた混合物が、海底を貫いてまた上へ噴き出し、地球内部のエネルギーとガス、ミネラルを運んでくる。その噴き出し口が熱水噴出孔だ。このミネラルに富んだ海水は、深海の何百気圧もの圧力によって水の沸点をはるかに超える摂氏四〇〇度になる。地球内部から噴出するエネルギーとミネラル、そして水は、生命誕生に必要な三つの要素だ。

最初の生命体は微生物という形態をとり、誕生から数十億年のあいだは海のみを生息域としていた。そのなかの一部が、地球内部から深海に放出されるわずかばかりのエネルギーに頼るのではなく、太陽から降り注ぐ豊富なエネルギーを海面付近で吸収する方法を発見したとき、生命は一回目の大躍進を遂げた。その名のとおり、太陽のエネルギーを使って二酸化炭素と水を炭水化物に変えるプロセスである光合成は、太陽のエネルギーそのものを捉えることができない生物に高エネルギーの餌を与えた。光合成の副産物である酸素は、真逆の化学プロセスである呼吸に不可欠な化学的刺激となった。呼吸は炭水化物を再度二酸化炭素と水に変換し、細胞内に閉じこめられていた太陽のエネルギーを、生命プロセスの駆動に利用できるかたちで放出する。この光合成のエネルギーを新たに得たことで、複数の細胞から作られた生物体の発達が可能になった。それから五億年をかけ、酸素は地球の大気をほぼ二酸化炭素で構成されたものから、酸素が生命を吹き込む重要な役割を果たす大気へと変えていった。

表面積も体積も半端なく大きく、そして生命を育んできた長い歴史があるにもかかわらず、海洋生物の種の数は、微生物を無視すれば地球全体の種の一五パーセントでしかない。意外にも生命が少ないのは、海のほとんどが〝砂漠〟だからだ。

陸の砂漠の特徴として、太陽からエネルギーがさんさんと降り注ぎ、土壌はミネラルが豊富なのにもかかわらず、生命に不可欠な三番目の要素である水に欠けるという点が挙げられる。平原や森林と比べて砂漠で育つ種の数が少ないのはそのためだ。その砂漠のように海の大半が不毛なのは、この三つの要素が全部そろう場所が限られているからだ。深海底のほとんどは砂と堆積物の、まさしく砂漠だ。お気づきかもしれないが、水なら海にはたんまりとある。しかし太陽のエネルギーは海面付近にしか届かない。水が太陽のエネルギーを吸収してしまうのだ。太陽光で光合成が機能するのは水深わずか二〇〇メートル程度までで、水が濁っていれば光の到達深度はさらにずっと浅くなる。濁った水中をスキューバダイヴィングで三〇メートルまで潜ったことがあるが、そこは洞窟のように暗かった。生命に必要なミネラルも海中には少ない。その大半は、太陽光が届く深度より何千メートルも深い海底の堆積物中にまとまって存在する。海のなかで太陽光と水とミネラルが三つとも豊富なのは、おもに浅い大陸棚と、海底の堆積物を表層に湧き上げる海流がある湧昇域で、海中生物が最も多く生息しているのもこの二か所だ。熱水噴出孔と、海底にあるもうひとつの噴出場所である〈冷水湧出帯〉でも生物相は豊かで多様だが、このふたつは広大な海にわずかに点在するにすぎない。

それでも驚くべきことに、地球上の最長寿動物たちは、すべて海を棲み処としている。ここまでは鳥からコウモリ、そしてハダカデバネズミまで、体のサイズのわりに、そして代謝率のわりに長生きする種をいくつも見てきた――この点から見れば、ヒトよりずっと長生きする動物たちだ。こうした種からは、細胞がこうむる損傷、たとえば代謝で生じる活性酸素による損傷から身を護るメカニズムなど、学ぶべきことは多くある。が、絶対的な年齢からすれば、これまで本書で取り上げた種のなかでまちがいなくヒトより長生きなのはゾウガメと、おそらくムカシトカゲだけだ。その長寿の秘訣の大部分は外温性と体のサイズ、そして生息地の冷涼な気候だ。外温性動物は内温性動物の鳥類と哺乳類に比べて代謝が遅いことを思い出してほしい。何しろワニなどは、体が同じサイズのヒトの二五分の一の餌しか必要としないのだから。さらに、代謝は体が大きくなり、生息域の気温が低くなるにつれて低下する。ムカシトカゲが長寿なのは、寒冷地に生息する外温性動物だというところと、島という安全な環境にいるからだ。ゾウガメの場合は、外温性と体のサイズ、外敵のいない安全な島、そして体を護る甲羅の組み合わせが、さらなる長寿をもたらしている。しかし、ここからは新たな展開に備えておいてほしい。なぜなら海には、とくに生命に不可欠な三要素がそろっている数少ない海域には、外温性と低温度、そして安全な環境が偶然組み合わさっている地点がたくさんあるからだ。これが自然環境下にある最長寿の種のほぼすべてが海にいる理由だ。

寿命が最も長いのは、生命活動が最も遅くなる寒冷な場所の外温性の動物だ。海洋生物のほぼすべては外温性だ。そしてほぼすべての生息域は寒冷だ。これは太陽光では海面近くのほんの浅いところまでしか温まらず、その下には冷たく密度の高い海水があるばかりだからだ。海の最深部の九〇パーセントは永遠に暗く冷たく、あとほんのちょっと下がれば凍ってしまうという状態だ。また、水は熱吸収率がかなり高いので（何しろ空気の三〇〇〇倍だ）、深海で内温性を保つことは不可能に近い。水温が低ければ、そのぶん熱吸収率も上がる。身近な例で説明しよう。風呂でぬるま湯に浸っていても、じっとしていたらだんだん寒くなってくる。動かないでいると、体内で熱を生み出すペースよりも水に熱を奪われるペースが上まわるからだ。小型の内温性動物は体の体積に対して大きな表面積を持つので、ぬるま湯のなかでずっと生きつづけることはできないし、ましてや冷水となれば絶対に無理だ。ハツカネズミほどの大きさの鳥や哺乳類で海棲のものはいない。海中で生活する最小の哺乳類は、体重一五キログラムから四五キログラムのラッコ（*Enhydra lutris*）だろう。防水性のある分厚い毛皮を持ち、大半の時間を仰向けで海に浮いて毛づくろいをして過ごすことで海の生活を可能にしている。そこまでしても、ラッコは同じサイズの陸棲哺乳類に比べて代謝率が二倍から三倍高く、したがって餌も二倍から三倍摂取しなければならない。最小のクジラはオガワコマッコウだが、その幼獣はサイズも体重もラッコとほぼ同じだ。そしてやはり同じように大半の時間を、太陽が背中と背びれを温めてくれる海面に浮いて過ごす。海のなかで一生を過ごす鳥はいないが、それに一番近いのはペンギンだ。防水性のある羽と厚い皮膚、そして断熱性の高い皮下脂肪層が水中での体温維持を助ける。ほかの水鳥と同様に、実はペンギンも大半の時間を陸上で過ごす。

では、冷たい海に暮らす外温性動物はどれくらい長生きするのだろうか？　はっきりとわかっているものもいれば、さまざまな研究結果をもってしても推定寿命しかわからないものもいる。これまで見てきたように、たとえすぐに居場所がわかる巨大なゾウガメであっても、ヒトより長生きする種の寿命を厳密に記録することは難しい。それが水深何百メートルから何千メートルの永遠の暗闇のなかに生きる動物となれば、困難はさらに増す。できることといえば、せいぜい深海を短時間潜航してスナップ写真を撮るぐらいだ。だからチューブワームの一種のエスカルピア・ラミナータ（*Escarpia laminata*）がたった一〇〇年とか二〇〇年しか生きないのか、それとも何千年も生きるのかはわからない。

チューブワーム

チューブワームとは、硬いがよくしなるチューブ（棲管《せいかん》）を分泌物で作ってそのなかに棲む、ミミズの近縁種の多種多様な海洋生物の総称だ。カタハオリムシ属（*Escarpia*）のようにほとんどは一般名を持たないが、その親戚のいくつかは色とりどりの名前がつけられている。わたしのお気に入りは〈feather duster worm（フェザー・ダスター・ワーム、毛ばたき虫の意、和名はケヤリムシ）〉、〈Christmas tree worm（クリスマス・ツリー・ワーム、和名はイバラカンザシ）〉、そして不動の一位は、〈bone-eating snot flower（ボーン・イーティング・スノット・フラワー、骨を食べる鼻水の花の意、和名はホネクイハナムシ）〉だ。

ここで論じるチューブワームは、深海の熱水噴出孔付近もしくは冷水湧出帯に生息する。冷水湧出帯は海底の裂け目で、そこから漏れ出た石油や天然ガスが、周辺に群生する深海棲物たちにミネラルとエネルギーを与える。一緒に湧き出る水は、冷水という名前とは裏腹に摂氏零度に近い周囲の海水より低いわけではないが、熱水噴出孔とちがって高いわけでもない。メキシコ湾に多く存在し、したがってそこから湧き出る〝黄金の液体〟を採取する石油掘削装置《リグ》も多く存在する。

熱水噴出孔のまわりにいるチューブワームは生き急ぎ、若くして死ぬ。長生きしないのは海水温が成長と代謝を加速するからでもあり、エネルギーを依存する熱水噴出孔が長持ちしないからでもある。地震や海底火山の噴火、そして地下のマグマの流れの変化が、数十年という単位で熱水噴出孔を潰してしまうのだ。一方で冷水湧出帯は何千年も存続することがある。

深海に群生するチューブワームには、さながら砂漠の低木もしくは海底に刺さったストローの束といった趣がある。一生をチューブのなかで過ごすので、眼も手足やひれといった付属肢も口も肛門もなく、さらには消化管の形跡すら一切ない。消化管がなければどうやって餌を食べるのか、という疑問が湧くかもしれない。チューブワームは餌を食べない。細胞内にいる細菌に食べさせてもらうのだ。この細菌は自らの栄養を摂るために、海水から酸素や二酸化炭素といった気体の栄養分を、チューブワームが安全だと感じたときにチューブの先端から出す、体の端に生やした細い房毛（ハオリ）を通して吸収し、ミネラルはその反対側の海底堆積物に埋まっている端から入ってくるものを利用する。そして寄生主であるチューブワームに有機物を与える。

何度でも言うが、カタハオリムシ属などの深海のチューブワームについてはわずかなことしかわかっていない。幼生についても未確認だが、泳ぐことができることと見た目は、浅い海に生息する近縁種から想像はつく。幼生はかなり小さく、成体とはちがって口も肛門も、ちゃんと機能する完全な消化管があるということもわかっている。しかし海底に定住するまで、どれほどのあいだ幼生として過ごすのか、それからどれくらいの時間をかけて分泌物を出してチューブを伸ばしていくのか、消化管が消えるまでにどれくらいかかるのかについてはほとんどわからない。成体まで成長し、生殖を始めるまでどれくらいの時間がかかるのかについてもさっぱりわかっていない。

それでも寿命はかなり長いことは何となくわかっている。チューブが年齢とともに伸びていくからだ。チューブの長さを測定して成長率を推定すれば、大雑把な年齢を推算することができる。

冷水湧出帯の周辺に生息するチューブワームの複数の種で、少なくとも一〇〇年もしくはそれ以上のかなりの長寿が記録されているが、最長寿の栄冠に輝いているのは、どうやらエスカルピア・ラミナータらしい。研究者たちは深海潜水艇で水深二五〇〇メートルの海底まで潜り、群生するエスカルピアの長さを測り、色素で印をつけ、一年後にまた潜ってどれだけ伸びたかを記録した。一生成長を続けるほかの動物と同様、チューブワームも大きくなればなるほど成長速度が落ちる。サイズと一年という短い期間の成長具合から年齢を推算するには、知識に基づく推定、仮定、コンピューター・シミュレーションをいくつも組み合わせなければいけない。妥当性のある仮定の組み合わせのひとつを使って推算すると、六五センチメートルの長さのエスカルピアの群生の平均年齢は二六六歳で、そのなかで最大の、一メートル半という驚きの体長の個体の年齢は七〇〇〇歳という数字が出てきた。それより無難な仮定の組み合わせを使った場合、最長寿の個体は一〇〇〇歳に毛が生えた程度にしかならなかった。どちらの数字もそんなに悪いものではない。しかし考えてみれば、真っ暗闇の世界のなかでチューブのなかでじっとしたまま、一〇〇〇年また一〇〇〇年という時の流れを感じながら生きるというのは、わたしからすれば最高に有意義な一生だとは思えない。
が、成長率を使った年齢の推算については、ちょっとした真偽の確認が必要だ。〝一〇〇〇歳から七〇〇〇歳のどこか〟という推定年齢を見れば丸わかりだとは思うが、こうした推算は精度が粗いのだ。さまざまにちがう仮定を設定して、そこからはじき出した年齢の範囲内に実際の年齢を捉えているという〝見込み〟でしかない。これをわたしは〈当て推量〉と呼んでいるが、決して馬鹿にしているわけではないことははっきり言っておく。科学者がときに相手にしなければならない不確実性の程度を単に示しているだけだ。年齢推定の全体から考えると、成長率の比較というのは推定手法のなかでおそらく最も信頼性が低い。それでもいくつかの非常に興味深い種の研究では、これしか手がないのだ。

七〇〇〇歳まで生きるかもしれないチューブワームから、人間の健康寿命を延ばすうえで何を学び得るのだろうか？　氷河がゆっくりと進むのと同じペースで生きていること以外に、チューブワームの並はずれた長寿には注目すべき点があるだろうか？　どちらももっともな疑問だが、すぐに答えが出そうにない疑問でもある。地上の普通の気圧の何百倍もの圧力がかかる水深二五〇〇メートルの世界に生息する生物の研究は容易ではない。そうした生物たちは普通の気圧下では死んでしまうので、よりよく理解するには、深海底に研究施設を建設するまで待たなくてはいけない。しかし長寿の海洋生物のすべてが海の深遠部にいるわけではない。

動物とは？

厳密に言えば動物なのだが、動物としての一般的な特徴の多くを欠き、鳥やコウモリやハチと比較するのは不公平で、面白くないように思えるものたちがいる。そうした種は本書では扱わない。とんでもなく長生きする種もいる海綿動物はそのひとつだ。サンゴもまたしかり。チューブワームのように硬いチューブのなかに棲む、触手の生えたサンゴ（ポリプ）のコロニーがサンゴ礁だ。サンゴ自体の寿命はたかだか数年だが、コロニーとしては何百年にもなることがあるので、超長寿の動物として名を博している。わたしはドイツトウヒの〈チコ爺さん〉と同じことだと考えている。長生きの根系が、それなりに短命な〝木〟をいくつも芽吹かせているものだ。これは本書で描いているものとは別の意味の長寿だ。

しかしチューブワームは眼も摂食器官もないものの、ゆっくりと脈打つが、どれくらいゆっくりなのかまったくわからない心臓などの循環器系はある。神経細胞が集まったものもあり、これは目一杯拡大解釈すれば脳とも言える。したがってチューブワームは本書で扱うに足る動物だとした。

ウニ

オオキタムラサキウニ（*Mesocentrotus franciscanus*）は、北米西岸と日本北岸の水深一〇〇メートル以内の比較的浅い海に生息する。一〇〇〇種ほどいるウニのいくつかはさらに浅い水域、たとえば岩場の潮だまりにいて、ウニを見つけるとすれば大抵はここだ。水深五〇〇〇メートルの深海に棲むものもいる。にもかかわらず浅い海にいるオオキタムラサキウニが、知られているなかで最長寿のウニだというのは何とも不思議だ。

ウニ（Sea urchin）は手芸用の針刺に似ていて、丸まったハリネズミに見えるという人もいるかもしれない。実際、urchin は古フランス語のハリネズミ〈herichun〉に由来する。進化の歴史のなかで、ウニとその最近縁種のナマコとヒトデは、ほぼすべての無脊椎動物よりも、ヒトをふくめた脊椎動物に近い。たとえばイカや昆虫や肢のない虫《ワーム》（チューブでも何でも）よりもわたしたちに近い。ここがウニの興味深いところだ。

ウニをうっかり踏んでしまうと、棘《とげ》が刺さって痛い思いをしかねない。それが棘に毒がある種だったら痛い思いでは済まないこともある。棘は軍艦の大砲を旋回させるように、それぞれ独立して動かすことができる。そして失ってもまた生やすことができる。ウニにはほかにも叉棘《さきょく》という小さくて鋭く、摑むことができる棘があり、捕食されそうになると水中に放出して相手の気をそらす。管足という吸着性のある器官が何百本も生えていて、移動と呼吸にひと役買い、そして少なくとも浅い海に生息する種では、はっきりと見えるわけではないが視界の確保に役立つ。ある研究施設で飼われていた浅い海に暮らすウニが、餌を手にした人間が水槽の上から覗き込むと、水面まで這い上がってくるところを見たことがある。その気になれば、ウニは日速五〇センチメートルぐらいのペースで動くことができる。ここまで読んでも大した生き物ではないと思われた方向けに言い足しておくが、ウニには心臓も脳もなく、肛門が上にあり、口は下にある。この口は摂取官と呼んだほうがよく、五本の硬く鋭い歯とそれを支える複雑な顎からなり、その動きはキッチュな賞品を掴み上げるクレーンゲームのアームに似ている。この器官には〈アリストテレスの提灯〉という冗談みたいな名前がつけられている。〈アリストテレスの提灯〉のものを掴み、引っかき、掘り、引っぱり、砕く能力に感銘した技術者が、それをヒントにして月と火星の着陸探査機用のロボットアームを設計した。

　ウニの年齢判定も、もっぱら成長率とサイズに頼っている。そう、チューブワームと同じくウニも一生を通じて成長し、成長速度もやはり年齢とともに遅くなる。したがってウニの年齢も同じように〝測定して印をつけて一年待って再度測定する〟やり方で推算する。具体的には、ウニへの印づけは抗生物質のテトラサイクリンの注射だ。テトラサイクリンは骨や歯といった硬い材質、そして〈アリストテレスの提灯〉の成長する顎に取り込まれるカルシウムと結びつく。再捕獲して顎を取り出してブラックライトを当てると印が光り、テトラサイクリンを打った時点からの顎の成長量を測定することができる。この測定値と成長に関する数式を使うと、ウニの推定年齢が出てくる。

　オオキタムラサキウニの生殖巣は美味として珍重されることもあるので、商業漁業の対象になっている。聞こえがいいようにウニの〝卵〟と呼ばれることもあるが、一部の人が愛してやまない部分は生殖巣、つまり卵もしくは精子を生産する臓器だ——そう、ウニにはオスとメスがいるのだ。オレンジ色か黄色っぽい色をしていて、食感はウニ好きの人なら硬めのカスタードクリーム、ウニが嫌いな人なら泥みたいだと表現するだろう。ウニには媚薬的効果があるとされているが、なかなか常軌を逸した俗説のように思える。オオキタムラサキウニには商業的価値があるので、個体数のしっかりとした管理に寿命の把握が役立つようになった。最初に算出された推定寿命は七年から一〇年だった。ところがオレゴン州立大学の海洋生物学者トーマス・エイバートがテトラサイクリンによるマーキング手法を使って一五〇〇以上の個体を調べると、確実に一〇〇年以上生きるという結果が出た——直径約一九センチメートルという最大の個体は、二〇〇歳にもなる可能性があった。一〇〇歳を超えると成長速度はかなり遅くなり、それ以上の年数を推定するのは難しい。ある集団では、一〇〇歳以上の個体はおよそ一〇個にひとつだった。[1] しかし餌が豊富な海域で育った個体の成長速度は速いのではないかという批判の声が上がったため、エイバートは核実験による影響を利用して自説の正しさを証明した。

魚とは？

ヒトデ（starfish）もクラゲ（jellyfish）も貝と甲殻類（shellfish）も、どれも本物の魚（fish）、つまりヒレと背骨のある水棲生物ではない。正しい言葉遣いをささやかながらでも重んじる人や動物学を解する人にとって、こうした誤用は苦痛でしかない。紛らわしさを極力抑えるべく接頭辞にして〈fish〉と一体化させて、たとえば〈star fish〉ではなく〈starfish〉としてはみたものの、話すときにはこの区別は失われる。こうした言葉は、動物同士の進化史上の関係がまったくわからなかった、今より単純だった時代に生み出された。水中に棲む動物については、どれもほとんど何もわかっていなかったので、全部〈fish〉と呼んでしまえ、ということになったのだ。しかし現在では、ヒトデやクラゲよりもヒトのほうが一般的な魚にずっと近い関係にあることがわかっている。こうしたまちがった名前のなかで最悪なのは、おそらく〈shellfish〉だ。この言葉はエビや二枚貝からウニまでを一緒くたにしていて、そのどれもがお互いにヒトとヒトデの関係より遠い関係にあるからだ。おっと、ここではヒトデは〈starfish〉ではなくて海星《ヒトデ》（sea star）と呼んでおこう。

動物の年齢推定と核実験

この話はまた出てくるので、ここで説明しておく。地上核実験の利点は――唯一の利点と言ってもまちがいない――長寿の動物の寿命推定を正確化できることにある。一九五〇年代初頭から六〇年代初頭にかけて地上核実験が何百回も実施された結果、大気中にほんのわずかしか存在しないはずの炭素同位体の炭素14の量が二倍になった。部分的核実験禁止条約《PTBT》が締結された一九六三年以降、大気中の炭素14の量は徐々に核実験以前の濃度に戻っていった。大気中の炭素は二酸化炭素のかたちで存在する。それを植物が光合成によって細胞内に取り込み、植物を食べる動物、その動物を食べる動物も同様に体内に取り込むことになる。したがって骨や殻や歯といった、硬くて長持ちする組織の炭素14の含有量を測定すれば、その組織がいわゆる〈ボム・パルス（核実験による炭素14濃度の急変動）〉が起こる前に形成されたのか、それともそのさなかなのか、もしくはその後なのかがわかる。

　話のついでに、炭素14についてもうひとネタ披露しよう。この炭素同位体は、長寿の動物よりずっと古いものの年代測定にも使われる。炭素14は、炭素の普通の安定同位体である炭素12一兆個に対してひとつという割合で大気中に存在する。そしてこの超低濃度の炭素14は、太古の昔から動植物の体に取り込まれてきた。中性子が炭素12より二個多い分、不安定な炭素14は一定のペースで崩壊して――五七六〇年ごとに半分が消失する――炭素12になる。炭素12に対する炭素14の比率は、高度な機器を使えば簡単に測定可能なので、それがわかれば生きている、あるいは生きていた対象物がどれほど昔に形成されたのかが推測できる。測定とはすべからくそうなのだが、測定値にはある程度の不確実性が存在するが（選挙の世論調査会社は〈誤差の範囲〉と呼ぶ）、この不確実性の程度も計算できる。この測定法を使えば、イエスの死装束だと一部で信じられている有名な〈トリノの聖骸布〉に使われているリネンの原料の亜麻は二〇〇〇年前ではなく西暦一二六〇年から一三九〇年までのどこかで育ったものだということがわかり、長きにわたって氷のなかに埋もれ、一九九一年に融けかけた氷河のなかから姿を見せたアイスマン〈エッツィ〉が五四〇〇年前から五一〇〇年前のあいだに生きたこともわかるのだ。しかし炭素14が放つ放射線は微弱なので、放射性炭素年代測定と呼ばれるこの方法が信頼できるのは五万年ほど前までだけだ。それより古いものは、残っている炭素14が少なすぎて測定できない。

またウニの話

それでは、エイバートは自分の導き出したオオキタムラサキウニの推定年齢が正しいことを、核実験の何を利用して立証したのだろうか？　ウニの顎を、最新の成長点である先端から根元まで薄くスライスしたものを放射性炭素年代測定をし、そのウニが〈ボム・パルス〉の発生前に生きていたなら、スライスの根元に近いほうの（つまり古いほうに）炭素14の含有量に急落が確認できるはずだとエイバートは考えたのだ。急落が見られなければ〈ボム・パルス〉のあとに生まれたことになる。エイバートがウニを採取したのは印をつけた一年後の一九九〇年だったので、推定年齢が正確ならば、三〇歳以上の個体をサイズから予測できるはずだった。そして実際に、テトラサイクリンを使ったマーキング法で示されていたとおりの結果が出た。

それでは二〇〇年も長生きするかもしれないオオキタムラサキウニがどれほどすごいのか、そしてこのウニから老化の生物学について何を学ぶことができそうか、少し考えてみよう。一〇〇〇歳を超える長寿を誇るチューブワームに比べると、二〇〇歳というのはそれほど大したことではないと思えるかもしれない。しかしこのウニは水深二五〇〇メートルの摂氏零度近い水温のなかで生息しているわけではない。エイバートが最長寿のウニの集団を見つけたワシントン州沿岸の浅い海域の平均水温は、深海に比べれば焼けつくような暑さの摂氏一〇度だ。つまり温度そのものが極めて低い代謝率をもたらしているわけではないのだ。しかし公正を期するために言っておくと、ほかのウニに比べるとオオキタムラサキウニの代謝率は著しく低い。別の研究によると、比較的暖かい海に棲むオオキタムラサキウニの代謝率は、摂氏零度に近い南極海の種のそれと近い。つまり遅い代謝は、ウニの長寿にある程度の役割を果たしているのだろう。そして外敵から身を護る棘も長寿の一因なのはまちがいない。ラッコにはすぐに食べられてしまうが……

代謝率の低さ以外にも、ウニには興味深い大きな特徴がある。そしてその特徴は興味深いだけでなく非常に珍しい――加齢からくる衰えが見られないのだ。つまり高齢のウニと若齢のウニの死亡率は変わらず、最高齢に達しても生殖率は落ちない。それどころか齢を重ねて大きくなったウニの生殖能力は増し、生殖巣にしても、若いウニより美味しくなるとはかぎらないが、大きくなる。ウニの健康状態を評価する手段は、死亡率と生殖率以外にはあまりない。研究室のマウスでやっていることだが、研究施設の水槽であれば自発的に動きまわる様子で健康かどうか測ることができるかもしれないが、今のところ誰もやっていない。しかし生物学者のアンドレア・ボドナーは、若齢のウニと高齢のウニの棘と管足を何本か切断し、また生えてくる速さを測定した。やはり高齢のウニに再生の鈍化は見られなかった。これまでに発見された老化の兆候と思しきものは、いくつかの種の高齢の個体で、一部の――すべてではない――組織の細胞置換のペースが若齢の個体よりわずかに遅くなるという点だけだ。[2] これは加齢とともに髪の毛の伸びるペースが遅くなることと似ているかもしれない。だとすれば、これがウニに見つかった唯一の老化のサインだ。

二枚貝、カキ、ホンビノスガイ

ある日、ウェールズのふたりの海洋生物学者からいきなり電話がかかってきた。たしか、こんなやりとりをしたと思う。「どうもこんにちは、オースタッド博士。わたしたちは海洋生物学者で、かなり長生きするクラム（clam　アサリやハマグリなど）の研究をしています。その長寿の仕組みを共同研究してみませんか？」

　わたしのもとには、不老不死を願う人々や、あるいはその方法をすでに知っていて、それを世に知らしめるために協力してほしいという人々からのありがた迷惑な電話や電子メールがじゃんじゃん寄せられる。そうした人々の多くは宇宙や生命の起源についても自説を唱えていて、それを伝えようとする。わたしはできるだけ失礼なことを言わないように取りつくろっている。

　このときも取りつくろって、こんな感じに返答をしたと思う。「検討しましょう。〝かなり長生き〟とは、具体的にどれくらいですか？」

「数百年です」

　わたしは耳から受話器を離した。大西洋を挟んだ国際電話だ。聞きちがえたのかもしれない。

「すみません、〝数百年〟とおっしゃったような気がしたのですが」
「ええ、そのとおり――数百年です」
まったくの初耳だった。数か月後、バンガー大学のふたりの研究者が――国際的に知られる海洋学者で、長寿のクラムから太古の気候を探ることを主な研究対象とするクリストファー・リチャードソンと、若い博士研究員《ポスドク》で、クラムの長寿の仕組みに興味を持っていたイアン・リッジウェイが――わたしのオフィスを訪れ、詳しく説明してくれた。

正確には、ふたりは最初のやりとりで〈クラム〉とは言わなかったはずだ。たぶん動物学的にもっと一般的な〈二枚貝（bivalve）〉という言葉を使ったと思う。二枚貝は蝶番《ちょうつがい》でつながった二枚の貝殻で体を包む軟体動物だ。クラム、カキ、ホタテ貝、ムール貝はみな二枚貝だ。どれも美味である。当時のわたしが知っていたのはその程度だった。

軟体動物には二枚貝以外にも多くの種がいる。太古の昔から、軟体動物は海棲動物のなかで最も多様な動物群だ。貝殻が化石になりやすいので、化石生物のなかではおそらく最も理解が進んでいる。カタツムリなどの巻き貝も、殻を持つ軟体動物の大きなグループだ。巻き貝の大半は海に生息しているが、大抵は庭先で見かけるか、バターとにんにくを添えたディナーのひと品になるもののほうが馴染みがある。タコとイカも軟体動物だ。二枚貝には脳と呼ぶにふさわしい器官はないが、タコはかなり発達した脳を持ち、頭が一番いい無脊椎動物だとされている。オランウータン並みにパズルを解くことができるし、夜な夜な水槽から抜け出して悪さをし、朝になる前に戻ってきて、かなり長いあいだ誰もそのことに気づかないという話も知られている。しかしタコは長生きしない。

成体になって一度だけ生殖したのちに死ぬ――サケで有名な一生だ。

　オフィスを訪ねてきた二枚貝の専門家たちへの最初の質問はこうだった。「クラムの寿命をどうやって調べるんですか？」てっきり放射性炭素年代測定だとか、〝寿命はここからここまでのどこかだということがわかっています〟といった話を聞かされるものとばかり思っていた。ところが、クラムのどの個体でも一年単位の正確な年齢がわかるのだと知らされた。その測定法を、リチャードソンとリッジウェイは〈sclerochronology《スクレロクロノロジー》（硬組織年代学、成長線解析）〉だと教えてくれた。その名のとおり、硬い組織の年代を測定するもので、厳密にいえば硬い組織の炭素年代測定も硬組織年代学的なアプローチだが、ふたりの手法はそれとは別の、もっと正確なやり方だ。スクレロクロノロジーは樹齢を年輪で測定する〈dendrochronology《デンドロクロノロジー》（年輪年代学）〉に倣ったものだ。季節ごとに水温と得られる餌の量が変化する水域に生息する二枚貝は、貝殻に年輪（成長線）ができる［図11-1］。リチャードソンは嬉しさを隠し切れない様子でこう語った。「二枚貝の

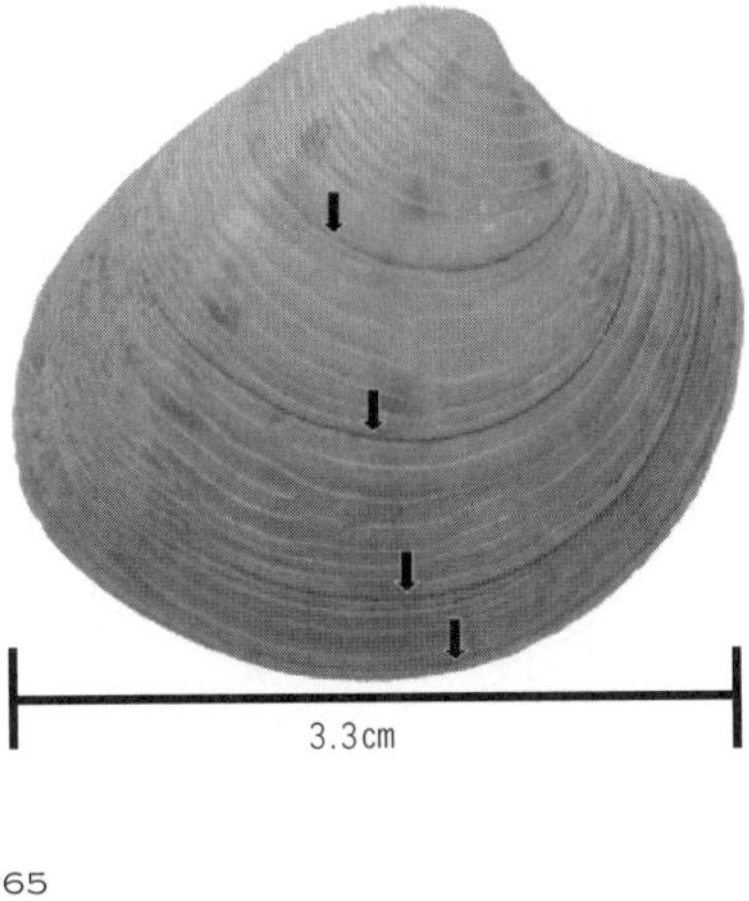

［図11-1］クラムの一種、ガリアハマグリ（*Chamelea gallina*）の4歳の個体の殻に確認できる成長線（矢印）。殻の最も古い部分は蝶番から突き出ている殻頂（かくちょう）、最も若い部分は周縁になる。成長線の間隔が年によって異なることに注目。間隔のちがいがあるおかげで、異なる年齢の貝殻と年代を重ね合わせることができる。長寿の二枚貝の年齢を寸分たがわず計測する場合は、殻を半分に切断し、内部の成長線を数えなければならない。Photo courtesy of Miguel B. Gaspar.

貝殻は記録帳なんです。何百年にもわたる海の状況を、ここから垣間見ることができます」季節ごとの成長量は毎年変わるので、成長線の間隔はバーコードのように広くなったり狭くなったりしている。この二枚貝のバーコードが、過去へのタイムトラベルを可能にしてくれたのだ。

その方法は以下のとおりだ――海底をさらった土砂のなかにいた生きているクラムが一〇〇歳だとわかったとする。さらった土砂のなかには空《から》の貝殻もあって、その成長線を数えると一〇〇歳だったとする。しかし空の貝殻に入っていたクラムはいつ死んだのだろうか？　去年かもしれないし、何世紀も前かもしれない。が、この死んだクラムの一生がまだ生きているほうの一〇〇歳の生涯といくらか重なる期間があるとすれば、成長線の間隔の変化のパターンが合う位置を合わせれば、空の貝殻の中身が死んだ年、さらに遡って生まれた年を判定することができる。たとえば空の貝殻のクラムが五〇年前に死んだとすれば、生きている方のクラムと五〇年分が重なり、よってどちらのクラムより長い一五〇年分の貝殻の成長記録が得られることになる。さらに別の空の貝殻の成長線が二番目の貝殻と重なれば、さらに過去まで遡ることができる。リチャードソンらは、西暦六四九年というはるか昔に生まれたクラムの貝殻を同定することができた。[3]細かく同定できると言ったとおりだ。それぞれの成長線を化学的に分析して、一〇〇〇年以上にわたる海水温の情報が復元されたのだ！

〝生きているクラム〟と言ったが、ちょっと惜しい点がある。二枚貝の成長線解析は、残念ながら貝殻の断面を観察する必要がある。これは高度な技術を要する作業で、貝殻を切断し、断面を磨き、成長線の凹凸をくっきりとさせてアセテートピール（生体組織を薄く剝ぎ取るためのフィルム）で型取りし、顕微鏡で観察する。もちろんそれは貝殻のなかで生きているものを除去して、もしくはわたしたち生物学者が遠まわしに言いたがるように〝犠牲に〟して、ようやく可能になる。犠牲にするまで年齢が決定できないので、史上最も有名な二枚貝の〈ミン〉の生体組織を分析することはできないだろう。

〈ミン〉は〈ocean quahog（海のホンビノスガイ）〉とも〈mahogany quahog（マホガニー・ホンビノスガイ）〉とも呼ばれるアイスランドガイ（*Arctica islandica*）だ。ここではアイスランドガイと呼ぶことにしよう。アイスランドガイは北大西洋の両岸、北米側はニューファンドランド島からノースカロライナ州のハッテラス岬まで、ヨーロッパ側はアイスランドからスペイン沿岸部とバルト海までの大陸棚に生息している。冷水域を好み、海水温が摂氏一六度を超える海域にはいない。この二枚貝の著名な個体は、超高齢だということが判明すると、マスコミから〈ミン〉——二枚貝のミン《Ming the Mollusk》——という名前を授かった。生まれた年が中国の明朝の時代に当たるからだ。頭韻を踏んだ名前も気が利いている。〈ミン〉は一四九九年に生まれた。この年齢を歴史のなかに置いてみると、レオナルド・ダ・ヴィンチが『最後の晩餐』を描き終えたばかりの頃になる。クリストファー・コロンブスは、まだアジアと勘ちがいしていた大陸への三度目の航海の最中だった。コペルニクスは、地球が太陽の周りを回っていてその逆ではないという過激な理論をまだ発表していなかった。シェイクスピアが生まれるのは六五年先、瓶ビールの発明は八〇年近く先の未来のことだ。

ほかのすべての二枚貝と同じように、幼生時代の〈ミン〉は一定範囲内の水域を上下にあてもなくさまよって過ごし、最終的にアイスランド北岸沖の水深約八〇メートルの海底に腰を落ち着けた。ここで小氷期の残りの期間を生き延び、アイスランドが飢饉が頻発する、人口わずか数千人の小国から世界有数のハイテク国家へと数世紀をかけて変貌するあいだ、さらに生きつづけた。科学が興隆する時代を生きてきた〈ミン〉は、その科学の手で二〇〇六年に命を奪われ、代わりに歴史的情報を提供してくれた。その亡骸《なきがら》は海葬にふされた。まだ年齢を計算していなかった方に向けて言っておくが、ミンは齢五〇七でその身を科学に捧げた。そして、それまで元気に生きていた。

何点か明確にしておこう。〈ミン〉の性別はわからない。また、アイスランド近海に生息するアイスランドガイは、〈ミン〉を見つけた探査船が船籍を置くイギリス周辺のものより小ぶりなので、サイズだけを見てかなりの高齢だとは思われなかった。その結果、殻をむかれて、中身はあっさりと船の外に捨てられてしまった。〈ミン〉が超長寿だったことは、のちに貝殻の内側の成長線が測定されてようやく明らかになった。

〈ミン〉を含めた超高齢の二枚貝についての詳論に移る前に、二枚貝の構造の基礎をしっかりとわかったほうがいいとリチャードソンに言われ、わたしたちはスーパーマーケットに向かった。そこで新鮮な養殖のクラムと天然物のクラムを数個ずつ買った。購入可能なクラムは何種類かあった──小さめの〈リトルネック〉、中型の〈チェリーストーン〉、そして一番大きく、スープの具材にされることが多い〈チャウダー〉だ。クラムの専門家たちからまず学んだのは、この三つのクラムはすべて同じ種で、〈テーブルクラム〉とか〈コモン・コウホグ〉と呼ばれるホンビノスガイ（*Mercenaria mercenaria*）だということだ。三つのちがいはサイズ、つまり年齢だけだ。二番目に学んだのは、売り場で氷の上に並べられている新鮮なクラムは、大抵のものはまだ生きているということだ。買ったクラムを研究所に持ち帰り、海水槽にぽちゃんと入れると、水底に落ち着いて、酸素を求めて殻を開き、餌がやってくるのを待ち構えていた。

　それまでわたしは、二枚貝の中身はぐちゃっとした肉の塊ぐらいにしか思っていなかった。食べてもそう思ったし、チャウダーの具もそう見えた。実際には体の構造は複雑で、いくつもの大きな筋肉がある。殻から伸ばして全体を動かしたり、穴を掘ったり、何かを押したりできる足や、殻を閉じる閉殻筋（貝柱）などだ。外套膜は全身を囲い、殻の内側に貼りついていて、ここから出す分泌物が殻を形成する。水管は二本あり、一本から水を吸い込み、そのなかの微細な餌と酸素を摂取したのちにもう一本から吐き出す。ヒトの白血球に似た血球《ヘモサイト》（主に無脊椎動物の血球を意味する）もあり、体液に乗って循環し、免疫防御や傷の修復などに役立っている。血球は制御不能の増殖を起こすことがあり、それが二枚貝の白血病に当たる病気につながる。二枚貝は複数の種類のがんにかかり、この白血病はそのなかのひとつにすぎない。しかも二枚貝のがんのなかには伝染性が確認されているものもある。[4] なんと恐ろしい。まるで新型コロナウイルスのように、誰かからがんをうつされるかもしれないのだ。伝染性のがんが確認されているのはイヌとタスマニアデビルのものだけで、種をまたぎ、大陸をまたいで感染するのは二枚貝のものだけだと見られる。二枚貝の研究から、がんとその予防について多くのことがわかる日がそのうちやってくるかもしれない。

　最後に心臓について説明しよう。意外にも、二枚貝には心室が三つある複雑なつくりの心臓が備わっている。これは機関銃のように脈打つハチドリの心臓とは少しちがう。長生きするアイスランドガイの場合、水温一五度の海のなかでのんびり過ごしているときの心拍数は毎分七回ほどだが、パニックになると毎分一二回まで速まり、この貝なりの瞑想らしきものに耽《ふけ》っている場合は毎分二回にまで下がる。シェイクスピアが生まれる六五年前から脈を打ち、五〇〇年以上経ったのちに殻からはずされて船の外にぶん投げられた〈ミン〉の心臓はどうだろう。あと何回脈打つことができたのだろう？

　二枚貝に詳しくない人間は、誰でも〈ミン〉のサイズに驚くみたいだ。長寿の二枚貝といえば、熱帯にいるコーヒーテーブル大の巨大な二枚貝のようなものを思い浮かべる人は多い。こうした二枚貝は、暖かく浅い、季節による水温変化のない熱帯の海に生息しているので、貝殻に成長線がない。しかし養殖が行われているので、とりわけて長寿ではないことはわかっている——せいぜい五〇年から六〇年というところだ。彼らは単純に、暖かく浅い海のなかで、体の組織内に棲む光合成をする藻からエネルギーを得ているおかげで早く成長するのだ。一方の〈ミン〉は手のひらにすっぽり収まるぐらいの大きさだ。

　長生きの二枚貝は〈ミン〉だけではない。二枚貝は最長寿の動物群かもしれない。実際に、一〇〇を超える種が一〇〇年か、それ以上生きることが確認されている。馬鹿みたいに長い水管を持つアメリカナミガイは一六八年、ホンカワシンジュガイは一九〇年という長寿で、最近では〈giant deep-sea oyster（ジャイアント・ディープシー・オイスター）〉と呼ばれる学名〈*Neopycnodonte zibrowii*（ネオピクノドンテ・ジブロウィー）〉という深海性の巨大な長寿のカキが発見された。この新種は成長線はないが、炭素年代測定を使ったところ、不確実ながら五〇〇年以上の超長寿の可能性があることがわかった。[5] このカキの場合、〝巨大な〟も〝深海の〟も相対的な表現だ。この〝巨大な〟カキの最大の個体は、殻の幅が三〇センチメートルほどだ。そして水深四〇〇メートルから五〇〇メートルの〝深海〟に生息している。かなり深いが、それでもチューブワームがいる〝深海〟には遠く及ばない。水温もそこまで低いわけではなく、平均水温は摂氏一二度だ。

どうだろう？　二枚貝はどうしてこんなに長生きなのかという疑問が湧いてきているのではないだろうか――ここまでくれば、もう自問していてもいいのではなかろうか。長寿のチェックリストを確かめてみよう。外温性？　そのとおりだ。低い代謝率？　ほとんどの二枚貝は、成体になるとひとところに落ち着いてほとんど動かないので、これもあてはまる。そんな二枚貝のなかで、アイスランドガイは代謝率がとくに低く、成長が最も遅い種のひとつだ。この貝は酸素濃度が低い環境下でも生きる能力に極めて優れ、デバネズミやメクラネズミの仲間よりさらに低濃度で生きることができ、まったく酸素がない状態でも二か月にわたって生き延びた。その秘密の少なくとも一部は、代謝を一週間以内なら通常時のほんのわずかにまで、ひょっとしたらたった一パーセントまで下げられる能力にある。ハダカデバネズミと同じように、低酸素で生き延びる能力が並はずれた長寿に何らかの役割を果たしているのだろうか？　まだわからないが、わたしはそうだと考えている。

寒い場所に生息しているか？　まあ、一応はそのとおりだ。〈ミン〉が暮らしていた海の摂氏六度から七度前後という水温はたしかに冷たいが、深海ほどではない。しかし、水温の高い海にいるアイスランドガイの寿命は短いみたいだ。たとえばバルト海では五〇歳以上になることはないと思われる。ただしこれがバルト海の摂氏一二度から一四度という高い海水温によるものなのか、ヨーロッパ中の川から注ぎ込む淡水のせいで塩分濃度が低かったり、変動しやすいためなのか、これまた川からもたらされるさまざまな汚染物質によるものなのか、はたまた平均深度が五五メートルと浅いことから海中の環境が不安定だからなのか、よくわからない。先に述べたとおり、五〇〇歳の巨大な長寿のカキが生息している地点の水温は摂氏一二度だ。それでも極端な寒さが長寿をあと押ししている可能性は否めない。冷水湧出帯の周辺や南極の海底には、〈ミン〉が青二才に思えるような長寿の二枚貝がいるかもしれない。今のところは何とも言えないが。

安全な環境に棲んでいるか？　そう、よくぞ訊いてくれた。海は、表層の下まで潜れば比較的安定した棲みやすい場所だ。深くまで潜れば潜るほど安定度は増す。ここで言う安定とは、環境の急激な変化がないということだ。一〇〇〇年というスケールで見れば、海水温は数度ほどの変動があるのかもしれないが、それでも陸上と海上の気候の変化に比べれば微々たるものだ。二枚貝の殻も棲み心地のいい安全な家だ。二枚貝は長く生きればそれだけ殻が大きく厚くなるので、そんな殻を割って捕食できる動物の数は次第に減っていく。さらに生活を安全にしているもうひとつのポイントは、二枚貝の多くが海底の泥のなかに部分的に、あるいは完全に埋もれて暮らしているというところだ。餌と酸素は、シュノーケルのように伸ばした水管から海水を吸い込んで摂取することができる。二枚貝にとって食餌と呼吸は――水から餌の粒と酸素分子を濾し取ることは――ほぼ同義だ。海底に体を埋めるという生態が、地球上の九五パーセント以上の海洋生物を死に至らしめた、二億五〇〇〇万年前のペルム紀末の大量絶滅を二枚貝が生き延びることができた要因のひとつなのかもしれない。軟体動物も少なくとも九五パーセントの種が消滅したが、海底に生息する二枚貝は例外で、半数近くの種が生き残った。

こうした要因が、ある種の二枚貝がとんでもなく長生きできる理由を教えてくれるのだとすれば、その反対の要因から、どの種が長生きしないのか見当をつけることができる——それが二枚貝であっても。温暖で浅く不安定な表層水域に棲み、たとえば活発に泳ぐなどして危険に身をさらす種は（これには代謝率が高くなることも必要だ）短命だと予想がつくかもしれない。そう、そんな二枚貝が存在するのだ。アメリカイタヤガイ（*Argopecten irradians*）は温暖で浅い海に生息し、貝殻をカスタネットのようにパタパタ開けたり閉じたりして泳ぐ。その寿命は一年か二年ほどだ。短命だからといってアメリカイタヤガイの閉殻筋、つまり貝柱の美味しさが落ちるわけではないが。

　これらの長寿の——そして短命の——二枚貝の大半は、都合のいいことに研究施設に持ち込んで調べることができる。わたしと研究仲間たちは、以前から二枚貝の研究に取り組んでいる。二枚貝が五〇〇年も長生きする秘密を解明したとはまだ言えないが、特筆すべき点ならふたつ見つけた。

　ひとつ目は、長寿は活性酸素による損傷に抵抗する能力と関連性があるというところだ。この事実を発見したのは、ハーヴァード大学の遺伝学者ゲーリー・ラヴカンとわたしが一〇年ほど担当した、老化の分子生物学についての夏季講座でのことだった。この講座はマサチューセッツ州のケープコッドにある有名なウッズホール海洋生物学研究所《MBL》で行われていた。親しみを込めて単にＭＢＬと呼ばれるこの研究所は、一八八八年の設立以来、生物学者たちにとっての夏の巡礼地であり続けている。ある者は教えるために、ある者は研究をするために、またある者は優雅な夏の別荘地でくつろぐためにやってくる。ＭＢＬの食堂では、いつ訪れても過去から未来に至るノーベル賞受賞者たちに何人もばったり出会うこともある。事実ＭＢＬは、二〇一八年の時点で五八人のノーベル賞受賞者が学生として、教員として、あるいは研究者としてこの研究所に関わってきたと鼻高々に公表している。ある年の夏など、未来のノーベル賞受賞者四人が一緒に同じ夏季講座を担当していたことがある。

ＭＢＬには二枚貝の飼育に最適な海水施設があり、漁船が毎日大量の二枚貝をとってきてくれる波止場もある。そこでわたしはある夏、さまざまな二枚貝が活性酸素のストレスにどれだけ耐えられるのか、夏季講座の学生たちを使って調査させることにした。漁船から、五〇〇歳まで生きることがわかっているアイスランドガイを買い取った。現在は寿命が一〇〇歳だとわかっているテーブルクラム（ホンビノスガイ）も買った。二〇年ほど生きるほかのいくつかの種と、一年か二年しか生きないアメリカイタヤガイも買った。そして、活性酸素を発生させる化学物質を水槽に加え、何が起こるか記録した。結果は驚くべきものだった。もともと短命のアメリカイタヤガイはすべて二日以内に死んだ。二〇歳まで生きる二枚貝は五日目までに全部死んだ。寿命が一〇〇歳のホンビノスガイは、一一日後までにちょうど半分が死に、アイスランドガイはまったく平気のように見えた。二週間後、アイスランドガイはまだ生きていた。言ってみれば、かなり満ち足りているみたいだっ《アズ・ハッピー・アズ・クラム》た。さまざまなかたちで細胞を傷つける化学物質をいくつか試してみたが、結果は同じだった。この観察結果は、一般的な実験動物に見られることを追認した。より長生きする動物は、活性酸素をはじめとした生命活動の有害な副産物による攻撃により耐えられる。[6] この強い耐性の本質を理解すれば、健康で長生きするためのヒントを得られるかもしれない。

二枚貝の特筆すべき点はもうひとつある。それはわたしたちが、皮肉にも美味しいアイスランドガイについて発見したことだ。二枚貝には脳と呼べるものはまったくないものの、アイスランドガイはアルツハイマー病治療のカギを握っているかもしれないのだ。

長寿に立ちはだかる大きな難関のひとつが、細胞内のたんぱく質を正確に折り畳まれた状態で維持することだ。たんぱく質は細胞内のほぼすべての機能を担っているが、折り紙のように複雑で正確に折り畳まれていないとちゃんと機能しないことを思い出してほしい。時間の経過とともに、たんぱく質は正確に折り畳まれなくなってくる。正しく折り畳まれないと、細胞の通常の機能を果たせなくなるだけでなく、くっつきやすくなり、寄り集まって塊になる。老人斑や神経原線維変化というアルツハイマー病によく見られる特徴は、折り畳みのミスでくっつきやすくなったたんぱく質の塊だ。

これを念頭に、同僚でたんぱく質生化学者のアシーシュ・チョードフリは、大学院生のスティーヴン・トリースターとわたしとともに、アイスランドガイのたんぱく質の折り畳みミスへの耐性の調査に眼を向けた。

わたしたちは、七年までしか生きない種、三〇年まで生きる種、一〇〇年生きる種、そして五〇〇年生きる種であるアイスランドガイのそれぞれの細胞から抽出した液体に、よく知られた手法をいくつか用いて、たんぱく質の折り畳みをわざと誤らせてみた。すると、アイスランドガイのたんぱく質は、どの方法を試してみても、それをものともせずちゃんと折り畳まれた。その理由として、アイスランドガイのたんぱく質そのものに折り畳みミスに対する抵抗力が備わっていることが考えられた。それ以外にも、もっと面白そうな理由が考えられた――アイスランドガイの強力なたんぱく質保護機構には、ほかの種の同様の機構より優れたものにする何かしらの分子が含まれているのかもしれない。これが本当なら、どんな動物のたんぱく質でも、たとえヒトであっても、折り畳みミスに対する抵抗力を高められるかもしれないということだ。アルツハイマー病のようなたんぱく質の折り畳みミスがもたらす病気の予防に使えるかもしれないのだ。結局、ふたつ目の理由が正解だった。アイスランドガイのたんぱく質保護機構は、ほかのどの二枚貝よりも性能がよかった。それどころか、ヒトの体組織のさまざまなたんぱく質から同じように抽出したものより優れていた。[7]ヒトのアミロイドβ《ベータ》という、アルツハイマー病の老人斑を作るたんぱく質で試してもそうだった。

この時点で、わたしたちの胸は期待ではちきれんばかりになりつつあった。折り畳みミスに抵抗する文句なしの能力をもたらす分子を、アイスランドガイのたんぱく質保護機構のなかから分離することができれば、そこからアルツハイマー病やパーキンソン病などの、たんぱく質の折り畳みミスから起こる病気の治療法を開発できるかもしれないということだ。

この大ニュースにみなさんの期待も膨らんだだろうが、ここでお伝えしなければならないことがある――たんぱく質の折り畳みミスを予防するアイスランドガイの能力の秘密を、わたしたちはもう七年も探しつづけている。秘密ではないものはたくさん見つかった。悲しいかな、少なくとも現在に至るまで、この秘密の正体は解明できていない。それでもわたしたちは努力を続けるつもりだ。手っ取り早く解明されることも簡単に終わることもめったにない。それが科学なのだから。

12章 魚とサメ

海にいる魚は、どうしてこうも少ないのだろう？　こんな疑問を抱いたことのある人はあまりいないだろう。もっぱらその理由は、海にはほぼ無尽蔵に魚がいると一般に広く信じられているからだ。それは、わたしたちがさまざまな魚に対して次から次へと乱獲を繰り返していることから明らかだ。しかしこの問いでわたしが言いたいのは、地球上の水の九七パーセントが海にあるのに、どうしてすべての魚の種の半分弱しか海に生息していないのか、ということだ。[1] 淡水のほぼすべてが――九九パーセント以上だ――氷河と雪原に貯えられていることを考えると、この疑問はさらに深まっていく。つまり湖沼と河川という、魚の生息に適した淡水の量は、海水の一パーセントよりずっとずっと少ない。それなのに海水魚より淡水魚の種のほうがわずかに多いのだ。いったいどうなっているのだろう？

その答えは、魚の種の寿命を理解すれば何となくわかってくる。ここで言う〈魚〉とは、サメやエイを含む広義の、従来の意味のものだということをわかっていただきたい。湖沼と大小の河川は、地質学的な時間の流れのなかで気候と地殻の変動で現れては消えていくが、一方の海は安定していて、ほぼ変わっていない。海の年齢は数十億歳だ。それに対して湖の大半はたかだか数千歳で、古いものでもほんの数百万年だ。一般的に河川はさらに若い。湖沼と河川は、旱魃がかなり長引けば縮むか消えることになる。また雨量が増える時期には沼や湖は広がり、深度を増し、複数が合わさって新しい湖沼を形成する。一〇〇〇万年前、サハラ砂漠は湿地帯だった。二万年前、北米の五大湖は現在の南極の大半のように厚さ一・六キロメートルの氷に覆われていた。世界で最も古く最も深いシベリアのバイカル湖でさえたった二五〇〇万歳で、海に比べればほんの若造にすぎない。

安定は新種の形成にとっての敵であり、変化はその友だ。海には一万五〇〇〇種弱の魚が存在するが、そのほとんどが沿岸域に生息している。すでに見たように、外洋は栄養という点で砂漠だからだ。世界中の湖沼と河川にいる魚の種の数は、一万五〇〇〇をわずかに上回る。アフリカのヴィクトリア湖だけで、人類が近年引き起こした大量絶滅の波に襲われるまでは五〇〇種以上の魚が生息していた。ヴィクトリア湖は四〇万歳にすぎないが、その歳月は安定の時代だったとは言えない。縮んでいくつもの小さな湖や池に分かれてしまったかと思えば、雨が戻ってくるとまた一体になって拡大した。水量がヴィクトリア湖の一〇倍、年齢は五〇倍以上になるバイカル湖は地質学的にずっと安定していて、その代わり魚は六五種しかいない。

集団が細分化すると新たな種が形成される。孤立した集団は時間の経過とともに特異なかたちで元の集団から隔たりが生じ、やがて再合流したときには、もはや互いに交配できないほど異なっている場合がある。この孤立していた集団は新種になったのだ。島は新種を生み出す坩堝《るつぼ》だ。島の集団は、当然ながら孤立しているからだ。島が連なる諸島は大量の新種を育む。魚から見れば、数千年にわたる旱魃でばらばらに分かれたヴィクトリア湖の池や水たまりは諸島に当たり、雨が戻ってきたときに、初めて新しく進化した種同士は出会った。

安定は新種形成の敵なのかもしれないが、老化を遅らせることの友であることが現在ではわかっている。したがって淡水より種の数は少ないながら、海が長寿の魚の棲み処となっているのは当然と言えば当然だ。

とはいえ、淡水魚にそれなりに長生きする種がいないというわけではない。

野生魚の年齢を推定する方法の確立には、多くの労力が注がれてきた。正確な個体群成長モデルの開発には、魚の寿命の把握が不可欠だ。二一世紀初頭、魚は人類が消費する動物性たんぱく質の六分の一を占めていた。ところがこの二〇年のうちに世界人口は一五億人以上増加し、この割合は急速に増加している。世界の食料安全保障のために、持続可能《サスティナブル》な漁業活動は必要だ。それを実現するには、正確な個体群成長モデルがどうしても欠かせない。

ウニや二枚貝と同様に、魚も一生成長しつづける。したがって最も大きな魚、つまり〝捕食者から逃れつづけた〟魚が最高齢とされることが多い。これは同じ種同士では当てはまるが、異なる種同士に当てはまるとはかぎらない。一般的に大型種のほうが長生きだが、これまで見てきたとおり、これは厳密な原則ではなく、あくまで大まかな傾向だ。たとえば熱帯の海に棲む巨大な二枚貝は、ずっと小型のアイスランドガイに比べると寿命はかなり短い。体重七グラムのコウモリはどんな犬より長く生きることができる。

一生を通じて成長しつづけることは〈無限成長〉と呼ばれるが、無限成長する種は歳を取って大きくなるにつれて、決まって成長速度が徐々に遅くなる。つまりかなり大きな個体は明らかに小さな個体より年上だが、成長速度は個体間で大きなばらつきがあるということだ。したがって、かなり大きな個体のなかのどれが最高齢なのか、なかなか見分けがつかない――ところが魚の場合は鱗が役に立つ。魚の鱗とそれ以外の体の硬い部分も、本体の成長とともに大きくなる。季節によって成長速度がちがえば、二枚貝と同じように一年ごとや半年ごとの成長線が生じることが多い。鱗の成長線を数えるやり方は魚の年齢決定法として最も古く、最も簡単で、最も誤差が小さい。しかし、すべての魚の成長線が一年ごとのものとはかぎらない［図12-1］。成長線は、月の満ち欠けや一日単位のサイクル内での栄養摂取の変動や、あるいは構造的な用途のために予測できない間隔で出現することもある。成長線から年齢を測定するには、年齢がきちんと記録された個体を使って成長線の数を照合しなければ、なければならない。そうした基準がなければ、

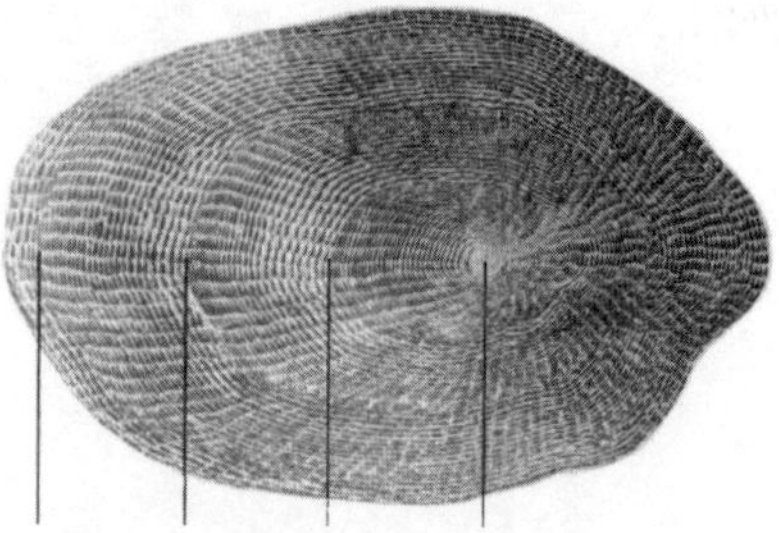

［図12-1］魚の鱗の成長線。年齢がわかっている同じ種の魚の、有意義な比較照合ができる成長線のある鱗があれば、魚の年齢を判定することができる。照合しない場合は、判定に大きな誤差が生じる可能性がある。たとえば上の図の鱗には90本ほどの成長線がある。本当の年齢を知らずに、すべてが1年ごとに形成される線だとしてしまうと、この魚の年齢を実際よりかなり高齢に算出してしまう。直線が示している位置にあるのが1年ごとの成長線。この鱗は、体長45センチメートルの4歳のタラのものだ。　F. E. Lux, “Age Determination in Fish,” US Fish & Wildlife Service. Fishery Leaflet No. 488, US Fish and Wildlife Service, 1959

とんでもなく不正確な年齢が出てしまうことがある。成長線が一年ごとに形成される場合ですら、かなりの高齢になると成長もかなり遅くなり、線の間隔が狭すぎて判読できないこともある。この厄介な問題のせいで、アイスランドガイの〈ミン〉は、最初のうちはたった四〇〇歳と判断された。〈ミン〉の本当の年齢を突き止めるには、成長線の検出技術の向上と、何百年も昔に死んだ若い個体の、〈ミン〉と時期が重なる部分の成長線が必要だった。

長寿の淡水魚の代表格と言えば、やはりコイ類だ。オルダス・ハクスリーの一九三九年の風刺小説『夏幾度も巡り来て後に』は、ハリウッド映画界の若さへの妄執についての話だが、この小説のなかでは、コイの生の内臓に抗老化作用があることが発見される。コイも、その生の内臓を食べた人間も二〇〇歳まで生きられるのだ。しかし残念な副作用がひとつある。コイの内臓を食べた人々は超長寿の人生を過ごすなかで、やがて類人猿の胎児に似た生きものに変貌していくのだ。わたしがこれまでに出会った人々のなかには、そんなものになり果ててでもいいから長生きしたいと考えている人がいるかもしれない。なんだかんだ言っても、わたしたちはもともと類人猿の胎児だったのだから。

コイ〝類〟という意味ありげな言葉を使ったのには訳がある。実は、コイとは何十もの大型の淡水魚を指すことがある、動物学的に見て曖昧な言葉だ。ゼブラフィッシュもヒメハヤも同じコイ科に属するので〝コイ〟と呼んでもいい。しかしここで注目するのは——そして注目すべきなのは——普通のコイ（*Cyprinus carpio*）の育種版の、美しいニシキゴイだ。中国では一〇〇〇年以上の昔から、さまざまなコイ科の魚の育種が行われ、人工の池で食用や観賞用に人為的な交配がなされてきた。金魚はこうした観賞用の品種改良の産物だ。一九世紀になると、さまざまな色や模様のコイを生み出す選択交配が日本で始まった。それがニシキゴイだ。現在、ニシキゴイは世界各地の業者やマニアたちによって品種改良され、色で言えば赤、青、クリーム、黄、黒、白、そして混色の品種がある。二〇一八年には、とりわけ美しい個体に二〇〇万ドルの値がついたという。

ニシキゴイは最大で体長一メートル、体重一五キログラムほどに成長する。摂氏一五度から二五度という比較的高い水温を好むことから、それほど長生きしないと思われるかもしれない。しかし実際には二〇歳から三〇歳まで生きたという例が繰り返し報告され、たまに五〇歳に近づくものすらいるという。これは温かい水温下に生息する淡水魚としては悪くない数字だ。

では、昔から多くのコイの飼育家が一般的なニシキゴイの寿命を二〇歳から三〇歳としてきたのなら、一九七七年によくわからない病気で死ぬまで二二六年生きたとされる緋色のニシキゴイ〈花子〉の話はどう考えればよいのだろうか?

証拠を精査してみよう。ひとつ目の証拠は、〈花子〉の最後の飼い主だった越原公明《こしはらこうめい》がそう述べたということだ。越原より前に飼い主が何人いたのかは、やはりわかっていない。最後のほうでは越原家の親族が飼っていた。一九六六年、越原は全国放送のラジオ番組で、〈花子〉が一七五一年に卵から孵ったと断言した。〈花子〉は一九六六年の二一五歳の時点で体長七〇センチメートル、体重七・五キログラムと小柄で、これほどの超高齢のメスのニシキゴイにしてはそれほど大きくなかった。ふたつ目の証拠は、名古屋女子大学生活科学研究所の広正義《ひろまさよし》の手で、〈花子〉の二枚の鱗の成長線の数が数えられたということだ。〈花子〉の飼い主の越原は名古屋女子大学の学長、つまり広の上司だったことは言い添えておこう。コイを趣味とする人々の世界で、越原と〈花子〉は一躍有名になった。

ここでちょっと立ち止まることにしよう。科学の世界では、尋常ならざる主張には尋常ならざる証拠が求められると広く言われている。例のラジオ番組の放送内容を書き起こしたものを調べると、広が〈花子〉の年齢を鱗から判定するまで二か月かかったようだ。上司のために鱗の成長線を数えるという一見簡単そうな作業なのに、〝鱗学〟とでも呼べるものの経験を積んだ人物にしては時間をかけすぎのように思える。実際のところ、広が魚の年齢判定の専門的知識を有していたという証拠はまったくなく、図12－1の成長線からわかるとおり、年齢がわかっている個体の鱗と比較しなければ、成長線を基にして年齢を水増ししようと思えばいくらでもできる。また、越原家の池で飼われていたほかの五匹のニシキゴイの年齢判定を依頼された広は、二匹が一三九歳、三匹がそれぞれ一四九歳と一五三歳と一六九歳という結果を出した。五〇歳以上のニシキゴイが確認されたという報告はあとにも先にもなされていないことを考えると、これは越原家の池がよほどニシキゴイの健康にとっていい環境だったか、もしくは広が鱗の見方を知らなかったかのどちらかだろう。なかなか言いづらいことだが、三番目の可能性として、広はコイの愛好家のなかで自分の上司を有名にしてご機嫌を取ろうとし、越原にしても自分のニシキゴイがとんでもない長寿だということを証明させる気満々で、広に鱗を渡したのかもしれない。別の言い方をすれば、さまざまな報告にあるようにニシキゴイの平均寿命が二五年前後だとするならば、たったひとつの池のなかで、ある個体が平均の九倍長生きし、ほかのいくつもの個体が五倍から七倍長生きできる確率はどれほどだろうか？　地元の社交クラブでたまたま七〇〇歳の老女に出会い、その五人の隣人たちも四〇〇歳から六〇〇歳でまだピンピンしているようなものだ。

先に述べたとおり、最長寿の魚は全部海を棲み処とする。

しかし海水魚のなかには淡水に棲むものもいる。というわけで、次は最も長生きの〝準〟淡水魚、チョウザメの話をしよう。

チョウザメ

先にはっきりさせておくが、チョウザメは淡水魚だ。淡水で生きることができる魚だ。卵は淡水に産まなければならない。それでも機会に恵まれれば、一生のほとんどを河川水と海水が混じり合う内湾や河口の汽水域を泳ぎまわって生きる。北米の東西の海岸沿いとユーラシア大陸の多くの海岸や内海では、そんな感じで生息している。しかしサケと同じく産卵のために川を遡上して、水がきれいで川底が石か砂利の浅瀬を見つけなければならない。そこでメスは卵を産み、オスは精子をかけたのちに海に戻る。長い時の流れのなかで海面が上昇もしくは下降し、地殻が移動するうちに、一部のチョウザメは内陸の大きな湖に閉じこめられ、出られなくなった。すでに淡水で生きる能力を発達させていたチョウザメは、産卵期を迎えると湖に注ぐきれいな川やせせらぎに遡上すればよかった。世界最大の面積を誇る湖で、わずかに塩分を含むカスピ海には、世界中に二五種ほど存在するとみられるチョウザメのうち六種が生息している。

チョウザメの体のサイズは多岐にわたり、中央アジアに生息する体長二七センチメートルで体重五〇グラムのドワーフ・スタージョン（*Pseudoscaphirhynchus hermanni*）から、三メートル半の体長と一トンの体重を誇る世界最大の〝淡水〟魚オオチョウザメ（ベルーガ）（*Huso huso*）にまで及ぶ。現在、オオチョウザメの大半はカスピ海と黒海を棲み処としている。オオチョウザメの卵を塩漬けにしたものはベルーガ・キャビアとして売られており、現在の価格は一オンス（約三〇グラム）で一〇〇〇ドルほどだ。体重の八分の一を卵が占める仔持ちのメスのオオチョウザメは、まちがいなく世界一商業的価値の高い魚だ。

ちなみに、オオチョウザメ《ベルーガ》とシロクジラ《ベルーガ》を混同してはいけない。シロクジラはキャビアを産まないし、海だけに生息し、長寿の点ではオオチョウザメにはまったくかなわない。〈ベルーガ〉は、オオチョウザメとシロクジラの主調色の白を意味するロシア語の英語読みだ。

キャビアの元になるのはチョウザメのなかでオオチョウザメだけではない。事実、キャビアが富裕層御用達の珍味になる以前の二〇世紀前半には、アメリカ産キャビアがヨーロッパの市場を独占していた。当時はミズウミチョウザメとウミチョウザメとタイセイヨウチョウザメの卵から大量に安価に作られ、今で言えばピーナツのように喉の渇きを促すおつまみとして、バーで無料で供されていた。が、乱獲と産卵地への遡上を阻むダム、工業および農業排水による水質汚染で、チョウザメのすべての種が絶滅の危機に瀕している。世界で最も厳しい漁獲規制が課せられている魚のひとつだが、それでも綱渡りの状況にある。現在では、ほとんどのキャビアは孵化場で生まれて放流されたチョウザメからとられている。

同時に、キャビア産業があるからこそチョウザメの寿命について多くのことがわかった。その長寿の理解と引き換えに起こったのかもしれない悲劇についても、キャビア産業は多くを教えてくれた。哺乳類と同じく、チョウザメの寿命でも体の大きさは大事な要素だ。小型のドワーフ・スタージョンの寿命が六年と、かなりわかりやすい。オオチョウザメなどの大型のチョウザメは長生きする――それもかなり長く。

ところがチョウザメには鱗がないので、〝鱗学〟を使って年齢を判定することはできない。それでも体とともに成長する硬い部分はあり、こうした部分にも鱗と同様に成長線が生じる。チョウザメの年齢判定には、胸の鰭条《きじょう》の断面にできる成長線が一〇〇年近く用いられてきた。鰭条は魚の鰭《ヒレ》を支える棘状の骨だ。この方法で年齢がわかった個体と〈ボム・パルス〉法の両者を使って照合すれば、チョウザメの年齢をある程度正確に判定できる。高齢の個体の成長線は狭く、くっついて見えるので、どちらかと言えば年齢は低めに判定される。[2]

鰭条の成長線から判定されたチョウザメ全種のなかの現時点での最高齢は、ミズウミチョウザメ（*Acipenser fulvescens*）の一五二歳の個体だ。[3]アメリカのミネソタ州とカナダのオンタリオ州およびマニトバ州にまたがり、島が点在するウッズ湖で一九五三年に捕獲されたこの個体は、体長二メートル強、体重は九八キログラムと、ミズウミチョウザメとしてはまずまずというサイズで、とくに巨大というわけではない。この一五二歳という年齢がこれからの話のなかでかすんでしまう前に言っておくが、このチョウザメはトーマス・ジェファーソンがジョン・アダムズとアーロン・バーを下してアメリカの第三代大統領になった年に生まれた。こう表現するとかなりわかりやすいかもしれない――少なくとも一匹のミズウミチョウザメが、トーマス・ジェファーソン政権の時代からドワイト・アイゼンハワー第三四代合衆国大統領の時代に漁師に殺害されるまで（正当殺人と呼べるかもしれないが）生きたということだ。哺乳類と比較するために長寿指数《LQ》を算出すると、最高齢が一五二歳のミズウミチョウザメは八・五になり、コウモリにかなり近い。

チョウザメは水底の堆積物から腹足類やヒル、幼虫、ムール貝、さらに小さな魚さえすくい取り、吸い取って食べる。〝下々の存在〟を喰いものにしているというところは政治家に似ている。ウッズ湖は最深部でも六五メートルの深さしかなく、湖面は冬には凍結するが、夏の水温は摂氏二〇度に達する。ミズウミチョウザメは春に川で産卵し、水温が一三度から一八度の場所に産みつける。したがって、かなり低い水温下とかなり低い代謝率という長寿の要因は、この魚の超長寿には関わっていないみたいだ。

ミズウミチョウザメが生涯のすべての段階をゆっくり進むということは想像に難くない。長い時間をかけて成長し、最初の生殖を迎えるのはオスで一五歳、メスで二五歳ぐらいだ。生殖の間隔も長い。メスは四年から九年ごとに産卵する。そしてもちろん、ゆっくり歳を取る。興味深いことに、一五二歳のミズウミチョウザメはそれなりに大きかったが、それでもオオチョウザメに比べると大きさも、そしておそらく最高齢も遠く及ばない。

オオチョウザメもゆっくりとした生涯を送る。オスは一五歳頃に最初の生殖を行い、メスは二〇歳頃だ。現在、キャビアをとるために捕獲されているオオチョウザメは歴史的な基準からすれば小さく、体長は一メートル半から三メートル、体重は二〇キログラムから二五〇キログラムだ。この体の大きさは、先に書いたオオチョウザメの数字より小さいことに注目してほしい。〝三メートル半の体長と一トンの体重〟は、過去五〇年ほどにわたるオオチョウザメの体のサイズの平均だ。最も大きく、したがって最も高齢の個体を選んでとってきたために、オオチョウザメの長老たちはどんどん希少になっていった。現在では、オオチョウザメの成魚の平均年齢は三五歳でしかなく、最高齢のものもおそらく五〇歳から五五歳にすぎない。しかしロシアの漁師たちの話では、二〇世紀初めには一〇〇歳のオオチョウザメは普通に見られたという[4]［図12-2］。最長寿の個体は鰭条の成長線から一一八歳だったという記録が残っている。とすれば、二世紀近く前に捕獲された最大のオオチョウザメは何歳だったのだろうか。この最大の個体はメスで、当時は大いに話題になった。鰭条の分析や漁獲規制が行われるずっと前の一八二七年に捕獲さ

[図12-2]1924年にヴォルガ川で捕獲された3匹のオオチョウザメ。サイズのばらつきに注目。最も大きなチョウザメを選んでとってきたせいで、この写真のようなサイズと年齢の個体はもう存在しない。

れたこのメスの体長は七・二メートル、体重は一五七一キログラムだった。二世紀前にこれほどきっちりと計測されていたという事実は、オオチョウザメが当時でもどれほど珍重されていたのかを示している。概算だが、このサイズのオオチョウザメが抱える卵の重量は七〇〇オンス（一九八キログラム）になり、それが高品質のベルーガ・キャビアになれば、現在の貨幣価値に換算すると七〇〇万ドルになる。悲しいかな、どれだけ長く生きた末にこれだけの巨体になったのかは知る由もない。

チョウザメ、少なくとも大型のチョウザメは、どうしてこれほど長く生きられるのだろうか？生息環境は最高に安定しているとは言い難い。それでも外部の危険、少なくとも外敵というかたちの危険からは護られている。ゾウガメと同じく、その体の大きさと〝甲冑〟が護ってくれるのだ。チョウザメにとっての甲冑は、体の両脇と背に沿って並んでいる、小さな歯のように見える骨状の尖った硬鱗《こうりん》だ。そしてもちろん外温性で、ゆるやかな成長速度からわかるとおり代謝が遅い。が、チョウザメの長寿は代謝だけで説明がつくわけではないみたいだ。チョウザメは浅く、やや温かい水のなかで一生のかなりの部分を過ごし、そうした環境下では代謝は早まるはずだ。チョウザメの長寿には、まだ何か秘密があるにちがいない。さらに言えば、わかっているかぎりではチョウザメは老化しない。最大限に成長し、かなりの老齢に達したメスたちは、それでも産卵する。むしろ体が大きくなればなるほど、さらに多くの卵を産む。記録が残っている最高齢のオスたちも精子を作り出している。しかし残念ながら、年寄り中の年寄りのチョウザメたちにまたお目にかかることはなさそうだ。

岩礁に棲む魚たち

正真正銘の最高齢の魚は海に棲んでいると言ったが、それは知り得るかぎり（とりあえずサメは無視すれば）最高齢の魚であるカサゴ目のアラメヌケ（*Sebastes aleutianus*）を念頭に置いたものだ。メバルやカサゴの仲間たちは海底の岩礁に生息している〝磯魚〟だ。アラメヌケをはじめとしたいくつかの種の生息域は水深九〇〇メートル近くにあるが、別のメバル類なら、ワシントン州のピュージェット湾でスキューバダイヴィングをしたときに、一〇メートルを下らない深さのところで隣りあって泳いだことがある。こうした岩礁を棲み処とする魚たちから老化について、そしてもしかしたら人間の健康寿命を延ばす技の発見についてさえ、かなり多くを学べるかもしれない。

そこまで言うのは、一〇〇ほどの近縁種からなるメバル属の寿命は一〇年少々から二〇〇年超えまでと、その幅が驚くほど大きいからだ。短命種と長命種の生物学的な基盤を解明すれば、老化の生物学そのものの理解に大いに役立つ。メバル属の少なくとも六種は一〇〇年もしくはそれ以上生きるが、短命の種も多く存在する。本書をここまで読めば、もうそろそろ「メバルの寿命をどうやって調べるのか？」という疑問が真っ先に浮かんでほしいところだ。メバルなどの硬骨魚綱の年齢を最も正確に判定できる方法は、実は鱗でも鰭条でもなく、耳石の成長線を数えることだ。耳石は脊椎動物の内耳に浮いている小石のようなもので、重力と動きを感知する役割を果たす。もちろんヒトにも両耳に多数ある。大半の魚には三つある。重力の感知がどれほど重要なのかは、その能力を失うまで絶対にわからない。以前わたしは内耳に問題が生じたことがあるが、そのときは何もかもがぐるぐると回っているように感じられた。立っていようがベッドに寝ていようが、部屋も天井も、何もかもが回っていた。薬に頼り、乗り物酔いのような吐き気と数週間ほど闘った末に、この不調は消えた。それ以降、自分の耳石に感謝の念を抱きつづけている。

　魚類の場合、耳石には直立の姿勢を保つ機能があり、聴覚との関わりがあると考えられている。耳石は魚の成長とともに大きくなり、魚の年齢推定では鱗と鰭条の成長線よりもやや信頼性が高いと思われる。耳石測定の信頼度の高さは、年齢がわかっている魚との比較や、〈ボム・パルス〉で生じた炭素14濃度の急変動などの放射性物質を使ったいくつかの手法で確かめられている。[5] いくつかある成長線解析法はどれでもそうだが、耳石の成長線の測定には、それなりの専門技術を要する下準備が必要だが、現在では水産生物学のごく普通の手法になっている。

　アラメヌケは両眼の下に棘のようなものがあり、体色はピンクか薄茶、または茶色で、体長は六〇センチメートルから九〇センチメートルだ。わたしがスキューバダイヴィングをしたときに見たメバルのなかには、この魚は絶対にいなかった。何しろスキューバダイヴィングが可能な深度よりずっと深い水深一五〇メートルから四五〇メートルの海底に棲んでいて、それよりずっと深い場所でも見つかっている。北太平洋東岸のカリフォルニアからアラスカにかけて、少なくとも五〇種の磯魚たちと一緒に生息している。アラメヌケが棲む深度の水温は摂氏零度から五度ほどのあいだになる。最長寿記録は二〇五歳で、磯魚のなかでも最長寿だ。LQにすると一四になり、哺乳類なんか比べものにならない。ここでもまた過去の大統領を引き合いに出すが、今でも海底の岩のあいだに潜んでいるアラメヌケは、米英戦争を戦ったジェイムズ・マディソン第四代大統領の時代に生まれたのかもしれない。体の大きさがアラメヌケとほぼ同じだが寿命が五〇年しかない、愉快な名前のボカッチョメバル（*Sebastes paucispinis*）と比較すれば、老化について何かわかるかもしれない。別の興味深い比較対象としては、アラメヌケの三分の一の大きさで九五年生きるキマダラメヌケ（*Sebastes maliger*）と、体長一八センチメートルで寿命は一二年のピュージェットサウンド・ロックフィッシュ（*Sebastes emphaeus*）があり、どちらもまちがいなくスキューバダイヴィング中に見かけた。もちろん、その寿命は生殖開始年齢に反映される。アラメヌケは二〇年で生殖可能なサイズになり、ボカッチョメバルは一一年をかけ、ピュージェットサウンド・ロックフィッシュは一年から二年であたふたと生殖を開始する。

八八のメバルの種のゲノムが最近になって解析され、長命種と短命種の対照比較が行われた[6]。長命種のみに認められた、自然淘汰された形跡のある遺伝子群のひとつは、DNAの修復に関わるものだった。DNA修復の遺伝子がゾウガメのゲノムにも確認されたことを憶えている方もいるだろう。したがって、DNAの修復能力が長寿に必要な機能だと、理屈の上からも現実からも充分考えられる。しかし残念なことに、ゲノム解析は並はずれた長寿の解明に必要かつ上々の第一歩ではあるが、目を向けるべき方向しか示してくれないと言った理由はここにある――長寿のメバルやゾウガメが、実際にヒトよりうまくDNAを修復しているかどうかはさっぱりわからないのだ。さらに言えば、もしそうだとしても、実際にどうやってうまく修復しているのかわからない。ここまで深いレヴェルまで理解したいのであれば、生物学的研究をさらに深く掘り下げる必要がある。しかし残念ながらアラメヌケの場合は、ゲノムを調べるか、あるいはシャーレで培養した細胞を調べるしか手はないのかもしれない。一万五〇〇〇から四万五〇〇〇ヘクトパスカルという大きな水圧がかかる深い海に棲んでいるので、水面まで引き上げられるあいだに、遠まわしに言えば〈気圧性外傷〉で、ぶっちゃけて言えば浮袋が破裂して死んでしまうからだ。

サメ

サメは最大級の海水魚なので、サメが最長寿の魚だという事実は驚くべきことではない。実際のところ、ジンベエザメ（*Rhincodon typus*）は正真正銘の最大の魚で、体長が二〇メートル、体重は三四トンに達したという記録があり、これは最大のチョウザメより三倍近く長く、体重は二〇倍以上になる。ジンベエザメは濾過摂食する魚で、大量の水を口で――正しくは〝吸い込み口〟と呼ぶべきなのかもしれない――がぶ飲みし、たまたまその水のなかにいたイカやオキアミや小魚などを漉し取る。人間が呑み込まれたことはないが、旧約聖書の預言者ヨナを呑み込んだのはクジラではなくジンベエザメだったのかもしれないという説もある。ジンベエザメは地中海でも生息が確認されているので、地理的にあり得ない話ではない。しかし口こそ人がすっぽり入るほど大きいものの、食道は幅が数センチメートルしかない。したがってヨナは胃に入ることすら難しかったはずで、そこで三日過ごしたのちにこの狭い通路を通って戻り、また外へ吐き出されるというのはさらに難しい。人食いザメではないが堂々たる見た目なので、リゾート地ではジンベエザメウォッチングが徐々に人気のアクティビティになりつつある。

先に挙げた体の大きさは、ジンベエザメとしても極端な例だ。平均的な個体の体長は六メートルから七メートルあたりといったところだ。体の大きさの記録は長寿の記録以上に誇張されやすい。それが魚の大きさ、とりわけ超人気の魚のものとなればなおさらだ。[7]ただしこれが海にいる最大の魚なら、何歳なのかはたしかに気になるところだ。

鱗もなければ耳石も硬い鰭条もないサメの年齢判定はとりわけ難しい。さらに言えば硬骨もない。サメの骨格は軟骨だけでできている。鰭条は繊維状の軟骨でできていて、これが珍味とされているフカヒレスープの紐状の具になる。食べてみたことはないが、名前から想像する以上に美味しいにちがいない。先に述べた既存の年齢判定法は硬骨魚には使えないが、近年になって別の有効な手段が開発された――脊椎骨の輪紋を、やはり炭素14の〈ボム・パルス〉と比較照合すると、すべてではないにせよ一部のサメの種でそれなりに正確な年齢が判定できるのだ。[8]

確たる根拠のない年齢推算では、ジンベエザメは八〇年から一〇〇年、さらに一五〇年も生きるとされている。しかし二〇個体という小さなサンプルに対する脊椎骨の輪紋分析では、五〇歳を超えるものは一匹もいなかった。サンプル内の最長寿の個体は体長一〇メートル、体重七トンのメスで、漁具に絡まった末に死んだ。このメスのLQは〇・九となり、外温性動物としてはかなり短命だ。しかし最大級のジンベエザメの体長は二倍近いことから、五〇歳に満たない寿命はかなり短めの推定だと思われる。ところがジンベエザメは体長が八メートルから九メートルに達してようやく生殖を開始する可能性があるので、この不運なメスは若さの残る成魚だったかもしれない。これがこのサメの寿命が五〇年を超えることを示す最も有力な証拠だ。たった二〇匹の個体の年齢を把握しただけでは、その種全体の寿命はわからないということだ。街角を行き交う人々のなかから無作為に二〇人選んだなかに、とんでもないご長寿老人がいる確率はどれほどだろうか。結局のところ、ジンベエザメがどれだけ生きられるかはまだわからない。言えることは、この種が並はずれて長生きするという証拠は、現時点では何もないということだけだ。

映画や悪夢のなかでどんな姿を見せるにせよ、ホホジロザメ（*Carcharodon carcharias*）の平均的な体の大きさは体長四メートルほど、体重も一トン程度でしかない。それでも体長で二倍、体重で三倍の個体についての、それなりに信憑性のある報告が複数存在することは記しておかねばなるまい。魚でカリスマ性があるとすれば、もしくは負のカリスマ性を持つ魚がいるのかもしれないとすれば、それはホホジロザメだ。ついでに言えば、〈great white shark（白い巨大ザメ）〉という名前が、負のカリスマ性と人食いザメという根拠のない噂の元のひとつなのかもしれない。もっぱらサメ学者たちは、〈white shark（白いサメ）〉というシンプルで味も素っ気もない名前で呼んでいる。

人食いザメという噂について少し話そう。たしかにわたしはホホジロザメに魅入られている。デイヴィッド・アッテンボローの動物番組『プラネットアース』で、ホホジロザメが猛烈な勢いで水中から躍り出て不運なオットセイを捕まえるという、眼に焼きついて離れない衝撃映像のこともある。妻とわたしは、野生のホホジロザメをじかに観察するために南アフリカの沖合でケージダイヴィングをする――保護用の檻に入って水中に潜るのだ――予定を立てたが、残念ながら悪天候で中止になってしまった。ホホジロザメは堂々たる肉食魚で見た目も恐ろしいのだが、人食いザメだとされる点を広い視野から見てみよう。そう、たしかにホホジロザメはサメのなかで最も多く人間を襲うが、それはおそらく獲物を見誤ったせいで、しかも実際にそんなことが起こるのはかなり少ない。人間がサメに襲われる事例は全世界で年間八〇件ほどしかなく、死に至るものはほとんどない。たとえば二〇一九年は六四件と発生件数は少なく、死亡事例は二件だった。アメリカでのサメの襲撃による死者数は年平均でひとり未満だ。つまりサメよりも雷に打たれたりハチに刺されたり、ウシやシカが突進してきて殺される確率のほうがずっと高いのだ。

ホホジロザメはどれだけ長く生きるのだろう？　やはりここでも放射性炭素年代測定による検証が済んでいる脊椎骨の輪紋による方法を使って、オスメス各四個体という小さなサンプルのみで年齢判定が行われている。[9]最高齢はオスの推定七三歳で、ＬＱにして一・一だ。最高齢のメスは四〇歳で、ＬＱはジンベエザメに不気味なほど近い〇・九だ。両者とも体長が五メートルほどだったことからすると、少なくともこれらの個体が捕獲された大西洋北西部では、メスはオスよりずっと早く成長すると思われる。また、ホホジロザメの最大級の個体は体長が七メートルにも達するので、そこまで大きな個体はサンプルよりかなり年上だと考えられる。また八一匹の脊椎骨と捕獲時の生殖状況を調べた別の研究では、オスが生殖を開始するのは二六歳頃、メスは三三歳頃だと判定された。これはホホジロザメがかなり長生きする可能性があることを示している。[10]そして、長い思春期だと思われたかもしれないが、これから紹介する種に比べれば何と言うことはない。

魚類の現時点での長寿王はニシオンデンザメ（*Somniosus microcephalus*）だ。ニシオンデンザメはほかのサメに比べて水温の低い海域に生息している。生息域もサメのなかで最も北にあり、北極海の極氷の下をゆったりと泳ぐ姿が時折目撃される。はるか南のメキシコ湾でも見つかっている。この海でいつもサメにビクビクしながら泳いでいる人たちのためにつけ加えておくが、メキシコ湾で目撃された場所は水深一六〇〇メートル以上、水温は摂氏四度という深海だ。ニシオンデンザメはホホジロザメに次ぐ最大級のサメで、体長は平均で三メートルほど、体重は三二〇キログラムだが、この二倍以上の体長の個体も記録されている。

　ニシオンデンザメは、長寿に関わるある重要な点でジンベエザメともホホジロザメとも異なる。まず生息域の水温がずっと低い。ほかの二種はどちらも比較的暖かい海に生息し、ずっと活動的だ。つまりニシオンデンザメに比べて代謝が早い。ジンベエザメは水温が摂氏二一度未満の海ではめったに見つからず、ホホジロザメは水温が摂氏一二度から二四度の海にいることが多い。それに加えて、ホホジロザメは魚のなかでは例外中の例外で、いくらか内温性だ。必要に応じて、内臓の温度を周囲の水温より五度から一〇度も高くすることができる。[11] さらには超長距離の回遊も行う。

　ニシオンデンザメは大型かつ純然たる外温性で、ほんの数度下がれば凍ってしまう水温下で年間を通じて生息している。大きなサイズで低温下に棲む外温性動物とくれば、やはり代謝率も低くなる。実際に、ニシオンデンザメの動きは見ていてかわいそうになるほど遅い――たまたま獲物になりかねない状況ならかわいそうとは思えないだろうが。ノルウェー沖で高性能の加速度計を使ってニシオンデンザメの活動を追跡した結果、水温摂氏二度から三度の海中で泳ぐ場合の平均速度は秒速三〇センチメートルをわずかに超える程度で、二四時間のうちに確認できた最高速度は秒速六〇センチメートル強だった。[12] この移動速度を別の視点から見てみると、老化医学の専門医が用いる加齢による虚弱《レイル》の評価指標では、健康な八〇代のヒトの平均歩行速度は毎秒一メートルとされている。ニシオンデンザメからすれば疾風迅雷の速さだ。[13] そう、ニシオンデンザメは健常な八〇歳のヒトより動きが鈍いのだ。見ていてかわいそうになるほど遅いと言った意味が、これでわかっていただけただろうか？

　これほどまで動きの遅い巨大肉食動物が、どうやって獲物を捕まえているのかと疑問に思うかもしれない。捕獲したニシオンデンザメの腹のなかからは、イカなどの無脊椎動物やさまざまな魚類、サメ、そしてアザラシなどが見つかっている。先ほどの疑問の答えの一部は、ニシオンデンザメが腕の立つ〝海の死体処理業者〟だというところにあるのかもしれない。一匹のニシオンデンザメの胃のなかからホッキョクグマの一部と丸ごとのトナカイが見つかったのもそれで説明がつく。答えの残りは、アザラシ類が水中で眠るという事実にあるのかもしれない。とんでもなく遅い速度で泳ぐことで、寝ている獲物に気づかれることなく近づけるという可能性がある。このサメにとっての救いは、低い代謝率のおかげで必要とする餌の量がホホジロザメに比べてごくわずかで、仔アザラシを一頭食べれば一年はもつところだ。

　ニシオンデンザメの年齢推定には、必要から生じた革新的な方法が用いられている。低温域に定住しているので、このサメの脊椎骨には輪紋がない。驚いたことに、その年齢は眼の水晶体の核を使って推定されている。サメの眼の水晶体の核は胎生期に形成される。本体が成長するとともに、レンズも核のまわりに玉ねぎのように新しい層を加えることで大きくなる。しかし核の部分は化学的に出生時と変わらない。

この革新的な年齢推定法は、サメの水晶体の核に炭素14の〈ボム・パルス〉の痕跡がないか調べるというものだ。[14] 科学的なサンプリング調査のために二〇一〇年から一三年にかけて捕獲された二八匹のメスのニシオンデンザメの水晶体を分析すると、驚愕の結果が出てきた。優に三〇〇歳を超えると思われる個体が二匹いたのだ！

この尋常ならざる結果を詳細に見てみよう。二八匹のニシオンデンザメの体長は一メートル未満から五メートルまでさまざまだった。ある個体は――ここから述べることは、すべてこの個体に基づいている――体長二・二メートルで、サンプルのなかで中くらいのサイズだった。水晶体の化学分析結果は、この個体が一九六〇年代初頭の〈ボム・パルス〉のピーク期にかなり近い時期に生まれたことを示しており、すなわち捕獲時はおよそ五〇歳だったということになる。二・二メートルを約五〇歳の個体の体長に設定して、さらにニシオンデンザメの成長率と出生時のサイズ、そして海中とより大きな個体の炭素14濃度についてさまざまな数学的仮定を加味して算出すると、サンプルのうち最も大きな個体二匹の年齢は三三五歳と三九二歳プラスマイナス一〇〇年という数字が出てきた。そう、誤差の範囲はそれほど大きかった。ちなみにこれをＬＱにすると一一・七だ――大きいが、アラメヌケほどではない。これでもありきたりでつまらない数字だというのであれば、この分析結果ではどうだろうか？　捕獲時に生殖可能だった個体のなかの最小のものから、ニシオンデンザメが生殖を開始するのは一五六歳、やはりプラスマイナス数十歳だと算出された。誤差が上でも下でも、何と長い思春期だろうか！

前に述べたように、科学の世界では、尋常ならざる主張には尋常ならざる証拠が求められる。ニシオンデンザメが、どの脊椎動物よりも二世紀近く長生きするという推算は、まちがいなく尋常ならざる主張だ。この年齢推定は多くの仮定を必要とし、〈ボム・パルス〉のピーク期に生まれたと見られる、たった一匹の個体に基づいて数字を調整している点を考えれば、現時点では尋常ならざる証拠だとはまちがいなく言えない。それなりの証拠とは言えるかもしれないが。ここで用いられている、個体の年齢とサイズは確実に結びつくとする仮定は、ほかの魚には当てはまらないことがわかっている。事実、三三五歳と三九二歳と推定された個体の体長差はたった九センチメートルだ。五七歳の年齢差があるとするには小さな差だと思えるが、そう思えるのはわたしに染みついた科学的な猜疑心のなせる業なのかもしれない。わたしにとって最も納得し難いところは（証拠のことではなく理屈のことだ）、生殖を始めるまで一五〇年以上も待つことを果たして自然が許すのか、というところだ。それでも、入手し得る最良の証拠に従って進んでいくのも科学だ。そして今のところ、かなり長生きするとされるニシオンデンザメについて入手し得る最良の証拠は、ここに挙げたものなのだ。

このような留意点があり、さらには何人ものサメ学者が、こうした推定年齢はかなり割り引いて考えるべきだと助言しているにもかかわらず、この並はずれた長寿は、ニシオンデンザメのように大型で動きが鈍く、かなりの低温環境に生きる外温性動物に予想される低代謝とは矛盾しないように思える。したがって、少なくともよりよい証拠が得られるまで、わたしとしてはニシオンデンザメのことを地球上の脊椎動物のなかの最長寿で、成熟に最も時間がかかる、そして言うまでもなく最もゆっくり泳ぐ種ということにしておく——とりあえず今のところは。

大型のサメたちの話を終える前に思い出してもらいたいのだが、体が大きいことにつきまとう危険、とくに長寿と組み合わさった場合の危険のひとつは、がんのリスクが増えることだ。体の細胞が多いほど、そのどれかが死を招くおそれのあるがん細胞に変化する可能性は高まる。変化が起こり得る時間が長くなればなるほど、リスクはさらに高まる。ゾウの細胞がマウスの細胞のようにがんに変異しやすければ、すべてのゾウは一年ほどでがんで死ぬだろう。自然は、このすべての動物に内在するリスクに対する解決策を見つけているようだ。たとえばゾウには細胞を護るTP53がん抑制遺伝子のコピーが複数個備わっているといったように。こう考えてみてほしい――ジンベエザメはゾウの五倍の大きさまで成長するので、細胞の数もおおよそ五倍になる。ちなみにこれはわたしたちヒトの細胞数の五〇〇倍以上だ。今のところ判明している最高齢のジンベエザメは五〇歳に満たないが、それがこの種の寿命としてかなり低い推定値だということはわかっている。したがってジンベエザメも、そしてニシオンデンザメでさえも、ヒトのおよそ六〇〇倍の細胞を有しながらも寿命はジンベイザメの四倍の長さになる可能性があるのだから、このサメたちを研究すれば、がんの回避法について多くを学べるのではないだろうか。

13章　クジラの尾話《おはなし》

小惑星の衝突が恐竜と翼竜をはじめとした大部分の動物を絶滅させてから一五〇〇万年以上が経過し、その後釜についた哺乳類たちが百花繚乱の活躍を見せていた頃のことだ。シカのような蹄《ひづめ》がありながらも、オオカミのように肉食の奇妙な哺乳類が、どういうわけだか次第に陸から離れ、水のなかに戻っていった。その理由が完全に解明されることはないのかもしれない。餌になる魚が豊富で——魚はこの大量絶滅からさっさと回復した——おまけに地上よりも競争相手が少なく、手軽に餌に与《あずか》れるからという理由は考えられる。アフリカに生息するミズマメジカのように、水のなかは陸の危険からの避難場所だったのかもしれない。水のなかにどんなチャンスが潜んでいたにせよ、この奇妙な哺乳類は水の浮力によって重力の軛《くびき》から解放されると、その後の数千万年をかけて驚異的な変化を遂げた。後肢はなくなり、前肢は変形して胸ビレになり、尾は推進力を生む尾ビレに変わった。鼻孔は頭のてっぺんに移動した。耳は空気ではなく水を伝う音を拾う構造に変わった。この過程で、高音を聴き取る力を発達させてコウモリのように反響定位《エコーロケーション》を使う種も現れた。肉食嗜好なのは変わらなかったが、一部の種は完全に歯をなくし、ヒゲ板と呼ばれる柔軟なフィルターを使って小さな獲物を大量に飲み込む手段を身につけた。ある種は史上最大の動物となった。

この蹄のある肉食獣から進化した末裔《まつえい》は、現在は九〇種ほどが存在し、これを科学者たちは鯨類《げいるい》と呼んでいる。科学者以外の人々はイルカ（dolphin）やネズミイルカ類（porpoise）、そしてクジラと、さまざまに呼び分けている。最小の鯨類であるコシャチイルカ（*Cephalorhynchus heavisidii*）は小柄なヒトほどの大きさだ。最大のシロナガスクジラ（*Balaenoptera musculus*）の体重はアフリカゾウ三〇頭分にもなることがあり、体長は記録があるなかで最大のジンベエザメの一・五倍、そしてフォルクスワーゲンのビートル並みの大きさの心臓を持つ。大半は海棲だが、淡水種も少数ながら存在する。あるものは沿岸域を遊弋《ゆうよく》し、あるものは外洋で餌を探して水深一六〇〇メートルを超えて潜ることがある。しかし生命を維持する酸素を水からではなく空気から取り出し、体を内部から温めて、周囲の水温より数十度も高い体温を保たなければならない宿命から逃れることができた種はひとつもいない。こうした制約が寿命に大きな影響を与えている。

クジラほど超人気の動物は、ほかにはいないかもしれない。人々は動物園に集められたエキゾチックな動物たちを間近に見るために喜んで金を払うのかもしれないが、海中からほんの一瞬だけ顔を見せるクジラを遠くから見物できる可能性には、毎年二〇億ドルをかけている。わたしはマサチューセッツ州セミクジラ諮問委員会の委員を数年間務めたことがある。タイセイヨウセミクジラ（*Eubalaena glacialis*）は深刻な絶滅の危機に瀕していて、マサチューセッツ州は、東海岸各州に先駆けてセミクジラの五〇〇メートル以内に船舶が近づくことを禁止する州法を最初に制定した。誇らしいかぎりだ。クジラを愛する人々の情熱は今でも心に残っている。とくに思い入れの強かった市民委員は、この五〇〇メートル以内の接近禁止令を破った者は極刑に処すべきだと大真面目に提案していた。

動物学者を歓喜させるという点で、クジラに並ぶ動物はいない。クジラのなかには地球史上最大の動物（シロナガスクジラ）や最大の歯を持つ肉食獣（マッコウクジラ）もいて、マッコウクジラはさらに最も長い腸（三〇〇メートル）と最大の脳――わたしたちの脳の約五倍だ――を持つ。ホッキョククジラは史上最大の口を持ち、最大の睾丸の持ち主も言うまでもなくクジラで、種で言うとタイセイヨウセミクジラの睾丸は五〇〇キログラムだ。

体の大きさのランキング哺乳類部門で、クジラは断トツのトップだ。そのなかには史上最大の種もいる。そして大きな体と長寿は一般的に相関がある。このことからすれば、その進化の過程で超長寿をなぜ、どこで、どのように発達させたのかを考えるうえで、クジラは特別な地位を占めてもいいはずだ。

これまで見てきたように、野生動物の寿命判定にはさまざまな難題がつきまとう。人間がなかなか近づけない場所に生息していたり、めったに姿を見せなかったり、あちこち動きまわったり、あるいはヒトと比べて長く生きたりする場合、その難しさは何倍にもなる。これらの条件すべてがクジラとイルカに当てはまる。野生種の寿命を確定する、最も明快で信頼できる手段は、いつ生まれたかがはっきりわかる段階で個体を識別し、死ぬまで追跡することだ。鯨類でこうした研究が行われているのは、ほんのひと握りの海に棲む、ほんのひと握りのクジラだけだ。

バンドウイルカ

そんなひと握りの種のひとつがバンドウイルカ（*Tursiops truncatus*）だ。そしてほんのひと握りの場所のひとつはフロリダ半島西岸中部のサラソータ湾だ。

イルカは三〇〇〇年以上も昔から人間の意識のなかに織り込まれている。古代ギリシアの美術では人間を救助する存在として描かれたが、それは二〇〇〇年後にイルカの調教師たちが発見したように、イルカたちが鼻で人間を含めたさまざまなものを水面に押し上げ、水面を滑らせるのが好きだからかもしれない。これはおそらく、メスには生まれたばかりの仔イルカに初めて呼吸をさせるために同じやり方で水面に押し上げるという本能的習性があるからだと思われる。わたしのなかにいる懐疑家は、このよく知られた話は、科学者たちが〈確証バイアス（都合のいい情報ばかり無意識に集め、反証する情報を無視すること）〉と呼ぶものではないかとずっと考えている。溺れかけたときに、たまたま安全な場所に押し上げられた船乗りだけが陸《おか》に戻って話を伝えた。反対方向に押されてしまった船乗りたちは、言ってみれば〝死人に口なし〟ということだ。

イルカは高い知能を有し、脳はわたしたちより大きい。鏡を使った自己認識のテストもクリアする。〝稚拙な言語〟と言ってよいかもしれないもので意思疎通を図る。訓練がかなり容易なので、テレビシリーズで主役を張った数少ない動物のひとつだ。そのテレビシリーズとは一九六四年から一九六七年まで続いた『わんぱくフリッパー』で、今でもどこかのケーブル・チャンネルでどこかの時間帯に放映されているにちがいない。〈フリッパー〉の映画も一九六三年と一九九六年に製作された。子どもの頃の動物体験で一番印象に残っているのは、〈マリンランド・オブ・フロリダ〉のショーで、訓練されたイルカがプールから猛烈な勢いで飛び出し、水面から建物数階分上のところに吊るされた魚をかすめ取るさまを見たときの、衝撃と畏敬の念だ。

鯨類のなかで最も理解が進んでいるのはイルカだ。イルカは比較的小さく、平均で約三〇〇キログラムと、シマウマとほぼ同じサイズだ。世界中の温帯の海や沿岸域に生息している。北米沿岸では、摂氏一〇度という冷たい海から三二度というぬるま湯のような海にいる。研究がかなり容易な沿岸部の浅い海にもいる一方、外洋でも見つかり、必要とあらば水深一〇〇〇メートルまで潜り、漆黒の海底でエコーロケーションを駆使して魚やイカ、エビを見つけることができる。その潜航速度は時速三二キロメートルに達する。大きく成長しても肉食動物から襲われることがあり、成体の約半数にサメに襲われた傷がある。それでもかなり多くが生き残っているのだから、そこそこうまくサメを撃退しているということなのだろう。

現在はサラソータ・イルカ研究プログラムを統括しているランディ・ウェルズ博士は、一九七〇年の高校生当時からサラソータ湾のイルカを調査している。長さ三〇キロメートル、最大幅八キロメートルのサラソータ湾は、合わせて一〇万人以上の人口を抱えるサラソータとブレイデントンの両市に接する。湾内の大半は水深わずか三メートルから四メートルで、水温は季節によって摂氏二〇度から三〇度で、人間が泳ぐには心地いい。湾内と周辺の海は一五〇頭以上のイルカの定住地だ。研究の初期段階で個体を識別したウェルズ博士は、その全体の九〇パーセント以上がこの水域に定住していて、毎年追跡調査が可能だということに気づいた。ウェルズ博士は現在までに六世代にわたる何千頭ものイルカをこの湾で追跡し、イルカたちが営む複雑な社会集団の仕組みの多くを学んだ。この社会の複雑さが、比較的大きな脳の発達につながったのかもしれない。イルカの脳化指数《EQ》は約三・三で、体に対する脳の大きさは類人猿を除くほぼすべての霊長類より大きい。研究対象の集団のメスは八歳から一〇歳頃にかけて最初の仔を産むこと、仔は最長二年まで乳を飲み、最長で六年は母親の世話を受けることを、ウェルズ博士は発見した。一方のオスが仔をもうけることができるのは最短で一〇歳だということも、博士と多くの研究仲間たちはつかんだ。さらには、五〇年にわたる研究でさえも、最も長生きの個体が生まれてから老齢になり死ぬまでを追いかけるには足りないこともわかった。[1]

ゾウとチンパンジーで見たように、調査期間より長く生きる動物についても寿命の最低値を判断することは可能だ。たとえばイルカの場合、五〇年間の調査の開始時に仔と一緒に泳いでいるメスがいたら、その個体は少なくとも生殖可能年齢に達していると推測できる（イルカのメスは最短で八年で生殖可能になる）。そしてこのメスをそれから五〇年にわたって確認できたとすると最低五八歳ということになり、メスのイルカは四〇代まで生殖するので、もっとずっと年上の可能性もあるということになる。それでも、ウェルズ博士が調べた個体識別番号ＦＢ１５、またの名を〈ニクロ〉という、現時点で最長寿とされている野生のイルカの寿命が判明したのはこの方法ではなかった。歯を使って判定したのだ。

陸棲哺乳類の年齢は、歯の磨耗具合から推定できることがある。ざらざらした餌を磨り潰したり、噛んでいるときに歯同士が擦れ合ったりして、歯は歳月を経るにつれ磨耗する。すでに見たように、ゾウの寿命は歯の磨耗によって頭打ちになっている可能性がある。しかし、歯の磨耗はかなりばらつきが大きく、若いか中年か高齢かといったレヴェル程度の、非常に大まかな推定しかできない。イルカの年齢の推定には、歯の磨耗ではなく成長線を使う。イルカの歯に成長線があることは一九世紀中頃から知られていたが、イルカの正確な年齢決定に使えることがわかったのは、一九八〇年代にサラソータ湾にいた年齢がわかっているイルカを使ってウェルズ博士が検証したからだ。この研究のユニークな特徴のひとつは、しょっちゅう網にかかるイルカがいるところだ。捕まえた個体は獣医学検査設備が整えられた特別設計の船に引き揚げられ、体長と体重を測定され、徹底した精密検査を受けたのちに湾内に戻される。研究の初期段階では、検査の過程で歯を一本抜いて年齢を判定していた。ひどいことをすると思われるかもしれないが、この作業はそれほど過激なものではない。イルカには最大で一〇〇本にもなる小さい歯が生えているので、そのなかの一本を——正確には下顎の左一五番を——科学のために捧げることは、とくにその科学がイルカの保護に焦点を合わせたものであれば、価値のあることだと思える。この抜歯が個体に何らかの長期的な影響を与えているという証拠はまったくない。

二枚貝の貝殻の成長線やサメの脊椎骨の輪紋を見ればわかるとおり、個体は歳を重ねるにつれて成長が遅くなり、線の間隔も狭まって数えにくくなり、誤確認も起きやすくなる。ありがたいことに、メスの〈ニクロ〉の出生年はまだ〝とうが立った〟歳ではなかったと、一九八四年に判定された。〈ニクロ〉は三四歳という〝中年〟の母親だった。それからの三三年間、〈ニクロ〉は何度も何度も、全部で八〇〇回以上発見された。その識別方法は、サラソータ湾のほかのすべてのイルカと同様に、背ビレにある切り傷や擦り傷などのさまざまな痕跡に基づいた、写真を使った方法だった。〈ニクロ〉は少なくとも四頭の仔を無事に産み、四八歳のときには〈イヴ〉を産んだ。〈ニクロ〉が最後に目撃されたのは二〇一七年で、この年に六七歳で死んだか殺されたと考えられる。[2]

ここで断っておかなければならないが、ヒトのなかで一〇〇年以上生きるものはごくごくわずかなのと同じように、〈ニクロ〉もバンドウイルカとしては例外的だったということだ。サラソータ湾の集団のメスたちは五〇歳を超えて生きることは珍しく、四〇歳を超えるオスはめったにいない。ちなみに、サラソータ湾の現時点でのオスの最長寿記録は五二歳だ。〈ニクロ〉の年齢を使って、サラソータ湾の集団のバンドウイルカの長寿指数《LQ》を算出すると、約二・二という数字が出てくる。これはバンドウイルカと同じかそれより大型のどの陸棲哺乳類より大きく、類人猿以外の大半の霊長類とほぼ同じだ。〝サラソータ湾の集団のバンドウイルカ〟としたところに注目してほしい。水深が浅く水温の高い湾内とその周辺に生息し、湾岸にはヒトが密集していて、そのヒトによる活動で――釣りや漁業、水上スキー、ジェットスキー、そして船舶のエンジンの排気や燃料漏れ、都市排水による汚染――環境が乱れている可能性のある水域にいるこの集団のイルカたちは、種全体の特徴をよく表しているとはかぎらないからだ。ほかの水域や外洋に生きるものより短命かもしれないし、長命ということさえあり得る。アイスランドガイの寿命が生息域の集団ごとに大きく異なっていたことを思い出してほしい。

一方で、予想に反してバンドウイルカ全体の典型例である可能性もある。実は、長期にわたって継続中のイルカの調査はもうひとつあり、その調査場所はサラソータ湾よりずっと人間の手が及んでいない海だ。オーストラリア大陸西岸にある世界遺産のシャーク湾は水温が高く、水深が浅い広大な海だ。湾の真ん中に大きく突き出ているペロン半島は、突き立てた中指のようにも見える。大半が砂漠の西オーストラリア州沿岸部を半分ほど北上した辺りにシャーク湾はある。この湾で最も注目すべきなのはユニークな動物相で、とくに湾内の島は絶滅危惧種の避難所になっており、そのような種には、たとえばフィールドニセマウス（*Pseudomys gouldii*）ニシシマバンディクート（*Perameles bougainville*）、シマウサギワラビー（*Lagostrophus fasciatus*）、コシアカウサギワラビー（*Lagorchetes hirsutus*）、そして忘れてはいけない〝ブーディー〟ことシロオビネズミカンガルー（*Bettongia lesueur*）がいる。どれもいくらか育ちすぎたネズミにも見えるが、有袋類だ。さすがオーストラリアだけのことはある。湾内には大量のイルカが定住し、季節になるとザトウクジラが訪れ、世界中のジュゴンの八分の一がここを棲み処としている。ちなみにジュゴンは進化史上最も近い親戚であるマナティと混同されやすい。どちらも海棲で海草を食べる哺乳類で、ゾウとの共通の祖先をもつ。比較という点で言うと、サラソータ湾にはマナティが普通にいる。

長さ一六〇キロメートル、幅八〇キロメートルのシャーク湾は、サラソータ湾よりかなり広い。九メートルという平均水深はサラソータ湾の二倍だが、ぬるい水温はだいたい同じだ。サラソータ湾と大きく異なるのは、周囲はほぼ無人地帯だというところだ。その代わりにイルカは多く暮らしていて、常時三〇〇頭から四〇〇頭ほどいる。実際には、ここは一九六〇年代から、たまに人間が浜辺にやってくると、おとなしいイルカたちが波打ち際でしぶきを上げ、人間の手から喜んで餌を受け取ることで知られていた。人慣れしたイルカを浜辺で間近に観察できるということに、リチャード・コナーとレイチェル・スモーカーというふたりのアメリカ人動物行動学者が注目した。ふたりは一九八二年にこの人気のない砂浜にベースキャンプを張り、イルカたちの行動を調べ始めた。二年後、現在も続く長期的な調査に着手した。[3]

シャーク湾のイルカはバンドウイルカとは似て非なるミナミバンドウイルカ（*Tursiops aduncus*）だが、数十年前までは同じひとつの種だと見なされていた。どちらもほぼ同じ年齢で生殖可能になり、仔育ての期間もほぼ同じだ。シャーク湾のイルカの寿命はフロリダにいる同類たちと同程度で、少なくとも四〇代後半から五〇代前半までは生きるようだが、研究開始がサラソータ湾より遅かったことと、ここの調査では対象の個体の歯を抜かないことから、〈ニクロ〉ほどのかなり長寿に達したイルカがいるかどうかはわからない。わかっていることで言えば、シャーク湾のオスたちは小さなグループを作って団結し、自分たちの社会集団のなかにいる妊娠可能なメスたちをほかのグループから切り離して交尾する。メスのある小さなグループがユニークな餌とり道具を発明したこともわかっている。海底から巨大な海綿をむしり取って鼻にかぶせるのだ。たしかにちょっと滑稽な見かけで、たぶんほかのイルカたちもそう思っているのだろうが、そのメスたちは海綿で鼻を保護しつつ、海底から少しだけ顔をのぞかせている獲物をつついて狩り出すのだ。シャーク湾の海底は尖った岩や割れた貝殻に覆われている。ちょうどいい海綿はなかなか見つからないみたいだ。とった餌を食べるときはどうしても鼻先から海綿をはずさなければならないが、同じ海綿を拾ってまた使ったり、さらには別の餌場に持っていったりすることもよくある。この行動は母から娘に受け継がれる文化的なもので、若いイルカがこの技術を完璧に習得するまでには数年を要する。メスには生殖における老化が起こり、それが生涯のかなり早い段階から始まることが、シャーク湾ではっきりと証明された。二〇代半ばから後半に生理学的な生殖能力のピークを迎え、その後は低下するところはヒトのメスを彷彿とさせる。シャーク湾のイルカの生殖における老化は、高齢の母親から生まれた仔が若い母親の仔より長く生き延びる可能性が低い点と、加齢とともにメスの出産の間隔が広がる点に見られる。[4] 出産と仔育ては――イルカも哺乳類なので、父親が手伝うとはゆめゆめ思ってはならない――年嵩のメスにとってはより体力を消耗するということなのかもしれない。

つまり、野生のイルカが老化の兆候を見せることは確かだが、それでもしっかり保護され、しっかり餌を与えられる動物園でぬくぬくと生活する同じサイズの陸棲哺乳類の約二倍長生きする。

一見すると大したことではないように思えるが、実はすごいことだとわたしは思う。イルカは哺乳類で、ほかの哺乳類と同じく体温を摂氏三七度ほどに保たなくてはならない。それをイルカたちは、体温より少し、あるいはずっと低い水温下でやってのけるのだ。前述したが、水の熱吸収率は空気の三〇〇〇倍で、同じぐらいの温度下であればイルカは、大きさが同じ程度のシマウマよりずっと急激に体温を失っていく。ここが外温性のサメと内温性のイルカおよびクジラの重要かつ顕著な相違点だ。水温が下がればサメの代謝は下がるが、イルカは上がる。イルカは水に奪われる熱と同じ量の熱を自ら生み出して、体温を保たなければならない。これは海棲哺乳類が直面する根本的な生理学上の問題だ。この問題に対処すべく、海棲哺乳類たちは体を非常に大きくするか――熱を生みだす重量に対する表面積の比率が小さくなるので失う熱の量が抑制される――体毛を密にしたり皮下脂肪を厚くしたりして断熱性をかなり高くするか、もしくは代謝率を著しく高くするか、あるいはこれらすべてを行うかしなければならない。ちなみに皮下脂肪は海棲哺乳類にとってすこぶる役に立つ。断熱性と浮力を提供するうえに、残念ながら人間がわかりすぎるほどわかっているとおり、極めて効率よくエネルギーを貯蔵する方法なのだ。そういうわけで、イルカの成獣は厚さ二・五センチメートルの皮下脂肪に包まれており、その重量は体重の五分の一になる。代謝率は同じサイズの陸棲哺乳類の二倍から三倍になり、つまり二倍から三倍のカロリーを摂取しなければならないということでもある。さらに言うなら、代謝には活性酸素などの有害な副産物がつきものなのを思い出してほしい。したがって高い代謝率は、大まかにではあるが一般的に短命と相関関係にある。それでもなお二を超えるＬＱを有するイルカたちに、わたしは驚きを禁じ得ない。

シャチ

超人気の鯨類はもう一種いる――英語で〈killer whale（殺し屋クジラ）〉という、そのままずばりの名前のついたシャチ（*Orcinus orca*）だ。ずばりなのは〝殺し屋〟のほうで〝クジラ〟のほうではない。大きさで言うなら、バンドウイルカがシマウマならシャチはゾウだ。名前とは裏腹に、シャチはクジラではなくイルカで、マイルカ科最大の種だ。野生のシャチは狙えるものならどんなに大きくてもほぼすべての動物を獲物とし、ずば抜けた知能と能力を駆使して、協力して狩りをし、自分たちよりずっと大きなクジラをはじめとして、ほとんど何でも殺して食べてしまう。地球上で最大の肉食動物である巨大なマッコウクジラですら、シャチの牙から逃れることはできない。大型のヒゲクジラを餌食にしたという記録もあり、ホホジロザメでさえシャチを避けるし、アザラシもアシカもセイウチもイッカクも、さらにもっと小さなペンギンや多種多様な魚でも、やはりシャチには近づかない。ここでさっさと言っておくが、シャチは自然によってそうするようにつくられたとおりのことをしているだけだ。

ここでさらにさっさと断っておくが、シャチに食べられた記録がない種のひとつはヒトだ。野生のシャチによる襲撃で死に至った記録はゼロだ。残念ながら飼育され調教されたシャチについては同じことは言えず、数人を――調教師たち――衆人環視のなかで殺すこともある。しかし食べるために襲ったのではない。どちらかというと「今日はむしゃくしゃすることばっかりなんだよ、ふざけんじゃねえ」という襲撃だった。人間だってシャチぐらいに大きくて、気分がむしゃくしゃしていたら、たまたま近くにいた、小さな陸棲哺乳類に死をもたらすことがある、ということだ。

前にも言ったように、シャチはとにかく大人気だ。世界各地の海沿いに暮らすさまざまな先住民族の神話に登場するが、工業化社会ではもともとは低く見られていた。たとえば第二次世界大戦中にはカナダ空軍の爆撃演習の的にされた。商業的価値の高いサーモンの資源量の減少もシャチのせいにされた。ところが最近になってそのイメージは一気に逆転したが、それは〈killer whale〉の代わりに〈orca（オルカ）〉と呼ばれるようになったからかもしれない。生物学者たちはなかなかオルカとは呼ぼうとしないが。一九九三年の映画『フリー・ウィリー』は、母親に捨てられた一二歳の少年と、母親から引き離された何歳だかわからないシャチとの友情を描き、全世界で一億五〇〇〇万ドルの興行成績を叩き出し、三本の続編が製作され、挙げ句の果てには主役の〈ウィリー〉を演じたシャチを野生に帰そうという軽率な試みがなされた。カリフォルニア州のシーワールド・サンディエゴの〈シャムー〉のように、水族館でのショーが何十年も続けられたこともイメージ向上に寄与したにちがいない。シャチのような大型で知能の高い動物を飼育することについては懸念の声も出ているが、こうした水族館のショーは人気が高い。シャチの関連商品も旨味のある副産物だ。

昔は悪、今は善という一般のイメージがどうあれ、シャチは魅力に満ちた動物で、一九七〇年代の初頭以来、ワシントン州とカナダのブリティッシュコロンビア州の沿岸でいくつかの野生の集団が調査されている。[5]

シャチは北は北極海から南は南極海に至る、ほぼすべての海にその姿を見ることができる。北米の太平洋岸北西部のコロンビア川などの大河では、河口から一六〇キロメートルも遡ったところで目撃されることもある。水温の選り好みはほとんどないみたいだ。地球上でマッコウクジラに次いで二番目に大きな脳を持ち、この大きな脳を使って〈ポッド〉と呼ばれる複数世代の群れを形成し、複雑な社会的交流を行う。通常、ポッドは一頭の高齢のメスと、その何世代にもわたる子孫のオスメスからなる。オスもメスも生まれた集団にそのまま残る、わずかしかいない哺乳類のひとつだ。大半の哺乳類は、オスかメスのどちらかが性成熟に達する頃に群れを出ていく。イルカの仲間たちと同様に、コールとクリックスとホイッスルという三つの鳴音を複雑に組み合わせて意思伝達を図る。幅広い学習能力があり、たとえば母親は仔にさまざまな狩りの戦略を授けていると見られる。何十年ものあいだ単一の種だと考えられていたが、近年の遺伝子研究から、いくつかの種に分化する過程にある可能性が指摘されている。

が、イルカの仲間たちと同様に、シャチの野生の個体についてのほぼすべての情報は、調査が比較的簡単な、沿岸部に生息する回遊しない集団から得たものだ。そしてこれもイルカの仲間たちと同様に、外洋で回遊する集団についてはほとんどわかっていない。沿岸部に定住するシャチは魚、とくにサーモンを好物にしている。サーモン漁をするという評判は実績に基づいている。回遊する集団はアザラシやアシカ、ときにクジラなどの哺乳類のみを餌食にする。最後に、そしてこれもまたイルカの仲間たちと同様に、五〇年近くにわたる調査をもってしても、最長寿の個体を誕生から死まで追跡することはできない。

シャチ研究のパイオニアであるカナダの生物学者で、今は亡きマイケル・ビッグ博士は、ブリティッシュコロンビア州での調査の初期の段階で、シャチには定住型と回遊型があることを確認した。事実、広範囲を回遊しアザラシなどを餌にするシャチは、現在は〈ビッグのシャチ〉と呼ばれている。海面に浮上したときに撮影された写真で確認できる特徴的な目印で個体を識別するところもイルカたちと同じだ。そうやって識別したそれぞれの個体を、一五年にわたって個別に何百回も観察した結果、ビッグが調査対象とした集団では、メスは一〇歳頃に成獣のサイズに達し、一五歳頃に最初の仔を産み、最後の出産はおおよそ四〇歳だということが判明した。オスの場合は八年ほどで成獣と言えるサイズに近くなるが、一〇代後半まで成長を続けることがわかった。さらに、オスの平均寿命は三〇年ほどで、最高齢のものは五〇歳から六〇歳に達する一方、メスの平均寿命は三五歳ほどだが、最長で八〇歳から九〇歳まで生きるという調査結果も出た。シャチがかなりの長生き

であることと、ビッグらが調査した集団から六八頭ほどが生け捕りにされ水族館に送られたことと
があいまって、論争が起こった。
超長寿のシャチの話は、かなり以前からあちこちで広まっている。かなり面白い話のひとつは、
オーストラリアのツーフォールド湾の〈オールド・トム〉の話だ。オーストラリアの南東端にある
ツーフォールド湾は、熱帯の海の繁殖地と南極圏の餌場を行き来するザトウクジラとセミクジラの
回遊ルート上にある。捕鯨が最も盛んだった一九世紀には、このふたつのクジラはどちらも立派な
皮下脂肪があるために珍重された。この脂肪から採取された鯨油はランプの燃料や、産業革命後は
ますます必要性が高まっていた潤滑油として使われた。硬いがよくしなるヒゲ板はコルセットやス
カートのフープ、傘の骨、馬車用の鞭の材料として重宝された――現在ならプラスチックやグラス
ファイバーを使えばいい。一方、シャチが商業目的で捕獲されることはまったくなかった。シャチ
は小さすぎ、速すぎ、賢すぎ、危険すぎ、それに皮下脂肪は少なすぎて、そしてヒゲ板はない。
ツーフォールド湾では小規模な沿岸捕鯨産業が育まれていった。つまりクジラを探して大海原に
乗り出すのではなく、海岸から漕ぎ出し、クジラを見つけて銛《もり》を打ち、陸《おか》に曳いて戻って解体する
のだ。付近の水域に生息するシャチたちは、地元の漁師たちの船につきまとい、死んだか死にかけ
た状態で曳航されるヒゲクジラの美味しいところを――舌と唇だ――食べることを学んだ。やがて
もっと頭のいい賢いシャチたちは、湾内にクジラを追い込んで、漁師たちにクジラがいることとそ
の位置を知らせれば、すぐに舌と唇のごちそうという見返りがもらえることを学んだ。そうやって
漁師とシャチのあいだに互恵的な共生関係が生まれた。シャチには愛称まで与えられた――〈クー

パー〉〈ハンピー〉〈フッキー〉〈ジミー〉〈キンチー〉〈スキナー〉〈ストレンジャー〉〈タイピー〉〈ウォーカー〉〈ビッグ・ベン〉〈ビッグ・ジャック〉、そしてもちろん〈リトル・ジャック〉もいた。[6]

証拠映像からするとメスだったのかもしれない〈トム〉は、とくに捕鯨漁師たちに手を貸した［図13-1］。捕鯨拠点の眼のまえの海面を尾ビレで叩き、クジラがいることを知らせ、ポッドの仲間たちがクジラを囲い込んでいる場所へ漁師たちを導いたという。ツーフォールド湾で一八四六年から捕鯨を営んできたデイヴィッドソン家では三代にわたり、背ビレにある独特の目印で〈トム〉だと――あるいは漁師たちがずっと〈トム〉だと思っていたシャチだと――判別していた。やがて〈トム〉は〈オールド・トム〉になった。一九三〇年九月一七

[図13-1]ツーフォールド湾でクジラ漁を手伝う〈オールド・トム〉。〈オールド・トム〉についての1910年のドキュメンタリー映画のひとコマ。画面には映っていないが、銛が打ち込まれたばかりのヒゲクジラが曳航されている。〈オールド・トム〉と漁船のあいだにシャチの仔がいることに注目。これは〈オールド・トム〉がメスだった可能性を示している。彼または彼女の死亡時の年齢は90歳以上とされているが、その歯は、1930年に岸に打ち上げられた遺骸が〈オールド・トム〉ではなかったか、あるいは長年にわたってクジラ漁師たちを手伝う役を受け継いできた別のシャチだったことを示している。

日にその亡骸が岸に打ち上げられ、湾では〈オールド・トム〉の死は悲劇とされた。デイヴィッドソン家の言い伝えどおりなら、〈オールド・トム〉は少なくとも九〇歳だったということになる。丁重に保存された彼女の骨格を展示し、ツーフォールド湾の捕鯨産業の歴史を伝えるべく博物館が建てられた。この骨は今日でもツーフォールド湾のイーデン・シャチ博物館で見ることができる。

こうして九〇歳のシャチの物語は歴史に刻まれたのだ。

〈オールド・トム〉の物語は壮大だ。だからこそエドワード・ミッチェルとアラン・ベイカーという捕鯨専門家たちは、彼女の実年齢の正しさを証明する――または反証する――という作業に取りかかった。ふたりは歴史資料を当たったが、デイヴィッドソン家に伝わる物語以外に具体的な証拠は何も見つからなかった。しかし一九一〇年に撮影された映像に映っていた成長し切ったシャチの成獣が、背ビレの特徴から〈オールド・トム〉だとわかった。シャチのメスが成獣になるまでかかる年数を一五年とすると、一九三〇年に死んだ時点で、〈オールド・トム〉は少なくとも三五歳だったということになる。実際には、これよりどれだけ歳が上だったのだろうか？　ミッチェルとベイカーは一九七七年に博物館を訪れ、長さ六・七メートルの骨格を微に入り細を穿《うが》つように調べた結果、歯が三本欠けていて、二本に重篤な膿瘍ができていることを発見した。ふたりは〈オールド・トム〉の下顎の歯を一本取って成長線を調べることを許可された。この証拠と例の映像から、彼らは〈オールド・トム〉の死亡時の年齢は三五歳だったとする、さまざまな言い伝えとは食いちがう結論に至った。

〈オールド・トム〉の物語とこの骨格に何らかの関係があるのかどうかは、ブリティッシュコロンビア州の一五年間だけの調査で算出された、シャチが九〇年生きる可能性があるという初期の推定値からだけではははっきりしない。はっきりしているのは、この推定値にかなりの異論が出ていることだ。きっかけとなったのは、〈シーワールド・パークス&エンターテインメント〉のトッド・ロベックをはじめとした獣医師チームが二〇一五年に発表した、一九六五年から一九七八年のあいだに捕獲された一九頭と、飼育環境下で生まれた六五頭のシャチの生活史を分析した論文だった。[7] 論文では、飼育環境下のシャチの成長と生殖と寿命を、ブリティッシュコロンビア州の自然環境下のシャチと比べた。すると、海を泳ぎまくって餌を狩ることもなくたっぷりと与えられた〈シーワールド〉の個体は、野生のものより少し早く成長し、少し早く成熟するという、予想どおりの結果が出た。また、〈シーワールド〉のシャチは二〇〇〇年以前は野生の個体ほどには長生きしなかったが、それ以降は飼育法が向上し、飼育環境下の生存年数が少なくとも野生と同じところまで改善したとも結論づけた。最後に、〈シーワールド〉および野生の集団で判明している最高齢の個体は——確かな出生記録があるものは——五〇歳に達していなかったと記した。実際には、そこまで生きる個体は三パーセントにしかすぎないとも述べた。これが本当なら、それまでに一〇〇歳以上だとされていた野生で最高齢の個体の推定年齢は、かなり下駄を履かされたものだということになる。ロベックらは、シャチの寿命はメスで七〇歳に満たず、オスはそれより一〇年ほど短いだろうと結論づけた。

この結論は、飼育環境下のシャチは野生で自由なものほどには長生きしないにちがいないと確信していた一部の野生シャチの研究者や動物保護活動家にとっては受け入れ難いものだった。[8] それから起こったことを理解するには、野生動物の年齢推定方法をいくつかに区分しなければならない。これまで言及せずに避けてきたが、ここで重要になってきた。じかに観察して出生年がわかっている個体を〈既知の年齢の個体〉とする。成長過程のどこかで初めて目撃されたので、実年齢のほんの数年以内であるとか数パーセント以内の誤差の範囲で推定できる個体は〈推定年齢の個体〉とする。こちらの年齢は、若い〈既知の年齢の個体〉の体の大きさとの比較から逆算が可能だ。この推定方法については、すでに最高齢のチンパンジーやゾウで使っている。さらには〈当て推量の年齢の個体〉もいる。こちらはさまざまな仮定を重ねて算出された年齢で、その仮定が崩れると大きくまちがうことになりかねない――一〇〇パーセントか、それ以上ずれることになるかもしれない。ニシオンデンザメの年齢は当て推量だった。こうした当て推量を批判しているわけではなく、不確実さがあるということを確認しているだけだ。研究者は手元の情報を元に、できるだけのことをするだけだ。

不確実性の大きさを、架空の例を使って説明しよう。あるシャチの集団のなかに、三頭のメスたちからなる小集団が初めて目撃されたとする。一頭目は成獣の個体1、二頭目で個体1の乳飲み仔を個体2、三頭目は成獣になる一歩手前の個体3とする。シャチは複数世代の家族で暮らすことがわかっているので、三頭はみな血縁関係にあり、おそらく母親とその娘たちという可能性がある。個体2の年齢は、そのサイズとまだ乳を飲んでいることから明確なので、一歳ということにしよう。個体3は個体2の姉だとするのが妥当だろう。この集団のメスは五年ごとに出産することがわかっているので、体のサイズと考え併せると、個体3の年齢は六歳程度、誤差はせいぜいプラスマイナス一歳から二歳だと推定できる。

　ここから当て推量が始まる。個体1は少なくとも二頭の仔を産んだ。個体3が最初の仔だとすれば、初産を経験するのは平均で一五歳、出産間隔の五年、さらに乳飲み仔の個体2の年齢が一歳ということから逆算して、個体1は二一歳なのかもしれない。もちろん、最初の一頭か二頭の仔を亡くした可能性もある。したがって個体2と3はもっと歳を重ねてからの仔で、個体1はかなり年配なのかもしれない。四〇歳を超えて出産するメスはほとんどいないことはわかっているので、個体1は四一歳か、さらに年上かもしれない。四六歳のメスが仔を産んだという記録があるので、極端な場合は四七歳ということもあり得る。そういうわけで、これらの仮定はどれも理にかなったものだが、その仮定次第で個体1の年齢は二一歳から四七歳のどこかという、あまり正確とは言えない結果になる——これが〈当て推量〉と呼んでいる理由だ。

　この長い例を出したのは、どれも合理的なさまざまな仮定に基づいた場合、当て推量の数字の振り幅がどれほど大きくなるのかを示したかったからだ。調査が長く続けば、それだけ当て推量が必要なものは減り、既知の年齢や推定年齢の個体が増えてくる。

　ここで〈シーワールド〉側とブリティッシュコロンビア州の研究者のあいだの意見の相違に戻ろう。〈シーワールド〉のシャチの大半は、飼育環境下で生まれた既知の年齢の個体だ。超高齢のシャチがいるという主張はまったくしていない。ブリティッシュコロンビア州の最高齢とされるシャチたちは、調査の初期段階に当て推量で年齢が算出された個体たちだ。この初期の当て推量のなかの最長寿は、論文では〈J2〉、一般には〈おばあちゃん《グラニー》〉と呼ばれている個体だ。一九七一年、

〈グラニー〉はオスの〈J1〉あるいはもっと親しみのある〈ラッフルズ〉と呼ばれる成獣に育ち切った個体と一緒にいるところを写真で識別された。二頭の行動から、〈ラッフルズ〉は〈グラニー〉の息子と見られた。〈グラニー〉はその後一六年にわたって仔を産まなかったので、研究者たちは彼女の生殖期間は終わっていて、ラッフルズは最後の仔だと推察した。そのうえで、当て推量の年齢がこのように算出された。オスは二〇歳頃に成獣になり、メスが四〇歳を超えて出産することはめったにないので、ラッフルズが二〇歳でグラニーが生殖期間を終えているとするなら、彼女はその時点から少なくとも六〇年前、つまり一九一一年に生まれたことになる。一九七一年に六〇歳なら、研究者たちが調査対象の年齢推定を始めた一九八七年には七六歳だったことになり、〈グラニー〉が最後に目撃された二〇一六年の時点で一〇五歳だった可能性がある。

半世紀以上生きる個体が三パーセントしかいない種のなかに一世紀も生きる個体がいる可能性はほとんどないという事実は、〈グラニー〉の当て推量の年齢をめぐる問題の一部でしかない。ちなみにこの可能性は、産業革命以前の時代に、人口の三パーセントの人間が達する寿命のおよそ二倍に当たる、一五〇歳まで生きることと同じようなものだ。問題はまだあり、その後の遺伝子解析で、実は〈ラッフルズ〉は〈グラニー〉の息子ではなかったことが判明したのだ。仔が見つからず、その後の遺伝子解析でもグラニーの仔は一頭も確認できなかったので、〈グラニー〉には一九七一年以降も生き延びた仔がいないということになる。つまり〈グラニー〉が一九七一年の時点で生殖期間を終えていたならば、さらには何らかの理由で不妊だったわけでも、〈環境上の危険〉ですべての仔を亡くしたわけでもないなら、その時点で少なくとも四〇歳となり、したがって一九三一年に生まれ、最後に目撃されたときは八五歳だと考えるのが妥当だろう。一方、〈グラニー〉が不妊だったか、もしくはすべての仔が研究者が気づくより早く死んでいた場合（シャチの子は生後六か月頃まで存在が気づかれないことがよくある）、ポッドの二五頭ほどの個体のなかに遺伝的に彼女の仔だと認められるものはいないのだから、一九七一年の時点で完全な成獣になっていた〈グラニー〉は二〇歳だった可能性もあり、つまり姿を消したときは六五歳だったことになる。この最後の推定では〈グラニー〉が早い段階でポッドのリーダーの役割を担っていたことになり、通常リーダーはポッド内の最年長のメスが就くことから考えると、その可能性はかなり低いと言わざるを得ない。

そういうわけで、シャチが到達し得る最高年齢は謎に包まれたままだ。わたしから見て妥当な当て推量は、〈グラニー〉は一九七一年の時点で四〇歳、永遠に姿を消したときに八五歳くらいだったという説だ。ここから算出したシャチのＬＱは一・六になる。サイズに対する寿命は、体重五トンの平均的な哺乳類よりは長生きだが、ほとんどの長生きの霊長類には届かない。サイズが近いアフリカゾウの自然環境下での推定最高齢より少し長い程度だ。

〈グラニー〉の長寿が疑問視され、直接的な証拠がないにもかかわらず、野生のシャチを調査する研究者たちは相も変わらずメスは八〇歳から九〇歳まで生きることができると主張しており、これは妥当だと思える。一方の〈シーワールド〉の研究者たちも寿命は六〇年から七〇年だとの主張を変えず、よしんばそれ以上だとしてもせいぜい七五年としたほうがずっと順当だとしている。メスが四〇歳頃で生殖を止めるというところは双方とも意見が一致している。つまり、それが二〇年から三五年になるにせよ四〇年から五〇年になるにせよ、生殖期間を終えたのちもかなりの年数を生きることになる。これはヒトのメスと同じだ。ヒトのメスは生理学的に五〇歳頃で生殖を止めるが、この時点の平均余命は数十年もある。であれば、シャチはヒトの閉経に近いものを持つ、興味深い情報源となるだろうか？　閉経は進化史上の謎で、これについては次の章で取り上げる。

ヒゲクジラ類

進化は一五種のクジラから歯を奪った。このクジラたちは獲物に噛みつき食いちぎる代わりに、ひと口で大量の水を飲み込み、そのなかにいるエビやオキアミといった小さな獲物を、歯から置き換わった〝ヒゲ板〟で漉し取って摂取する。一年を通じて比較的浅い湾や沿岸域に留まるといった、何十年も継続的にしっかり追跡できるという研究者にとって都合のいい行動を取る種はひとつもいない。歯がないのだから、断面を削り出して成長線を数えることはできない。このクジラたちの寿命について何かわかっているのだろうか？　もしそうなら、どうやって調べるのだろうか？

これらの種はクジラのなかで最も大きく、捕鯨の最盛期だった一九世紀末に最も盛んに捕獲された。なかでも最大のシロナガスクジラは、体重がシャチの三〇頭分以上にもなる。ヒゲクジラ類は世界中の海に出没するが、北もしくは南の果ての海でかなりの時間を過ごし、巨体と分厚い皮下脂肪のおかげで凍える海でも低体温症から護られている。北極圏の先住民族たちは一九世紀のクジラ漁師よりずっと早くからクジラを狩り、肉を食べ、皮下脂肪を油に変え、ヒゲ板を使って籠や締め罠、小型のそり《トボガン》の滑走部といった、北極圏での生活に役立つさまざまな道具を作っていた。

大型のヒゲクジラ類の大半は、水温の高い海と低い海のあいだを季節ごとに回遊する。夏には、オキアミなどの小さな餌が大量繁殖する冷たい極地の海で餌をとる。秋から冬にかけて暖かいフロリダやハワイやメキシコのバハ・カリフォルニア州の沖合に移動し、ここで生殖にいそしむが、餌はほとんど食べない。巨大なサイズなので代謝速度が比較的遅く、大量のエネルギーを皮下脂肪のかたちで蓄えることができるので、何か月も食べずに生きることができる。こうして摂食期と繁殖期、つまりエネルギーを蓄積する時期と消耗する時期が分かれているおかげで、その寿命をうかがい知ることができる。そう、お察しのとおり、この季節ごとのサイクルは耳垢《みみあか》の出方に影響を与えるのだ。

クジラの耳垢の塊は耳垢栓《じこうせん》と呼ばれる。クジラの外耳道の開口部はほんの隙間程度しかないので、その耳垢はわたしたちのように内部から押し出されることはない。耳垢は一生溜まりつづけ、季節によって明暗の成長線を形成する。色は耳垢ができたときに餌を摂取していたかどうかで決まる。季節ごとの耳垢のでき方は、その個体の生活の多くの面を捉えている。耳垢栓の化学的検査から、年齢のほかにも耳垢が生成されたときのホルモンの状態や、環境汚染物質への曝露状況も明かされている。それぞれの時期の水温や食べていた餌の種類すら、耳垢の層から再構築することができる。

ヒゲクジラ類の年齢推定は、ここ数年のあいだはもっぱら耳垢栓に頼っていた。[10] しかし、この年齢推定法には大きな難点がある。言うまでもないことだが、耳垢栓は死んだクジラからしか得ることができない。現在、クジラは国際的に保護されているので、手に入る耳垢栓は過去に集められたサンプルか、浜に打ち上げられて死んだ個体や、捕鯨が許可されている地域で得られる少数の個体のものしかない。耳垢栓から、最大クラスのクジラが長寿だということはわかっている――二枚貝やチューブワームほどではないが、少なくとも最長寿の人間と同じくらい長く生きる。たとえばシロナガスクジラは、耳垢栓の分析から少なくとも一一〇年生き、ナガスクジラは最低でも一一四年生きることがわかっている。しかしヒトの一〇〇倍以上も大きいので、ＬＱにすると一・〇から一・五程度と、あっと驚くような数字というわけではない。寿命という点で特筆すべきヒゲクジラ類は、鯨類の長寿王とされるホッキョククジラだ。

ホッキョククジラ

ホッキョククジラ（*Balaena mysticetus*）は繁殖期になっても温水域には移動せず、北極圏と亜北極圏を一年中泳ぎまわっている。それでも海氷の増減に応じて東西にかなりの距離を回遊し、南北にも少しだけ移動する。体長は約一六メートル、体重は七〇トンで、二番目に重いクジラだ。クジラのなかで最も北に生息し、摂氏零度に近い海水のなかで生きるところはニシオンデンザメ（Greenland shark）を彷彿とさせる。実際のところ、ホッキョククジラ（bowhead whale）の別名はグリーンランドクジラだ。その名のとおり、巨大な〝弓なりの頭《bowhead》〟を使い、厚さ六〇センチメートルにもなる北極圏の海氷を割って進む。この力を利用して、唯一の捕食者であるシャチから逃げる。ホッキョククジラしか突き破って息継ぎすることができない厚い氷の下を泳ぐのだ。凍れる海に生きることからわかるとおり、皮下脂肪層は五〇センチメートルとかなり分厚く、あまりに厚いのでセミクジラと同様に死ぬと水に浮く。二〇世紀初頭まで続いた商業捕鯨で激減したが、近年では順調に回復している。一九七〇年代から国際法で保護されており、近年では北極圏の先住民族のみに特別に漁の許可が与えられている。

困ったことに、暖かい海と冷たい海のあいだを回遊する種ではないため、耳垢栓に成長線が形成されない。毎年同じ数頭の個体を何年も写真に〝捉えた〟記録と、漁で〝捕らえた〟個体を調べた結果、ホッキョククジラが思春期を迎えるのは体長が一三メートルほどに達した時点だということがわかった。これは一〇代後半から二〇代中頃のどこかに当たる。思春期の到来がこれほど遅いのだから、もしかしたらとんでもなく長生きするのかもしれない。この説は一九八〇年代から九〇年代にかけて有力になった。数頭のホッキョククジラの遺骸の皮下脂肪のなかから、象牙や粘板岩、さらには石でできた古い銛先が見つかったのだ。見つかった銛先とスミソニアン博物館にある人類学の実物資料を比較した結果、こうした銛先が使われなくなって、少なくとも一世紀が経つと判断された。したがってこれらの個体も、少なくともそれぐらいのあいだは生きていたのだ。[11]

アラスカ州のノーススロープ郡野生生物管理部のクジラ研究者ジョン・〝クレイグ〟・ジョージは、ホッキョククジラの年齢を〝少なくとも一世紀〟よりもまともな当て推量にしたいと思い立ったものの、より精度の高い推定をしようにも、耳垢栓にも歯にも成長線がない。ジョージは思案に暮れた。

賢明なことこの上ないジョージは、カリフォルニア大学サンディエゴ校スクリップス海洋研究所の化学者、ジェフリー・バーダに連絡した。バーダのおもな研究テーマは、地球の生命の起源、あるいは地球外の生命の起源を化学的に解明することだった。そして専門はたんぱく質を構成するアミノ酸だ。たんぱく質は生命体の証となる物質だ。それまでは深海の熱水噴出孔の周辺に見つかるアミノ酸と、隕石に付着して地球にもたらされたアミノ酸を調べていた。火星の生命を探索する装置の設計にも携わっていた。この仕事から枝分かれしてバーダが行った先駆的な研究が、〈アミノ酸のラセミ化反応年代推定〉だ。

専門的で小難しい響きの名前だが、原理的には簡単な技術だ。野球の投手のように、アミノ酸には〝左利き〟のL型と〝右利き〟のD型がある。ほぼすべての生命体はL型だけを作り出す。これは自然の不思議な癖で、一九世紀に狂犬病ワクチンの発明や細菌が病気の原因になることの解明に忙しかったルイ・パスツールによって発見された。L型は時間の経過とともにD型に変わる。これがラセミ化と呼ばれるプロセスだ。ラセミ化が生じる速度はたんぱく質を構成する二〇種類のアミノ酸それぞれに異なり、それぞれの速度もわかっているので、L型とD型の比率を測定すれば、目的のたんぱく質が最初に生成されてからどれだけの時間が経過したのかを推定することができるというわけだ。

バーダはアミノ酸のラセミ化を使って、はるか昔の人骨から海底堆積物まで、あらゆるものの年代推定を行ってきた。さらにこの技術を使えば、たとえばヒトやクジラの一生に相当するスケールのたんぱく質の年代も推定することができる。このことはヒトの歯のラセミ化から推定された年齢と、実際の年齢を比較することで立証されたが、この歯は幸いにも立証のために抜かれたのではなく、歯科医師とその患者から集められたものだ。眼球の水晶体の核がニシオンデンザメの年齢の当て推量に使われたのと同じ理由で――水晶体の核は出生前に形成され、その個体が生きるかぎり存在しつづける――ホッキョククジラの年齢推定にも使える可能性があった。それでジョージは、先住民族の漁師たちが合法的に捕った四二頭のホッキョククジラの水晶体をバーダに渡し、このクジラの年齢について何がわかるか調べてもらった。嬉しいことに、バーダの分析結果は二〇代中頃に思春期に達するというジョージの推定と一致した。ホッキョククジラが五〇歳近くまで成長しつづけると見られることも判明した。そして驚愕の結果が出た。このサンプルのなかの成獣の大半は二〇歳から七〇歳という推定だったが、三頭のオスの個体がラセミ化反応年代推定で一五〇歳以上とされたのだ。最高齢の個体は二一一歳と判定され、これはほかのクジラの最高齢の二倍近くになる。[12]

　先に言っておくが、当のクジラ研究者たちはバーダによる年齢推定をかなり控えめに解釈し、「一〇〇歳を超える長寿はありえないことではない」と結論づけている。しかしわたしのように普段から超長寿の事例を鵜の目鷹の目で探している老化研究者たちは、この二一一歳という推定を絶対的真理と受け止め、この論文が発表された一九九九年以来、当たりまえのことだと認識している。わたしも老化分野の学会で、最長寿の哺乳類は二世紀以上生きるホッキョククジラだときっぱりと述べてきた。これをＬＱに換算すると二・六になり、内温性で北極圏に生息するクジラとしては妥当な数字だ。が、本当にこのクジラはそんなに長生きできるのだろうか？

　ところが、事をややこしくする問題がある。アミノ酸のラセミ化の速度は温度に依存する。化学的あるいは生物的プロセスの多くがそうであるように、温度が低ければ遅く、高ければ速く進行するのだ。したがってラセミ化反応年代推定を使う場合、必ずたんぱく質が最初に合成されてから経験した温度を仮定しなければならない。クジラの生涯を通じた水晶体の核の温度が仮定より低ければ、その個体の推定年齢は低くなる。すべての哺乳類の体内温度はおおむね三七度なので、歯なら温度の問題は大したことではない。何と言っても、ほかの開口部がだめなら口で体温を測ることが多いのだから。しかし水晶体の核はどうだろうか？

北極圏の凍える海を棲み処とするホッキョククジラは、通常の哺乳類より体温がやや低い。ホッキョククジラの体内の温度が測定される以前に発表された一九九九年の論文では、大多数の哺乳類より一度の数分の一だけ低い値、つまりヒトとナガスクジラの判明している体内温度の中間と仮定して年齢が推算された。一四年後にさらに四一頭のホッキョククジラの水晶体の核が分析された時点で、その深部体温がほぼすべての哺乳類より三度以上低いことがわかり、推定値もそれに合わせて変更された。この四一頭のなかの一三頭の成獣も、やはりほとんどが比較的若い二〇歳から九〇歳までだったが、一頭のオスが一四六歳と判定された。ちなみに、実際に測定されたホッキョククジラの体温から最初の推定年齢を再計算すると、二一一歳のオスは二五〇歳以上になるはずだ――取り急ぎ言い足しておくが、これはわたしが計算しただけで、ホッキョククジラの研究者たちがそう主張しているわけではない。

もうひとつ、ホッキョククジラの寿命をこれまで以上に驚嘆すべきものにしていることがある。ヒゲクジラ類全般の代謝率は、体の大きさのみで算出した数値よりずっと高いことが最近の研究で明らかになったのだ。広大な海を自由に泳ぎまわる、かなり大きな生物の代謝率を測定することなどそもそも不可能なのだが、研究者たちは高度な新手法を使って、巨大なクジラの餌の摂取量を計算したのだ。結果、ホッキョククジラをはじめとするヒゲクジラ類は、最大でそれまで考えられていた量の三倍もの量の餌を食べていた[13]。つまり、ホッキョククジラの代謝率も有害な活性酸素の発生量も、予想の三倍になるはずだ。

最後にふたつ、ホッキョククジラの寿命について私見を述べておきたい。まず、二一一歳および二五〇歳というどちらの推定最高齢も、ホッキョククジラの実際の最高齢をかなり過小評価したものではないかと、わたしは思っている。水晶体の温度はホッキョククジラの体内温度とほぼ等しいという控えめな仮定を前提にした推定値だからだ。摂氏零度になんなんとする海水からほんの数センチメートル奥にある水晶体が、体内温度に近い温度を保っているという前提は、わたしとしては受け容れ難い。メトシェラの動物園所属の研究者たちも、今回ばかりは慎重の上にも慎重を期して、無難すぎる当て推量をしたとみえる。ふたつ目はこんな感じのことだ――さきほどわたしは、その種の平均寿命から極端にかけ離れた超長寿については疑いの眼で見ていると言った。しかしホッキョククジラについては、ほとんどどそんな眼では見ていない。このクジラは、二〇世紀の初頭に商業捕鯨で根こそぎと言っていいぐらいに捕られまくった。この時代を生き抜いた個体はほんのわずかだということは想像に難くないだろう。それに、大半の種では何百何千という個体の年齢を記録し、推定や当て推量をしている。ところがホッキョククジラの場合は、年齢を推定した成獣の個体数は四〇に満たないので、誤差が生じていることが予想される。したがってこのクジラだけは、現在の予想をはるかに超えた超長寿の種なのかもしれない。長寿のうえに体が馬鹿でかいとなれば、ホッキョククジラなどの大型のクジラは飛び抜けて高いがん耐性を有していると当然考えられる。事実、最近のゲノム研究で、クジラにはがん生物学者が注目するに値する特別ながん抑制遺伝子がいくつか見つかっている。[14] 興味深い発見だ。

4部　ヒトの長寿

14章　ヒトの長寿の物語

ある日、冒険心旺盛なチンパンジーの一群が、森という慣れ親しんだ安全地帯を一瞥《いちべつ》したのちに背を向け、アフリカの広大なサヴァンナに移住する覚悟を決めた。そんな最後の日があったにちがいない。サヴァンナには餌がたんまりとあった。危険もたんまりとあり、地面に縛りつけられた捕食者から逃げることができる樹木はほとんどなかった。森には戻らずにサヴァンナで暮らしつづけるという不退転の決意は、安全な樹上で眠ることをついにやめたというところにうかがえるのかもしれない。

彼らは現在のチンパンジーではなく、三種のチンパンジー現生種、つまりナミチンパンジーとボノボとヒトの祖先だ。わたしたちのご先祖さまがどんな見た目だったのかは、はっきりとはわからない。その時代にしても一風変わったチンパンジーだったのかもしれない。サヴァンナでの生活に適した、独自の遺伝的変化を遂げていたのかもしれない。気候の乾燥化で森が縮小し、サヴァンナに追いやられたのかもしれない。わかっているのは、このチンパンジーの末裔たちが、その後六〇〇万年にわたってとんでもない成功を収めたということだけだ。末裔たちは多くの種に分化し、アフリカ中に拡散した。五〇〇万年から四〇〇万年前には先祖伝来のナックルウォークを捨て、直立姿勢へと進化した。これで末裔たちは二本の足で歩き、小走りし、駆けまわるようになった。開けたサヴァンナでは、この歩行方法のほうがエネルギー効率がよかったからなのかもしれないし、歩いたり走ったりしている最中に腕と手が自由になり、同時にほかのことができるからなのかもしれない。あるいは、その両方かもしれない。

二〇〇万年前に脳の拡大が始まり、これが最終的にわたしたちの、ほかのチンパンジーの三倍のサイズの脳につながることになる。初期のヒトの一部の種はアフリカから旅立った。それは先祖たちが森を捨てたときと同じように、気候変動によって移住を強いられたのかもしれないし、冒険心から、あるいは新たな挑戦を求めたからかもしれない。事実、それから二〇〇万年にわたってヒトのいくつもの種がアフリカの外へ歩を進め、そのなかにはわたしたちの種もいたが、現在わかっているかぎりでは、ほかの種よりずっとのちにアフリカを出た。わたしたちの種であるホモ・サピエンス（*Homo sapiens*）がアフリカから出たのは、一〇万年ほど前のことだと考えられている。

わたしたちの祖先をほかのチンパンジーたちと分類学的に区別するために〈ヒト属〉という言葉が作られた。この初期のヒト属について語る場合は、必ず〝現在わかっているかぎりでは〟と前置きしておくべきだ。初期の人類の進化については、どう見ても月が変わるごとに新発見が舞い込んでくるからだ。つい最近まで、解剖学的現生人類《ホモ・サピエンス》が現れたのはたった一〇万年前だと考えられていた。ところが新たな化石発見がこの推定を二〇万年前に押し戻し、今では三〇万年前とされている。[1]その当時、地球のどこかに生息していたヒト属は九種にものぼった可能性がある。

その過程で、ヒト属のいくつかの種は石を使ったさまざまな道具を発明し、餌の調理や、ひょっとしたら生息域を開けた場所にして楽に狩りをするためにも火を使いこなした。わたしたち以外の種で、かなりのことがわかっている唯一の初期のヒト属であるネアンデルタール人（*Homo neanderthalensis*）は、ロープを作り、衣服を織り、宝飾品を身にまとい、食料を貯蔵し、音楽を奏で、狩った動物の絵を洞窟の壁に描くことを身につけた。彼らが高度な言語を発達させ、夜な夜な焚き火を囲んでさまざまな物語を語り合っていたかどうかはわからないが、そうだったことは想像に難くない。

アフリカから遅れて出たホモ・サピエンスは、ネアンデルタール人のような先に移住したヒト属に出会った。その時点で、アフリカから出たヒト属は少なくとも四種に分化し、地上の各地に住みついていた。これらの遭遇で何が起こったのかはよくわからないが、ホモ・サピエンスがこれらの種のうち少なくとも二種、ネアンデルタール人およびデニソワ人（*Denisova hominin*）と、時と場合によっては交配していたことはわかっている。それがわかるのは、この交配の名残が、今を生きるわたしたちの遺伝子に残っているからだ。わたしたち以外のヒト属の骨や歯から太古のDNAを復元するという奇跡さながらの技と、安価なDNA解析技術のおかげで、たとえばわたしは自分の遺伝子の二パーセントがネアンデルタール人起源だと知ることができた。もうひとつわかっているのは、三万年前までに、わたしたちがヒト属のなかで唯一残った種になっていたということだ。わたしたちが競争相手を絶滅させたのだろうか、それとも自然が代わりにやってくれたのだろうか？

ネアンデルタール人の生涯は苛酷で残酷で、そして短かった。それは発見された何百ものネアンデルタール人の骨から判明している。ネアンデルタール人の寿命とホモ・サピエンスの寿命は、五万年ほど前まではほとんど変わらなかった。それを疑うだけの理由はない。絶滅の道をたどっていくわたしたちのいとこのネアンデルタール人は、推定では二〇歳に達した者の約八〇パーセントが四〇歳までに死に至り、そもそも二〇歳に達する確率は五分五分でしかなかったと見られる。[2]〝苛酷で残酷〟としたのは、まさしくそのとおりだったからだ。初期のヒトの骨格の一〇体に九体には重篤な外傷の痕跡が見られる。ただしそれがヒト自身によるものか、それとも大型の動物の攻撃によるものなのかについては議論の分かれるところだ。一〇〇体以上の人骨を分析した結果、わたしたちの太古の親戚の四分の三ほどに、クマやオオカミやネコ科の大型動物に攻撃された痕があることが判明した。大昔の肉食獣との戦いは、やられっ放しではなかったみたいだ。獲物とねぐらをめぐる争いは激しかったにちがいない。

わたしたちホモ・サピエンスが南北アメリカ大陸以外の世界中のほとんどの地域に拡散し、ネアンデルタール人などのヒト属が衰退あるいは姿を消していった四万年ほど前になると、発掘される人骨の年齢構成が突然変化した。[3]〝若年層〟に対して〝高齢層〟のほうが多くなったのだ。ヒトが生物学的に変化したか、あるいは何らかの文化が発達したからなのかもしれない。その理由はこれからもわからないだろう。手の込んだ装身具の発達など、文化的な複雑性が増したと思われる時期と重なってはいる。理由は何にせよ、四万年前頃、文化的にも生物学的にもさしたる変化が見られない時期に、わたしたちはネアンデルタール人の親戚より長生きするようになった。

ホモ・サピエンスの寿命について、語るべき物語がふたつある。ひとつ目は、わたしたちにとっての自然環境下とでも呼べそうな状況、つまり都市や町に集団で暮らす以前、自分以外の人々に金を払って農作物や家畜を育ててもらったり魚類をとってもらったり、衣服を作ってもらい、芸術を編み出してもらう以前、感染症の世界規模《パンデミック》の流行にさらされるようになる以前に、どれだけ長く生きていたかという話だ。この物語は、わたしたちの種が存在している期間の大半に、どれだけ長生きしていたかという話でもある。わたしたちが生き抜いてきた、変化しつづける環境との何十万年になんなんとする相互作用によって形成された、生物学的なデザインにまつわる話でもある。この物語を使えば、わたしたちの生物としての老化を、いまだに自然環境下に生息する種と比較することができる。もうひとつの物語は、わたしたちが自らを家畜化したあとに――必要ではないにしても、環境をわたしたちの欲求を満たすように整え、科学を発展させ、衛生学および健康を維持管理する方法を発見したあとに――現在のわたしたちがどれだけ長く生きるかという話だ。とくにこの一世紀から二世紀のあいだに、こうした眼を瞠るような変化が起こった。過去一五〇年で技術的先進国の平均寿命は一〇年ごとに二・五歳という驚愕のペースで延伸してきた――細かいところまで計算すれば、一日当たり六時間だ。[4]

ヒトの〝自然環境下〟での寿命

三〇万年に及ぶヒトの歴史の大部分で、わたしたちがどれだけ長く生きていたかという確固たる証拠は、人骨から推定できたものしかない。殺人事件が発覚し、その被害者の遺体が発見されたが、長期間埋められていたせいで肉がほとんど残っていない場合、警察当局の報告には通常は被害者の性別と年齢の範囲が明記される。性別はおもに骨盤の形状で判断されるが、最近ではDNA鑑定で決めることも多い。年齢の範囲は被害者の体格、歯、頭蓋骨、骨盤、肋骨、関節、そして場合によっては脊椎骨を、年齢がわかっている人物の骨格と比較して判定される――ここは〝推定される〟と言うべきだが。大抵の年齢推定手法と同様に、このやり方は小児やティーンエイジャーや若者の年齢はしっかりとわかるが、年齢が上がるにつれて確度は低下していく。数千年から数万年前のものになることもある人類学での人骨の年齢推定では、経年変化もしくは死後の損傷や劣化が骨に影響を及ぼすという問題がある。したがって、ネアンデルタール人の研究では年齢推定の区分はシンプルなものになり、新生児、乳幼児、子ども、思春期の子ども、二五歳までの成人、そして四〇歳以上の高齢者に分けられる。約一〇〇〇年前のアメリカ先住民族の一三〇〇体以上の人骨を調べた、かなり大規模な研究では、当時は五〇歳もしくは五五歳を超えて生きたヒトはほとんどいなかったことが示された。[5] この時代のヒトの最高齢は五〇歳から五五歳にかけてだとする人類学者もいるにはいる。しかし野生のチンパンジーはそれ以上長く生きるケースがあることがわかっているので、この説は信用し難い。むしろこの年齢の上限は、大昔の骨が語る物語によって課されているのかもしれない。つまり、五五歳と八〇歳の大昔のヒトの骨は区別がつかないかもしれないということだ。

わたしたちが生物として進化してきた何千年、何万年という長いあいだのヒトの寿命をさらに理解するべく、太古のヒトを思わせる生活を送っている現代の人々を研究する人類学者たちがいる。

そうした人類学者たちはこの数十年、農業が広範囲で行われるようになる以前に一般的だったと考えられる状況と、それほどちがわない条件下で今でも暮らす、残り少ない集団を探し求めてきた。

太古の昔を見つめる場合、〝典型的な〟ヒトの生き方があったと決めつけたくなる誘惑に駆られ、四万年前に現生人類がアフリカとユーラシア大陸、つまりオーストラリアと南北アメリカ大陸を除く全地域に住んでいたことを忘れてしまいがちだ。つまり実際には、わたしたちは暖かく湿った森林にも冷たく乾燥した森林にも住んでいた。草原地帯、凍てつくシベリアのツンドラ、そしてカラカラに乾いた砂漠にも住んでいた。食料が豊富にあり、気候が穏やかで比較的暮らしやすい場所もあれば、自然の食料庫の中身が乏しく、気候の厳しい場所もあったのだ。

そうした大昔に近い条件下に暮らす現代の人々の研究から、寿命の生物学について何がわかるか整理する際、ふたつの点に留意しなければならない。まず、外界からかなり隔絶された地に暮らす人々であっても、人類学者たちが研究に着手した時点で、眼に見えるかたちで、あるいは推測しかできないかたちで、現代社会の影響を受けているということだ。大抵は宣教師や商人が人類学者に先んじてやってきて、考え方や商品、道具、そしてときに病気を持ち込んでいる。感染症は無防備な集団をまたたく間に荒廃させ、とくに人類学的に見て最も興味深い、文明社会とのファーストコンタクト直後の年齢構成を大きく歪めることがある。それが最も顕著だったのは、一六世紀のヨーロッパ人による南北アメリカの植民地化だ。一部の研究によれば、このとき先住民族の九〇パーセントもの人々が、旧大陸から持ち込まれた病気で死んだという。[6] 宣教師たちに先立って、文明社会に接する地域に暮らす集団との散発的で短い接触を通じて、商品や道具が持ち込まれるケースもよく見られる。二点目は、こうした現代文明から隔絶された人々が暮らしているのは、現代社会が何らかの理由で避けてきた、最低限度の生活しか営むことができない土地だということだ。そうした人々も、そのほとんどは大昔には今より暮らしやすい地域に住んでいたのだろう。

先に告白しておくが、これらの人類学の研究に対するわたしの個人的解釈は、パプアニューギニアでミアンミン族のなかで暮らした数か月の影響を色濃く受けている。かつての大学院の教え子のキート・フィッシャーは、この地で数年暮らしていた。わたしたちは、ほかの地の熱帯雨林ならサルの生態学的ニッチとされる、果物と葉を餌とし樹上に棲むクスクスという有袋類とキノボリカンガルーの生態に興味を持っていた。ニューギニア島は熱帯雨林に覆われているが、ヒト以外の霊長類が拡散することはなかった。サルの代わりとなるこれらの有袋類が、サルと同様にゆっくり成長し、ゆっくり生殖し、比較的長生きするのかどうかが知りたかった。わたしもフィッシャーも、現地の人々にはそれほど注目していなかった。ミアンミン族のことなら、すでに人類学者たちが調査をしていた。わたしたちは、自分たちの調査のためにミアンミン族の助けが必要なだけだった。というより、熱帯雨林で暮らしていくには彼らの助けが必要だった。

ニューギニア島の沿岸部はヨーロッパの船乗りたちに一六世紀から知られていたが、内陸部の山岳地帯の大部分は二〇世紀に入ってもなお謎のままだった。現在でさえ道路はほとんどなく、足を踏み入れるにはブッシュプレーン（通常の滑走路以外でも離着陸が可能な小型飛行機）に頼るしかない。

ミアンミン族は、島の中央部を走るセントラル山脈の隔絶された谷に暮らしている。彼らは一九六〇年代に土地を切り拓いて小さな滑走路を造り、その魔法の力で外部から富を持ってきてくれるよう願った。滑走路が完成すると、周辺地域の大部分の人々が近くに移り住んだ。富はやってこなかったが、滑走路は人類学者のジョージ・モレンを運んできた。わたしたちにミアンミン族についてと、森を切り拓いて滑走路を造ったために個体数が減っていたクスクスが、付近の山中に集団繁殖しているかもしれないことを教えてくれたのはモレン博士だった。キートとわたしが訪れた一九九〇年代初頭、滑走路の周りには二〇〇人ほどが暮らしていて、小さな〝農園〟で栽培するサツマイモとタロイモとバナナでかつかつの生活を営んでいた。たんぱく源は半分野放しの、ほんの数頭の貴重なブタにほぼ頼っていた。犬は残飯を餌にして、狩りを手伝った。男性たちはまだ竹の槍や矢で狩りをしていたが、女性たちは農園でネズミや小さな有袋類を見つけると棒で手際よく仕留め、森に狩りに出かける男性たちとほぼ同量の獣肉を村にもたらしていた。わたしたちは一〇人少々のミアンミン族をガイドに雇い、まだクスクスが狩り尽くされていない山中の森に向かった。滑走路から遠すぎるので、普段の狩り場としては不向きな場所だった。数週間にわたる山行を案内してくれる男性たちを見るにつけ――女性たちはわたしたちの仕事を手伝うことをほぼ禁じられていた――わたしたちは身の程を思い知らされた。ハイテク軽量テントは、ガイドたちが毎夜その場で枝と葉で作る小屋ほどには雨から護ってくれることはなかった。木に登るにしても、一級品のザイルとスリングに頼るわたしたちよりも、棒切れやツタを使う彼らのほうがずっと速いので、わたしたちはすぐに自分たちで登らなくなった。森を読む眼にしても驚異的だった。ある日、夕暮れ時に一匹のクスクスを無線追跡していたわたしは方向がまったくわからなくなり、キャンプへの帰り道が見つけられなくなってしまった。見憶えのある場所に出ようと必死になり、先に進めそうな方向の藪にむやみやたらと突っ込んでいった挙げ句、陽が昇れば道が見つかるかもしれないという虚しい希望を胸に、夜露をしのぐべく巨木の根元に悄然と腰を下ろした。夜になっても戻らないわたしを心配したフィッシャーが送り込んだ少人数の捜索隊に、午前零時直前に見つけてもらった。彼らは暗闇のなかで森を縫って進み、わたしを捜し出したのだ。それから一週間ほどのあいだ、わたしたちがクスクスを探していると、ガイドたちは何度か足を止めて辺りを少し見まわし、こう言った。「道に迷った夜にここを通ったね」不器用で必死な科学者というのは、森に痕跡を残すものらしい。

当時はまだ老化の生物学に興味を抱き始めたばかりだったので、ミアンミン族の寿命にはほとんど関心がなかった。よしんば興味があったとしても、マラリアや結核、狩りの事故、個人間の暴力、腸内のさまざまな寄生虫のことを考えると、それほど長生きはしないと予想していただろう。彼らの文化には数の概念がなかったので、何歳か尋ねても意味はなかったかもしれない。一度だけ誰かの年齢を読み解こうとしたことがある。わたしたちの一番の友人で、クスクスを捕まえるのが誰よりもうまく、村の長老のひとりだったクウェキアップに、人間を食べたことがあるか尋ねてみた。ミアンミン族は、昔はほかの村を時折襲撃して人狩りをしていたらしい。人類学者のモレン博士によれば、ニューギニア島の山岳地帯ではたんぱく質が慢性的に不足しており、食人の習慣は少なくとも一九五〇年代までは続いていたという。クウェキアップはこの質問を面白がって少し笑うと、はっきり答えず、うまくはぐらかした。「心配しなくていい、白人を食べたことは一度もない」

わたしたちは、ミアンミン族が現代文明とは無縁の暮らしをしているという幻想は抱いていなかった。まだ竹の槍や矢で狩りをしていたのかもしれないが、かなり貴重な鋼《はがね》の山刀《マチューテ》を持つ者も何人かいた。滑走路の傍らには小学校の小屋があり、数週間おきに宣教師を連れてくるブッシュプレーンと連絡を取る無線機もあり、そうしたブッシュプレーンで運ばれてくる数少ない商品を売る小さな商店さえあった。村でただひとりだけ英語が少しだけ話せるチャールズは、ＢＢＣの短波放送で英語を覚えた。こうした現代文明の影響があったにせよ、村に七〇歳以上の老人がひとりでもいたら、わたしは驚いていたかもしれないし、実際にいたとしても、とくに驚かなかったかもしれない。さっきも言ったとおり、ミアンミン族はわたしの関心の埒外《らちがい》だった。

本書で取り上げたさまざまな種の場合と同様に、こうした小規模で外界から隔絶された、数の概念を持たない集団における老化を専門的に研究する人類学者たちが、どのように人々の年齢を判定、というより推定するのかと問うことは価値がある。一般的に、人類学者たちは相対年齢、言ってみれば年齢の連鎖を調べることから始める。「あなたが生まれたのはあの人より先ですか、あとですか」とか、「あなたの一番年上（年下）の子ども（兄弟、姉妹）は誰ですか」とか「このふたりのどちらが年上（年下）ですか」といった質問には、生まれたときから顔見知りだらけの小さな村では、通常ほぼ全員が答えることができる。多少の食いちがいはあるかもしれないが、それでも最終的には村人たちの相対年齢をかなり正確に把握できる。この方法と、幼児の実年齢を推定したり、もしくはしっかりと記録が残っている出来事、たとえば初めて飛行機が飛来したときや、大規模な自然災害が起きた年などを憶えているかどうか各人に尋ねるという方法を使ったりすると、やがて村人全員の年齢をそれなりに正確に推定することができる。〝全員〟と言っても、小さな孤立集団なので比較的少人数にならざるを得ない。小さなサンプルには大きな偏りが存在することがあるので、看過できない問題だ。村の長老たちの年齢推定が難関だが、その長子の推定年齢が妥当なものならうまくいく。長子がまだ生きていればの話だが。

この基本的な手法を構築したのは、昔から変わらない社会の人々の寿命に最初に注目した人類学者のひとりであるナンシー・ハウエルだった。一九六〇年代、博士課程の学生だったハウエルは、アーヴェン・デヴォアとリチャード・リーが率いるハーヴァード大学の大がかりなチームの一員として、アフリカ南西部に位置するカラハリ砂漠の水場周辺に暮らすクン族という狩猟採集民族のある集団を調査していた。たちまちのうちに彼女は、調査対象のクン族の人々はミアンミン族と同様に、純然たる自然環境下のヒトの例とみなすべきではないと指摘した。遅くとも一九〇〇年から、外部の人々が日常的にその地域を訪れていた。隣接する地域には牛を飼う人々もいた。金属製の鍋やポリタンク、靴、さらには車にも馴染みがあった。それでも彼らは〝定住〟を拒否し、ほぼ完全に狩猟と採集のみの生活を営みつづけていた。

クン族の寿命についてわかっていることと、彼らとはかなり異なる現代のふたつの狩猟採集民族、パラグアイ東部の森に暮らすアチェ族と、タンザニアのサヴァンナで生活するハヅァ族についてわかっていることを比べると、はるか昔の人々の生態を三角測量的に推し量ることができる。[7] 居住地域の環境が極端にちがうにもかかわらず、三つのグループには驚くべき類似点がある。三グループとも比較的小柄で、男性は平均身長一六〇センチメートル、女性は一五〇センチメートルだ。いずれのグループでも女性は一五歳から一六歳で初潮を、一九歳頃に初産を迎える。比較の対象として、肉体労働をめったにせず高カロリーの食事を摂ることが多い現在の欧米の女性の場合、初潮が訪れるのはだいたい一二歳から一三歳だ。ほかの種と同様に、日々の糧を得るのにかなりの労働を必要とする、いわば自然環境下に生きる人々は、〝家畜化された〟親類たちに比べて生涯初期の道標を、ややゆっくりと通過していく。

が、グループ間には明らかなちがいもいくつかある。生活環境が最も厳しい、つまり生きていくために最も多くの労働を必要とするのは、砂漠に暮らすクン族だ。このことは、彼らの痩せ具合と低い出生率から見て取れる。どちらも、グループのエネルギーストレスとでも呼べるものの明確な指標だ。痩せ具合、もしくは肥り具合を測る簡単な指標が、身長と体重の比率を示す体格指数《BMI》だ。世界保健機関《WHO》によるＢＭＩのガイドラインでは、通常の健康な人間は一八・五から二五までのあいだとしている。これは身長一七五センチメートルの男性は体重五七キログラムから七六キログラム、身長一六三センチメートルの女性なら五〇キログラムから六六キログラムになる。この基準によれば、一九六〇年代後半のクン族の女性はＢＭＩの平均が一八・〇で、現代の標準体重よりもやや少ない。彼女たちの出生率もエネルギーストレスを反映している。ハウエルが調査した一九六〇年代、クン族の女性が一生のうちに無事に産む子どもの数は平均で四・七人と、かなり少なかった。栄養が行き届いている、避妊しないキリスト教メノナイト派のある信者集団の女性の場合、同じ六〇年代で比較すると、その数は二倍以上だ。[8]

　エネルギーストレスの点で次に高いのは、タンザニアのサヴァンナで狩猟と採集で生計を立てるハヅァ族だ。彼らの居住地域の近くには猟獣が多く生息する有名なンゴロンゴロ・クレーターがあり、観光客の豪華なキャンプ地もあるが、それでもハヅァ族の一部は現代生活の誘惑に抗い、ほぼ昔どおりの生活様式を維持している。ハヅァ族の女性の平均ＢＭＩは二一、もうける子どもの数は六・二人と、どちらもクン族の女性たちよりもいい数値だ。狩猟採集民族の基準からすれば贅沢三味の暮らしを送るアチェ族は、一九八〇年代になってもパラグアイの森のなかで狩猟と採集を続ける者たちもいたが、それ以外は保留地に惹きつけられ、より現代的な環境で生活していた。まだ森に暮らしていたアチェ族の女性は、ＢＭＩが平均で二四、一生のうちに産む子どもの数は八人だった。

こうしたさまざまに異なる環境下に暮らし、手に入る食料も動物および外部の人々がもたらす脅威も、さらには外界との交流の仕方も度合いも異なる狩猟採集民族に見られる寿命の類似性は、原始的状況下にあるヒトの寿命について何か重要な点を示しているのではないだろうか。これらのグループの生活が四万年前のヒトの生態をどの程度あらわしているのかは知るべくもないが、現状ではこれが精一杯なのかもしれない。

現代の狩猟採集民族の女性たちが最初に子どもを産むのは、野生のチンパンジーやオランウータンやゾウやシャチより数年遅いことに気づいた方もいるかもしれない。これらの動物は四年から五年早く初産を迎える。ヒトは時間をかけて生殖を始めるのだ。しかしいったん始めてしまえば遅れを取り戻す。ヒトの出産間隔は、食料の調達にそれなりの労力を要する狩猟採集民族でさえ三年から四年で、わたしたちに最も近い霊長類、たとえばチンパンジーの五・五年とオランウータンの八年に比べると明らかに短い。ヒトがほかの霊長類たちを差し置いて生態学的に成功を収め、まんまと地球全土を制圧できたのは、母親たちが互いの子育てに協力することで、繁殖面で優位に立てたからかもしれない。

現代の狩猟採集民族がどれだけ長く生きるのかという問題に取り組む前に、ヒトの寿命をあらわす最も一般的な指標である平均余命について、ここであらためて説明しておく。平均余命は、現代の工業化社会に暮らす集団で死ぬまでの一般的な長さをあらわす、簡単で便利な指標だ。しかしこれは比較的最近になって考案されたものだ。一般的には〝出生時の〟平均余命、つまり生まれてから死ぬまでの平均年数である平均寿命が用いられる。乳幼児と児童の死亡率が高ければ、この平均は成人の寿命をあらわさなくなる。たとえば、すでに出生と死亡の記録がしっかりとなされていた一九〇〇年のフランスでは、乳幼児と児童の死亡率が高かったために平均寿命は四五歳だったが、成人が死を迎える年齢は七〇代前半が最も多かった。科学技術に依存しない三つの狩猟採集民族のすべてで乳幼児の死亡率は高い。生活環境のちがいにもかかわらず、三つのグループすべてで一〇歳までに約四〇パーセントの子どもが命を落とす。

　厄介な子どもの死亡率に影響されることなく成人の寿命をより正確に示す指標は、成人になるまで生きた人々の平均余命だ。だいたい一五歳で成人に達するとして、三グループの女性たちはその後四三年から四五年生きる。つまり成人女性の平均寿命は五八歳から六〇歳ということだ。この数字をふたたび比較してみると、アメリカの一五歳の女性の平均余命は現時点で六七年、つまり寿命にすれば八二歳になる。動物と同様、最高齢のヒトの年齢推定は信頼性が最も低くなるが、どうやら狩猟採集で暮らす三つの社会集団のいずれにおいても、八〇歳に達する者がわずかながらに存在し、八〇代半ばに達することもあるかもしれない。ここから長寿指数《LQ》を算出すると、ゾウよりわずかに長生きするヒトの自然環境下でのLQは三・八になり、ほかのチンパンジーたちよりは大きいが、コウモリやハダカデバネズミには遠く及ばない。ほとんどの人が確信しているとおり、わたしたちは自然環境下であっても最も長生きの陸棲哺乳類なのだ。

彼ら現代を生きる狩猟採集民族の健康と長寿を研究した結果、大きな事実が判明した。現代的な世界で生活する現生人類を襲う、老化がもたらす大きな病のいくつかを、彼らは回避しているのだ。とくにそのなかでも循環器系の疾患と骨粗鬆症はほとんど発症せず、これは普段から運動量がかなり多く、低脂肪の食事を常としているからにちがいない。三つの集団ともコレステロール値はかなり低く血圧は極めて正常で、冠動脈の石灰化はまったくと言っていいほど見られない。先進国社会では循環器系疾患とアルツハイマー病のリスクを高めるとされている、〈ApoE4〉という遺伝子変異の発生頻度が最も高いパプアニューギニアですら、昔ながらの狩猟採集の生活を営む人々は基本的に循環器系疾患にはかからない。現地に滞在中のことだが、ミアンミン族のある男性の話を聞いたことがある。その男性は幸運にもオーストラリアの企業に雇われ、ヘリコプターで少しの距離にある鉱山で重機を動かす仕事に就いた。それまで重機を動かすどころか見たことさえなかった彼は、訓練を受けるために企業の施設で暮らし、脂肪の多い牛肉とポテトとグレイヴィソースだらけの伝統的なイギリス／オーストラリア式の食生活を数か月続けたのち、四五歳にして心臓発作であっけなく死んだ。彼の村の人々はその企業を訴えた。その村では、この年齢の人間が、これといった理由もなく突然死んでしまうことなど一度もなかった。

研究者たちは、骨粗鬆症を防ぐ、狩猟採集民族の極めて高い骨密度に注目している。発掘された太古の狩猟採集民族の骨も骨密度がかなり高い。北米のある研究では、まだ狩猟採集の生活を送っていた七〇〇〇年前の先住民族の骨密度が、約六〇〇〇年後に同じ地域に暮らしていた農耕民族のものより二〇パーセント高いことが判明した。[10] 同様の骨密度の差は、現代のペットの犬と野生のオオカミのあいだにも見られる。パプアニューギニアでは、腰の曲がった老人はひとりたりとも見かけたことはなかった。膝に関節炎を患って足を引きずる人がいたとしても、骨と脊柱は驚くほどの頑強だった。クン族とアチェ族とハヅァ族の高齢者たちの写真を見れば、同じことに気づくはずだ。

閉経

一般的にヒトのメスは三〇代後半から四〇代前半で最後の出産を迎え、五〇歳頃になると生理学的に生殖不能になり、それからさらに三〇年ほど生きる。閉経が起こる直接の理由は、卵巣内の卵子が底を尽き、排卵が止まるからだ。現代の狩猟採集社会でも、閉経年齢に達した女性はそれからさらに一〇年か二〇年生きる。進化論的観点から見れば、自然は生殖の最大化を好むはずなので、女性がまだ何十年も余命がある時点で卵子がなくなることを進化が許している事実はかなり大きな謎だ。事実、あまりに不可解な謎なので、その解明に特化した、かなりこぢんまりとした学界もあるほどだ。ほかの哺乳類にも閉経のようなものがあるのか、あるとすればどの種なのかについては、意見はさまざまに分かれる。事実、シャチがどれだけ長生きするかについての意見の相違は、シャチに閉経のようなものが普通にあると考えるかどうかに根差していると、わたしは見ている。

閉経は自然淘汰の結果だと確信している向きもある。彼らの理屈はこうだ。年齢が上がるにつれ、女性の生存年数は短くなり、妊娠を完遂できない可能性は上がる。やがて女性はさらに子どもをもうけるよりも、最後に産んだ子を育てたり自分の子どもたちの子育てを手伝ったりすること、言い換えれば母親もしくは祖母として力になるほうが、自分の遺伝子をよりうまく引き継がせることができる年齢に達する。事実、この〝祖母効果〟によってヒトの生殖機能の熟成が遅く、離乳年齢は比較的早くなり、そしてほかのチンパンジーと比較して出産間隔が短くなったとする説がある。[11] 狩猟採集民族を含めたすべての現代社会で、母親は可能なかぎり最後に産んだ子を助け、成人した娘たちの子どもの世話も可能なかぎり手伝う。この世話はおもに食べ物を分け与えることだ。この点については意見の相違はない。ダーウィニズムの論理に従えば、女性は自分の遺伝子を受け継ぐ者をできるかぎり助けるはずだ。さらには、ヒトのメスは霊長類のなかでもユニークな存在で、哺乳類全体で見ても、たとえ野生種であっても、生殖期間の終了後にこれほど長く生きる種は唯一ではないにせよ、非常に珍しいという点でも異論はほとんどない。それでも、進化史上の遠い過去に祖母という存在がそれほど一般的だったのか、そして進化的に見て自分個人の生殖を止めることを補っても余りあるほどの支援を与えられるものかどうかについては、かなりの論争がある。

この論争が、解くべき謎に焦点を当てているとは思えない。謎の本質は、どうして女性が生殖を早くやめるかということではないとわたしは考えている。閉経は、スウィッチを押したらすぐに起こるわけではない。生殖における老化の最終段階にすぎず、女性では、これが寿命に対してかなり早い段階で起きる。それなら謎は閉経がなぜ起こるのかではない。なぜ女性の卵巣は、体のほかの部分よりずっと早く老化するのかだ。心臓も肺も筋肉も腎臓も、卵巣以外の器官は全部もっとゆっくり老化する。狩猟採集民族でも、女性は二〇代後半という若さで生殖能力の衰えが始まる。閉経前の数年間は、月経周期の乱れや排卵の失敗が起きる〈閉経周辺期〉と呼ばれる時期がある。エネルギーストレスを受けるクン族の女性が最後の子を産むのは平均で三四歳だ。閉経とは、一〇年以上をかけて徐々に妊娠しにくくなり、流産しやすくなり、妊娠期の問題が起きやすくなり、胎児に障碍が生じやすくなっていく期間の最終段階にすぎないのだ。

もちろん男性も加齢とともに生殖機能が低下する。精子の数と質は低下し、勃起不全《ED》は増す。歳を取った父親のほうが先天性の問題を持つ子どもが生まれやすいところは女性と同じだ。それでも、男性の生殖機能の低下は体の残りの部分と歩調を合わせてゆっくりと老化していく。七〇代や八〇代の男性が女性に子を産ませた記録は枚挙にいとまがない。たとえばチャーリー・チャップリンとミック・ジャガーは、どちらも七三歳で子をもうけた。

年齢による生殖機能の低下にこうした性差が出ることも、女性の生殖器とそれ以外の体の部分の老化に差が見られることも、実はヒトにかぎったことではない。ハツカネズミやクマネズミでも普通に見られる。だが肝心なのは、ネズミたちの場合は研究施設限定で、野生種には見られないところだ。ハツカネズミにもクマネズミにも数か月という自然環境下での寿命全体をカヴァーするだけの卵子と生殖能力はあって、二年から三年という飼育環境下での寿命をカヴァーしないだけだ。それどころか実験用マウスのメスは、施設での寿命に対してヒトのメスより早い段階で〝閉経〟を迎える。研究施設ではヒトと同様、心臓や筋肉、肺、腎臓よりも生殖器のほうがずっと早く老化する。そしてやはり、オスのマウスの生殖能力は体の老化と歩みをそろえて低下する。

ヒトのメスに閉経があるのは、そのほうが最後に産んだ子の育児、もしくは祖母効果に都合がいいからではないと、わたしは見ている。自然は、一〇年以上の年月をかけて生殖能力の蛇口をゆっくり閉じるようなことはしないと思う。それに体の火照り《ホットフラッシュ》や睡眠障害といった閉経の副作用も、ヒトのメスの生涯終盤に向けての適応期に伴うものではなさそうだ。わたしはむしろ閉経というのは、太古の人骨からうかがえる、ヒトがネアンデルタール人やチンパンジーよりも明らかに長生きするようになった四万年前に起こった、人生後期における余命の延伸に起因するものだと考えている。この余命の延伸に、ヒトの卵巣の老化速度はまだ適応できていないのかもしれない。この解釈の妥当性は、ヒトとチンパンジーの卵巣で卵子の減少がほぼ同じ速度で進むという事実が裏づけている。[12] 過去数万年のあいだ、ヒトがチンパンジーより長生きしているというだけなのだ。また、この解釈からすれば、ヒトの現在の寿命に生殖機能が生物学的に追いつくにしたがって、閉経年齢も次第に上がってくるという予測が成り立ってもいい。閉経年齢が遅くなってきているという明確な証拠はなく、たとえ遅くなっているとしてもとんでもなくゆっくりとしたペースだ。そういうわけで未解決の謎は、なぜ女性が閉経を経験するのかではなく、どうして生殖器系は体のほかの部分よりずっと早く老化するのかということだ。また、どうして男性には同じようなことが起こらないのだろうか？

公平を期して言えば、たしかにわたしの解釈は馴染み深い実験用マウスの例に準拠している。だからこそ説得力のある反論が存在する。この反論とは、生殖期間を終えたのちも長く生きる哺乳類の野生種が、まちがいなくヒト以外にも存在するというものだ。たとえばいくつかの種のクジラがそうだ。これらのクジラに、過去数千年のうちに寿命が急激に延びているという兆候は見られない。

さらには、すべてではないがこれらの大半のクジラは、メスは複数世代の群れで暮らすので、最後に産んだ仔の養育をその姉たちが助けることは、理屈の上では可能だ。この支援がどのようなものなのかははっきりわからない。また、こうしたクジラのメスたちが生殖期間を終えたのちにホットフラッシュや不眠のような厄介な副作用に悩まされるのかどうかもはっきりわからない。ぜひ知りたいところだが。

ヒトの寿命

太古のヒトについては知識を基にした推定しかできないが、現代的な条件下にある現代のヒトがどれだけ長生きするかについては一日単位でわかっている。ここで言う〝現代的な条件下〟とは、行政による情報記録インフラが広範囲に行き渡り、ほぼすべての個人の出生日と死亡日を特定できるほど信頼できるようになった時代と場所にいる、ということだ。そうなったのは意外と最近のことだ。この制度の超優等生はスウェーデンだ。この国では一七五〇年頃から出生および死亡の記録をしっかりと取りつづけ、一八六〇年以降の記録は完璧だ。記録システムの完成は、農村人口が多い大国の場合はスウェーデンより遅く、技術的にそれほど進歩していない国では現在でも整っていない。アメリカ全土で出生登録制度が実施されたのは一九三三年のことだ。戦争や自然災害で記録が失われることもある。日本は第二次世界大戦中に出生記録の多くを失った。それでも現在は何十億人分もの出生と死亡の記録があり、現代のヒトの寿命の全体像をかなりの確度でつかむことができる。

ヒトの寿命は、工業先進国では産業革命が始まった頃から劇的に延びた。ある研究によれば、集団の寿命の最も一般的な指標である平均寿命は、世界的に見て長寿の国では一八四〇年以来一〇年ごとに二・五年長くなっているという。しかし思い出してほしいのだが、出生時の平均余命である平均寿命は、乳幼児の死亡率が高い場合は大人が生きる長さを正しくあらわさない。乳幼児死亡率は近年までどこでも高かった。先進国で減少し始めたのは、公衆衛生と清潔な水と食料の質の重要性が理解され、子どものワクチン接種が確立されてからのことだ。スウェーデンの現在の乳幼児死亡率は一九〇〇年の五〇分の一以下だ。現在の乳幼児死亡率は、現在のスウェーデンをはじめとした先進国では平均寿命にほぼ何の影響も与えないほど小さい。しかし一九〇〇年には影響を与えるほど大きかった。一九〇〇年のスウェーデンの零歳児は平均でたった五二歳までしか生きられなかったが、それが一五歳まで生き延びることができれば、さらに六四歳まで生きることが期待できた。現在、スウェーデンでもほかの先進国でも、期待寿命は零歳時も一五歳時も八〇歳前後だ。これらの国のなかで新型コロナウイルスのパンデミック以前で平均寿命が最も短いのはアメリカの七九歳で、最も長いのは日本の八四歳六か月だ。

全体像からは、女性が男性より生存に長けているということも見えてくる。しっかりした記録が手に入る、あらゆる場所とあらゆる時代において、女性は男性より長生きだ。たとえばアイスランドの平均寿命は、一九世紀中は疫病が蔓延した年には一八歳まで落ち込んだが、一九七〇年代から八〇年代にかけては世界一の長寿国に輝いた年もあった。しかしいい時代でも悪い時代でも、平均寿命が短くなっても長くなっても、アイスランドでは毎年まちがいなく女性のほうが男性より長生きだ。その差はほんの数パーセントと小さいときもあれば大きいときもあった。現在のアメリカでは、女性は男性より約六パーセント長く生きる。この数字は、一九九〇年代初頭のロシアでは二〇パーセントだった。平均寿命の男女差は、現在のヨーロッパ諸国では縮まっているが、日本では拡がっている。主要死因での死亡率は、年齢を問わず女性のほうが男性よりも低いが、アルツハイマー病だけは例外で、その理由はまったくわかっていない。老齢期に入っても女性のほうが生存率は高いが、五歳までの生存率も高い。アイルランドのじゃがいも飢饉でも一九一八年のスペイン風邪の大流行でも、女性のほうが生き延びる確率は高かった。[13] 二〇一九年からの新型コロナウイルスのパンデミックでも同様だ。胎生期でさえ、女性は生存に長けているようだ。未熟児出産では、男児には死亡リスクがあるとされる。この男女差はヒトの生物学のなかで最も確固たる、最も理解されていない特徴だ。

現代のヒトの寿命についてはここまで多くのことがわかっているというのに、それでもなお作り話や誤情報は巷《ちまた》に溢れていて、超長寿についてはとくにそうだ。

たしかに誰かに年齢を尋ねた場合、正確な答えが返ってくるかもしれないし、返ってこないかもしれない。たとえばわたしの経験からすれば、ハリウッドのセレブたちから正確な答えが返ってくることはほぼない。これは自分の本当の年齢を知らないからではない。若いほうがなんとなくいいとする人間の奇妙な虚栄心のせいだ。この虚栄心はある年齢まではそのままだが、それ以降は逆向きに働くことがある。自己申告の年齢を誇張するようになるのだ。このタイプの虚栄心は、とくに男性のほうが強いみたいだ。その理由は想像に難くない。ただの偏屈爺さんではなく、驚異の長生き爺さんとして一目置かれたいのだ。一〇〇歳を超えると――つまり自分が一〇〇歳以上だと主張すれば――地元の有名人になることさえあるだろう。マスコミたちは、驚きの長寿の秘訣について話を聞きたがるかもしれない。少なくとも最近まではそうだった。今では一〇〇歳以上の老人は珍しくもないので、有名になりたければ一〇五歳とか一一〇歳まで頑張って生きなければならないだろう。

この不可思議な虚栄心のために、出生と死亡の記録が正確になるにつれて一〇〇歳以上の人々がどんどん少なくなっていく傾向が、どの国のどの時代でも生じている。その最たる例がアメリカだ。まだ信頼性の低かった一八五〇年の公式記録によれば、アメリカには一〇万人当たり一一人の百寿者がいたが、それが一九一〇年になると、記録の信頼性はまだ低かったものの一〇万人当たりたった四人に下がっている。一九一〇年の同じ政府記録には、貧しく差別を受けるアフリカ系アメリカ人は白人よりも平均寿命が一五年ほど短かったにもかかわらず、一〇〇歳に達する確率が白人よりも二〇倍高いという、さらに疑わしい記述がある。ほかの国の政府の公式記録も同様に信頼性に欠ける。たとえば公式記録によれば、一九〇〇年のアルゼンチン、ボリビア、ブルガリア、アイルランド、ロシアでは、一〇〇歳以上に達する確率が、現時点での世界一の長寿国である日本より高いのだ[14]。つまり並はずれた長寿の話は、どれもしっかりと確認しなければならないということだ。

ヒトの寿命に上限はあるのか。あるとすればそれは何歳なのか――この疑問は何千年にもわたって人間の頭を悩ませつづけてきた。わたしは以前、ケンブリッジ大学のエジプト学者ジョン・ベインズから、約五〇〇〇年前の古代エジプトでは、この上限が一一〇歳と考えられていたことを教えてもらった。一七世紀のイングランドの人々は、自分たちの思いを言葉にして石に刻んだ。英国王と女王の戴冠式が執り行われ、高名な詩人や政治家や科学者が葬られているウェストミンスター寺院には、トーマス・パーの墓もある。その墓碑銘には、パーは一四八三年に生まれ、一五二年というあっぱれな生涯をまっとうして一六三五年に没したとある。〈オールド・パー〉として知られていたパーは、八〇歳まで独身生活を謳歌したであるとか、一〇〇歳にして不義密通をはたらいたであるとか、一二〇歳で二度目の結婚をし、まもなく子どもが生まれたという華々しい人生の物語をでっちあげた。画家のルーベンスとヴァン・ダイクが彼の肖像画を描いた［図14-1］。現在でもパーは、男性にとっての最高の賛辞に浴しつづけていると言えるかもしれない――その名を冠したウィスキーがあるのだ。

もちろんパーは一五二年も生きなかった。パーが浴

［図14-1］アンソニー・ヴァン・ダイクが、おそらく本人を見て描いたトーマス・パーの肖像画。自称152歳のパーが一時期有名になった頃、ヴァン・ダイクはロンドンにいた。Courtesy of Perkins School for the Blind Archives, Watertown, MA.

した最後の名誉は、この時代のイングランドで最も有名な医師だったウィリアム・ハーヴェイによる検視解剖だった。解剖の結果、彼の臓器は年齢ほどには衰えているようには見えなかったという。生前のパーと会話を交わしたことがあるハーヴェイによれば、パーは人生の前半の記憶がほぼなく、当時の王の名前も、起こった戦争のこともパンの価格も憶えていなかったという。実際のところ、一五二歳だとする唯一の証拠は、本人の言葉と年老いて見えたということだけだった。一七世紀のイングランドの人々をだまされやすいと見下すのは簡単だが、同じぐらい怪しい根拠に基づいた同じような法螺話は、ごく最近でも鵜呑みにされている。一九六六年、〈ライフ〉誌はアゼルバイジャンのある村では村人たちは一六〇代まで生きるという記事を掲載した。ハーヴァード大学医学大学院のアレクサンダー・リーフ教授は、エクアドル南部のアンデス山中にあるビルカバンバという僻村では、男性たちは——そう、男性たちだ！——一三〇代まで生きると報告したが、結局はだまされたことを自ら認めた。実は、現代において辺鄙な場所にとんでもなく長生きする人々が暮らしているという報告すべてに共通点がある——長寿のカギは過酷な肉体労働と簡素な生活スタイル、支えとなる社会的ネットワークの存在、利用しやすい医療施設が近くに少ないこと、そしてなかんずく重要なのは、検証可能な出生記録がないことだ。

本物の超長寿の人間はどうだろうか？　尋常ならざる話は疑ってかかる必要があること、さらに言えば尋常ならざる話には尋常ならざる証拠が必要だということを頭に入れたうえで、完全無欠のお墨つきを得た最高齢のヒト、ジャンヌ・カルマンについて論じてみよう。

ジャンヌ・カルマンは南フランスの小都市アルルに一八七五年二月二一日に生まれた[15]［図14-2］。

この年、アメリカではユリシーズ・S・グラント大統領の二期目にあたり、フランスでは作曲家モーリス・ラヴェルが生まれ、パリではメートルの長さとキログラムの重さについての国際合意にアメリカを含む一七か国が調印した。ジャンヌは当時人口二万五〇〇〇だったアルルの名家に生まれた。長寿の家系だった。父親は船大工で九三歳まで生きた。母親は八六歳、兄は九七歳で亡くなった。ジャンヌは裕福な二重またいとこ（ふたりの父方の祖父同士が兄弟、祖母同士が姉妹だった）のフェルナン・カルマンと二一歳で結婚し、結婚後もカルマンの姓を名乗ることになった。家族の富のおかげでまったく働く必要がなく、使用人と趣味に囲まれた人生を送り、一九九七年に一二二歳と一六四日で亡くなった。そのほんの数日前、わたしは自著の出版キャンペーンの一環で出演した全国ネットのテレビ番組で、今から急げばフィンセント・ファン・ゴッホと握手をした手を握ることができると言ったばかりだった。ファン・ゴッホは一八八八年から八九年にかけての一六か月をアルルで過ごし、そ

［図14-2］120歳のジャンヌ・カルマン。撮影された時点で史上最高齢だったが、それからさらに2年生きた。Photo by Michel Pisano, Arles, France.

の間に超有名な代表作を含めて三〇〇点以上の絵を描き、激情に駆られて左耳を切り落とし、そして少女時代のジャンヌと何回か出くわした。当時のゴッホは地元でこそ奇矯な人物として名を知られていたのかもしれないが、それを除けばまったく無名だった。彼は切り取った耳を若い娼婦のもとへ届けた。そんなゴッホのことを、ジャンヌは汚らしくて臭くて身なりがみすぼらしい、総じて不愉快な人間だったと述懐している。

　わたしは、生存する最高齢の人間だと公言することは世界一危険な仕事だと言ったことがある。生きているうちにやめることはできないし、だいたい数か月以内に〝仕事中に〟死ぬからだ。ジャンヌ・カルマンは六年半以上ものあいだ世界最高齢であり続け、その間に有名になった。そのきっかけは一九八八年、アルル市が企画したファン・ゴッホの市滞在一〇〇周年記念行事だった。市の有力者たちは、この画家に会ったことのある人がまだ生きていることを知り、大いに驚いた。その後、彼女は超高齢の人に執心する人口統計学者たちのレーダーにひっかかった。彼らはジャンヌの年齢を疑った。〈スーパーセンテナリアン〉と呼ばれる、一一〇歳以上だと主張する人々の大半は、よく調べるとそれほど高齢ではないことが判明するからだ。彼女の生い立ちをあらゆる手を尽くして調べ、その年齢を確認できる三〇通以上の書類を見つけ出した。面接調査で彼女が語った幼少期の話も事実確認した。すべての証拠が合致していた。ジャンヌは本当に超長寿だったのだ。ちなみにジャンヌ・カルマンをヒトの最高齢の個体だとすると、飼育環境下のヒトの長寿指数《LQ》は五・五で、ハダカデバネズミにやや及ばない。

　ジャンヌは小柄で、若い頃にはもう少し身長も体重もあったはずだが、晩年は身長わずか一三二センチメートル、体重も四〇キログラムしかなかった。驚くには当たらないが、生涯を通じて健康そのものだった。自転車に乗っていたが一〇〇歳のときに転倒して脚を骨折し、それでも理学療法を一切受けることもなくすぐに快癒した。一一五歳でまた転倒して骨盤と肘を骨折してからは、車椅子の生活を送ることになった。そうした最晩年にはほとんど眼も見えず耳も聞こえなかったが、補聴器をつけることも白内障の手術を受けることも拒んだ。おかげで医師やジャーナリスト、人口統計学者は質問するときは彼女の耳に向かって叫ばなければならなかった。聴力は衰えてもウィットは衰えず、「わたし、〝しわ〟が寄ってるところは一か所しかないの。今はそこを下にして座ってるわ」といった名言を残している。

ジャンヌが産んだ子どもは娘のイヴォンヌひとりだけだが、イヴォンヌは生涯を通じて健康がすぐれず、肺炎で三六歳の若さで亡くなった。イヴォンヌのただひとりの子のフレデリックも交通事故でやはり三六歳で亡くなったので、史上最高齢の人物の子孫はもういない。相続人がいなくなったジャンヌは、九〇歳のときに自分が所有するアパルトマンをアンドレ＝フランソワ・ラフレという四七歳の弁護士と、今なら持ち家担保年金《リヴァース・モーゲージ》と呼ぶべき契約を結んだ。彼はジャンヌに毎月二五〇〇フランを支払う代わりに、彼女の死後はアパルトマンを相続するということで合意したのだ。それから二九年ほどのち、ジャンヌはまだ生きていたが、弁護士は亡くなった。三〇年近く支払いを続けたにもかかわらず、アパルトマンで一日も過ごすことはなかった。

ジャンヌ・カルマンは誰も達し得ない年齢に達した、典型的な統計上の〝外れ値〟だ。その死から二四年ほどが経過し、世界中で百寿者やスーパーセンテナリアンの数が爆発的に増えているにもかかわらず、一二〇歳まで生きたことが確認された者はいない。アメリカ人のサラ・ナウスは一一九歳の誕生日を迎え、一九九九年に亡くなった。もうひとり、田中カ子《ネ》という日本人女性が、本書を書いている二〇二一年三月の時点で一一八歳で、まだ存命中だ（二〇二二年四月一九日に亡くなった）。この三人に続くのは一一七歳に達した一一人の女性たちで、そのなかには一一六歳で新型コロナウイルスの感染を乗り越えた、〈アンドレ修道女〉とも呼ばれるリュシル・ランドンがいる。現時点で最も長生きした男性は木村次郎右衛門《じろうえもん》で、一一六歳の誕生日を迎えたあとに亡くなった。[16]

読者のなかには、ジャンヌ・カルマンの並はずれた長寿には疑義があると聞いたことがある方もいるかもしれない。疑惑などない。疑惑の眼を向けたのは、二〇一九年にジャンヌの年齢は偽りだと主張して不相応な注目を集めた、ロシアのふたりのアマチュア研究者だ。ジャンヌの出生年を示す文書記録は否定のしようがないため、彼女が晩年に語った話のなかのささいな矛盾を針小棒大化し、一九三四年に亡くなったのは娘のイヴォンヌではなく実はジャンヌだったと主張した。この突拍子もない空想物語によれば、イヴォンヌはその後六三年にもわたって母親になりすましたというのだ。本当だとすれば、当然ジャンヌの兄のフランソワも、イヴォンヌの夫も、イヴォンヌの七歳の息子も共犯ということになる。それだけではない。この名家を取り巻く友人知人の全員、使用人たち、ジャンヌと取引をしていた商人たちが、顔見知りの五九歳の女性が一夜にして二三歳若返ったことに、誰ひとりとして気づかなかったということになる。

世界最高齢の人物が亡くなってから二〇年以上経ち、そのあいだに百寿者の人数は爆発的に増加しているにもかかわらず、誰もその人物の年齢に近づけないという事実をどう考えればいいのだろうか？　妥当な答えを挙げるとすれば、ジャンヌ・カルマンはヒトの寿命の限界と呼べるものを体現していて、誰かがそれを超えるとか、少なくとも大きく超えることは期待すべきでないからだろう。なぜなら、彼女が最高の長寿遺伝子を有し、そこに最高に健康的な環境と、そしておそらくちょっとした運も組み合わさった結果、この寿命が人体が持ちこたえられる最長の時間をあらわしているからだ。

一二二歳が人間の寿命の限界ではないことを、わたしは切に願う。でなければわたしは、少なくともわたしの子孫たちは一〇億ドルの損失を被ってしまう。そう、一〇億ドルだ。その理由を次の最終章で説明しよう。

15章 メトシェラの動物園の今後

地球上どこでも、人間はかつてないほど長生きするようになっている——平均すればだが。最も急速に増加している年齢層は百寿者だ。それでも一〇〇歳まで生きることは、今でもめったにない快挙だ。現在の最長寿国である日本でさえ、そこまで長く生きる人は一〇〇〇人にひとりに満たない。めったにいないとはいえ、存命中の百寿者の人数はジャンヌ・カルマンが亡くなった一九九七年の四倍近くになっている。これだけ増えているにもかかわらず、ジャンヌ・カルマンの長寿記録に近づくことは、その死から二四年ほど経った今でも誰もできていない。さらに言えば、サラ・ナウスの一一九歳の寿命さえ誰も超えていない。また、新型コロナウイルスに打ちのめされる以前でさえ、世界の長寿国で平均寿命の延伸率が目に見えて鈍化していたことも無視し難い。たとえばアメリカの平均寿命は二〇一五年以来延びていない。

人口統計学の学会で殴り合いの喧嘩を起こしたければ、ヒトの命の〝限界〟というテーマを持ち出すといい。ヒトの平均寿命に限界はあるのだろうか？　何人《なんぴと》たりとも乗り越えることのできない寿命の壁が、わたしたちの前に立ちはだかっているのだろうか？　どちらの質問をぶつけても、人口統計学者の誰かが先制攻撃を繰り出してくるだろう。

一九八〇年、スタンフォード大学のジェイムズ・フリーズ医学博士は奇妙な、いくらか楽観的でいくらか悲観的な予想を立てた。[1] フリーズ博士は、ヒトの平均寿命の限界は約八五歳だと主張した。これはその予想の悲観的な部分だ。楽観的な部分は、科学がわたしたちの健康寿命を延ばす方法を発見しつづけるので、この八五年の寿命のうちに健康に過ごすことができる期間はどんどん長くなるはずだという予想だ。多くの人が苦しむ体調不良の期間は、どんどん短くなるということだ。その逆だと恐ろしいことになる。より多くの人がより長く生き、ヒトの命の限界にぶち当たるようになり、より多くの医療を必要とするようになり、認知症になり、体も動かない状態で苦悶のうちに生きる期間が増えるかもしれないのだ。世界各国の医療制度が高齢者介護の重圧に呻吟する今、このディストピア的未来に向かっていると言えるかもしれない。

フリーズが予想を立てた一〇年後、人口統計学の専門家グループがフリーズの意見に共鳴するようになった。とりわけイリノイ大学シカゴ校のS・ジェイ・オルシャンスキーは、この問題について声を上げてきた。[2] オルシャンスキー博士は、ヒトの寿命の限界についての議論にも加わっている。博士は、ジャンヌ・カルマンの長寿記録をほんの数年上まわる人が出てくる可能性は、今後何年経っても低いままではないかと考えている。一方で、ヒトの寿命には限界はないと声高に主張している人口統計学者たちもいる。彼らは平均寿命は当面延びつづけ、最高齢の記録は何度も何度も破られると考えている。あるグループの予想によると、二〇〇〇年以後に生まれた人々は――わたしが現在教えている学生全員も含まれる――一〇〇歳かそれ以上生きるという。[3] 意味があるかはわからないが、フリーズの予想から四〇年ほどが経った現在、日本の平均寿命は八四歳六か月だ。〝限界〞派の人々は得意顔になるかもしれない。〝限界なし〞側はすかさずこう言うだろう。日本の平均寿命はだらしない男性たちが引き下げているのだ。日本の女性はすでにフリーズの限界を超えている。日本の女性たちは八七・五歳の寿命を期待できるのだから、と。

あとで手短に説明するが、オルシャンスキーとわたしが一〇億ドルの賭けをしたのは、ひとえに健康と長生きについて自然が授けてくれる教訓に感謝しているからだ。ここで思い出してほしい。自然は鳥やコウモリやデバネズミ類といった動物たちの姿を装い、有害な活性酸素にヒトよりずっとうまく対処する方法を何度も見せつけてきた。ゾウやクジラなどは、ヒトよりはるかに優れたがん耐性を発達させた。さらに別の動物も、たとえばわたしが大好きなホンビノスガイなどは、何世紀にもわたって筋肉を壮健に保ち、心臓を脈動させつづける方法を発達させた。いつの日にか、生物医学界は持てる力を総動員し、自然が授けてくれる、健康を維持させ健康寿命を延ばす秘訣についての教訓の研究解明に取り組むはずだ。わたしはそう確信している。

生命の起源の研究で有名な生化学者のレスリー・オーゲルの口癖は、本書をここまで読めば誰でもわかっているはずだ。その口癖は〈オーゲルの第二法則〉と呼ばれるようになった――「進化はあなたより賢い」だ。もちろん、この第二法則でオーゲルの言わんとすることは、何十億年という時間をかけて何十億種の生物に手を加えてきた進化は、さまざまな問題に対して人間が思いもよらないような解決策を発見しているはずだ、ということだ。この法則を人間の健康寿命を延ばすという観点から見れば、活性酸素による損傷やたんぱく質の折り畳みの誤りといった、どうしても自己破壊的になる生命活動のプロセスと戦う方法を、自然は発見しているだろうということだ。広く尊敬を集めている科学者がこれほど明々白々な真実を何十年も前に指摘しているというのに、生物医学界は自己破壊的プロセスとの戦いでどう見ても負けている動物の研究に固執している事実に、わたしはいささかの驚きをおぼえる。医学研究でもっぱら使われている動物は、今でも最も短命で最もがんになりやすい哺乳類である実験用マウスだ。その理由はある意味では理解できる。マウスに対しては、生物学的に有益なやり方で介入する手法がかなりの労力を注ぎ込んで開発されてきたので、ほかのどの哺乳類よりも高度な実験ができるのだ。マウスの一生のどの時点においても、体のどの部分のどの個別の遺伝子でも、その機能を意図的に入れたり切ったりできる。ヒトやクジラやコウモリなどの種の遺伝子をマウスに入れて、それを好きな部分で好きな時に入れたり切ったりすることもできる。しかし遺伝子は単独で動作するのではない。クジラの遺伝子をひとつだけマウスに入れたところで、言ってみれば本人の眼の前でその物真似をするようなことしかできないのかもしれない。ひとつひとつの遺伝子はオーケストラの楽器のようなもので、全体で協調しなければ美しい調べを奏でることはできない。自動車のクラクションは道路では役立つものなのかもしれないが、オーケストラで使っても音楽をよりよくするとは考えにくい。

また、マウスは短命なので、特定の遺伝子変異や新薬がマウスの健康と生命を維持できるかどうかを迅速に判断することができる。事実、老化の生物学に焦点を当てる研究者たちは、マウスを健康に長生きさせる薬を十数種発見済みだ。そのなかのいくつかは、本書を書いている時点で人間に対する初期臨床試験が行われている。その新薬の名は、ここではあえてすべて伏せておく。世の中にはどうしても、どんなことをしてでも長生きしたいと願っている人々がいて、その薬の効果の有無どころか、人間にとって安全かどうかわからないうちに飲み始めるかもしれないからだ。マウスに効いても、必ずしもヒトに効くとはかぎらない。

当然、こうした薬のどれかが寿命の壁の突破口となるかもしれない。時が経てばわかるだろう。が、マウスが健康な長寿相手の戦いの敗者だということを忘れてはならない。足が不自由な人間の歩行を改善するために考案された運動が、優れた短距離走者のスピードを向上させる可能性は低いだろう。マウスは足の不自由な人間で、ヒトは優れた短距離走者なのだ。したがってマウスの寿命が二年から三年になる薬が（あるいはショウジョウバエが二か月ではなく三か月生きるようになる薬が）人間の健康寿命を延ばすとは思えない。マウスの寿命を制限している問題が何にせよ、それらをヒトの体はもう解決しているかもしれない。忘れてもらっては困るが、わたしたちはすでに最長寿の陸棲哺乳類なのだ。むしろ健康を向上させ健康寿命を延ばす術は、マウスのほうがわたしたちから学ぶことができる。そう考えると、マウスに有効ながん治療の一〇にひとつ程度しかヒトにも有効ではないということも驚くには当たらない。もちろん一〇のうちひとつでもありがたいことなのだが、健康寿命を延ばすためにもっと進化史的に理にかなったアプローチがあるのではないだろうか。アルツハイマー病では、マウスでうまくいった三〇〇以上の治療法のうち、ヒトでうまくいったものはひとつもない。

もともと医療研究はキリスト教会のヒエラルキーに負けず劣らず伝統に縛られ、保守的だ。研究費は、最高の訓練を積み、従来の実験手法の欠陥を見抜き、不確かな部分に気づくことができる科学者たちの意見に従って配分される。わたしはそのような数多くの委員会で委員を務めてきたから、そのことはわかっているつもりだし、そのような不備や不確かさを見つけるたびに口を挟んできた非はわたしにもある。科学のそうした保守的な部分が悪いわけではない。どうしようもなく誤った考え方の研究で資金を無駄にすることを防げるのだから。

一方で、科学的な冒険心に溢れ、通常の枠をはみ出た研究がすべて無駄だというわけではなく、荒唐無稽だが正しいかもしれず、もしそうなら画期的なアイディアにも意味はある。わたしの知人のひとりのノーベル賞受賞者は、自分がノーベル賞を取ることになった研究は、政府の審議部会に提出した研究計画書のなかで唯一却下された部分だったと嬉し気に語りたがる。

しかし健康の研究に対する偏狭なアプローチは変わりつつあるとわたしは思う。まともな研究者が実験対象にすることが許されている動物種の範囲は広がりつつある。ハダカデバネズミやメクラネズミ類は、もう安心して研究動物として使えるようになった。この進歩は、もうひとつの限界がうながしたものかもしれない――短命でがんになりやすい実験動物から学べることの限界だ。自然界には、根本的な老化プロセスとヒトよりうまく戦っている動物が数多く存在することを知る人間が増えれば増えるほど、そうした種から何が学べるかを調べようという圧力は高まるだろう。そうした圧力の一部は民間からも来るだろう。自分自身の健康寿命の延伸に関心を寄せる超富裕層もいるらしいのだから。ニュースのヘッドラインを見るかぎり、そうした事態はすでに起こり始めているようだ。

ニシオンデンザメやホッキョククジラやアラメヌケ、さらにはブラントホオヒゲコウモリのコロニーの研究施設内での構築は、近い将来に実現することはなさそうだ。それでも吉報はある。研究施設にクジラがいなくとも、シャーレのなかにクジラを入れることはできるということだ。つまり現在では、クジラの細胞を研究室で培養し、極めて詳細に研究することができるのだ。二〇一二年のノーベル生理学・医学賞は、皮膚や肝臓や血液をはじめとしたほぼすべての細胞を幹細胞に変化させる方法を発見した、京都大学の山中伸弥教授に贈られた。シャーレで培養した幹細胞は、逆に心臓や筋肉や脳の細胞に、さらにはミニチュア版の臓器にすら変化させることができる。山中教授の技術のわかりやすい使用用途は、老化したヒトの交換パーツを本人の細胞から作ることだ。この技術を使えば、そう遠くない未来に糖尿病やパーキンソン病などいくつかの特定の病気を治せるようになるだろう。あまりわかりやすくない使用用途もある。鳥やコウモリやクジラやサメの脳や筋肉の細胞が、どうやって有害な活性酸素に対処し、がん細胞にならないようにしているのかであるとか、ホンビノスガイの細胞がどうやって数百年ものあいだ、たんぱく質の折り畳みの誤りを回避しているのかという研究だ。

　人間の健康寿命を延ばすカギはメトシェラの動物園のなかにある。わたしはそう信じている。断新な発想のように思えるかもしれないが、斬新な発想をすべき時期に来ているのではないだろうか。「進化はあなたよりも賢い」ということを皆で認めることにしようではないか。シリコンヴァレーの億万長者たち、聞いているか？

　この斬新な発想から、わたしは一〇億ドルの賭けに出たのだ。

　二〇〇一年のことだ。わたしはカリフォルニア大学ロサンゼルス校《UCLA》のキャンパス内の狭い会議室で、一〇人少々の科学者たちとひとりの〈ニューヨーク・タイムズ〉記者と、人間の健康の未来について議論していた。記者がこう問うてきた――わたしたちが一五〇歳の人間を眼にするのはいつですか？　わたしたち科学者は座ったまま、落ち着きなくもぞもぞ体を動かした。誰も矢面に立ちたくなかったのだ――わたし以外は。わたしは思わずこう答えた「その人は今生きていますよ」あのときのことを思い返すと、それはまさに問われるべき質問だったような気がする。そして信じがたいことだが、わたしもまさに返すべき答えを返したと思う。

がんや脳卒中や認知症といった病気の診断法と治療法がいくら向上したところで、それだけで一二〇歳のジャンヌ・カルマンより三〇歳近く年上の人を眼にするようになるとは、誰も考えていないのではないだろうか。もちろんわたしもそうだ。老化そのものを病気のように治療すると同時に、今述べたような病気の発症をすべて遅らせたりなくしたりして、そこでようやく可能になるはずだ。

超長寿の実現への疑念をあらわにしている科学者の筆頭で、すでに顔見知りで尊敬してやまないジェイ・オルシャンスキーは、この会議の記事を読み、電話を通じて異議を唱えた。あの発言を自分でどれくらい強く信じているんだと彼は言った。なんならふたりで賭けをするかね、と。

実際に賭け金を五億ドルずつ出したというわけではない。そんな超桁《けた》はずれの大金、ふたりの給料を合わせても全然及ばない。結局一五〇ドルずつ出すことにした。ぴったりとはまった数字だ。一五〇年後に一五〇歳のヒトが生きているかどうかに一五〇ドルの賭けだ。オルシャンスキーはちょっとした計算をした。アメリカの株式市場の過去の成長率からすると、わたしたちの三〇〇ドルは一五〇年後に五億ドルになり得る。それから一〇年少々が経過し、まだ誰もジャンヌ・カルマンの年齢に近づきもしていなかったが、くだんの記者がまだ賭けに勝つ自信があるかとわたしたちに尋ねた。ふたりとも自信があった。自信のほどを示すべく、わたしたちは賭け金を倍にすることにし、もう一五〇ドルずつ出した。これでめでたく一〇億ドルの賭けだと言えるようになった。さらにめでたいことに、この賭け金をオルシャンスキーは積極的に運用し、総額はアメリカの株式市場の過去の伸び率よりずっと急速に増えている。

わたしたちの賭けの条件の詳細は以下のとおりだ――もし西暦二一五〇年もしくはそれ以前に、出生時の記録がしっかりとそろった一五〇歳の人間がひとりでも存在して、その人物が簡単な会話ができる程度の精神的能力を備えていれば、わたしの子孫が――考え得る最高のシナリオならわたし自身が――増えに増えまくった賭け金を手にする。もしそうならなければ、オルシャンスキーの子孫が賭け金を受け継ぐ。

賭けの証文はわが家の安全な場所にしまってある。娘たちには、彼女たちの――あるいは彼女たちの娘や息子たちの――未来の財産について伝えてある。多くの公開討論や個人的な会話を通じて、オルシャンスキーとわたしはお互いの意見が多くの点で一致することを知った。従来の医療研究では一五〇歳の寿命は達成できないという点がそうだ。達成するには、老化を病気のように治療する方法を見つけるしかないという点もそうだ。まさに問題に取り組んでいる、比較的小さな科学者のグループは（本書を書いている当人も含まれる）、この新しい研究の専門分野を〈老化の科学《ジェロサイエンス》〉と呼んでいる。オルシャンスキーとわたしの意見のちがいはただひとつ、老化治療の大きなブレイクスルーがどれほど早く訪れるかという点だけだ。ジェロサイエンスの仲間たちの大半は、いまだに定石どおりの実験動物を使っている。しかし新たな手法を模索するようになった研究者もわずかながらもいる。老化への抵抗力がとくに高い種の多くでゲノム解析が完了し、それらの細胞は研究施設の安全な場所に保管され、そこで研究者たちが長寿の秘密の解明に心血を注いでいる。九〇歳や一〇〇歳まで健康に過ごす人々が当たりまえになり、どこかの誰かが一五〇歳の誕生日を迎えたその日、わたしたちはメトシェラの動物園の動物たちに感謝することになるだろう。

訳者あとがき

老化研究の第一人者、スティーヴン・N・オースタッドの最新著書『*Methuselah's Zoo: What Nature Can Teach Us about Living Longer, Healthier Lives*（メトシェラの動物園：自然に学ぶ健康長寿の秘訣）』の全訳をお届けした。

動物の寿命については、オースタッドも述べているとおり、大きな動物のほうが小さな動物より長生きしそうなことは何となく想像がつく。三〇年ほど前にベストセラーになった『ゾウの時間ネズミの時間――サイズの生物学』（中公新書）でも、著者で生物学者の本川達雄は動物の生きる時間は体重の四分の一乗に比例し、つまり寿命も四分の一乗に比例するとしている。これは本書にある長寿の鉄則〝体重の重い種は寿命が長い〟と符合する。が、この鉄則に反する、小さいながらも長生きする動物もたくさんいる。オースタッドは自らが考案した〈長寿指数《LQ》〉を使って同じサイズの動物同士の寿命を比較し、意外に長生きする種の長寿の秘密を探った。読み進めるうちに次々と明かされていく事実に、わたしは何度も驚かされた。巨獣のゾウはわたしたちヒトと比べたらそんなに長生きしないこと、二枚貝は何世紀も生きること、北極の海底にはとんでもなくノロマなくせにとんでもない長寿のサメがいることなど、初めて聞く話のオンパレードだ。恥ずかしながら告白するが、鳥類とコウモリが全般的に長生きするということを、わたしは本書を読んで初めて知った。日本で長寿の動物といえば鶴と亀だが、亀はなんとなくわかるけど鶴が長生き？　という疑問がこれで解消した。そうした長寿動物の抗老化と抗がんの秘密を解き明かせば、人間の健康寿命の延伸に役立つのではないかと、オースタッドは時に辛辣なユーモアを交えながら提唱する。しかしそれはゲノム解析と同様に、眼を向けるべき方向しか示さない。人類は進化から賜《たまわ》った叡智《えいち》を結集し、メトシェラ（メトシェラについては本書の1章を参照のこと）の動物園から長生きと健康の秘訣を学ぶべきだと著者は主張する。

本書の翻訳を進めているなかで、わたしは〝スポーツ別平均寿命ランキング〟なるものを見つけた。それによれば、最も長生きなのは陸上の中長距離走の選手で八〇・二五歳、最も早死になのは大相撲の力士で五六・六九歳だという。同じ陸上競技でも短距離走は七〇・一二歳と、かなりの差がある（大澤清二『スポーツと寿命』一九九八年、朝倉書店刊より）。もちろんこれは競技の性質だけでなく各アスリートの引退後のライフスタイルが大きく影響していて、さらには大相撲のように競技そのものやトレーニングとは直接関係のない要因が働いているケースもあるので一概には言えないが、本書を読むと何となく腑《ふ》に落ちる結果だ。やはりヒトでも長寿の秘訣は〝ゆっくり〟なのだろう。そして〝ゆっくりと長く、太く〟生きることが理想だということだ。ところが、最新の調査では〝最も長生きするスポーツ〟はテニスだということが判明した。ジョギングよりも長生きするという。もっともこれは過酷なプレーを要求されるプロではなくスポーツを愉しむ一般の人々を対象にしたものなので、つまりは適度な運動も長生きには欠かせないということなのだろう。

同じく翻訳作業中にふと気になったことがある。果たして人間は、何歳まで生きたいと願うものだろうか？　本文にもあるように、寝たきりになってもいいからずっと生きていたい人はかなり少ないと思われる。いわゆる〝ピンピンコロリ〟こそ誰しもが望む最後なのだろうが、それを何歳で迎えたいかについては大きく幅があるのではないだろうか。平々凡々と暮らし、できるかぎり穏やかに、愛する人たちに囲まれて天寿をまっとうしたいと願う人もいるだろう。年齢なんか関係ない、生涯をかけた夢を達成したらいつ死んでもかまわないという向きもあるだろう。何歳で、どんなふうに死んでも、それは運命《さだめ》もしくは天の思し召しなのだから気にしないと達観している人もいるだろう。もちろん文化によっても考え方はちがってくる。つまり何歳まで、どのようにして生きたいかは、それぞれの人生観と死生観にほかならないということなのだ。ちなみにわたしは、何歳かも健康状態も関係なく〝妻が亡くなったらなるべく早いうちに〟にしている。妻もその逆を狙っているので、ギリギリまでつば競り合いが続きそうだ。

著者について軽く触れておく。スティーヴン・N・オースタッドはカリフ《U》ォルニア《C》大学ロスアン《L》ゼ《A》ルス校で英文学の学士号を取得後、タクシーの運転手や新聞記者など職を転々とし、ハリウッドで映画用のライオンなどの大型動物の調教に携わったことで生物学に目覚め、カリフォルニア州立大学ノースリッジ校で生物学の学士号、パデュー大学で博士号を取得。その後はハーヴァード大学の進化生物学科の助教、テキサス大学健康科学センターの教授、サム＆アン・バーショップ長寿研究所の暫定所長などを経て、現在はアラバマ大学バーミンガム校で、寄付基金教授として健康長寿を目指した老化研究に取り組んでいる。著書には『老化はなぜ起こるか――コウモリは老化が遅く、クジラはガンになりにくい』（吉田利子訳、一九九九年、草思社刊）と、妻で獣医師のヴェロニカ・キクルヴィッチとの共著『犬をかう人、ブタをかう人、イグアナをかう人』などがある。

最後になるが、本書の訳出では調査を含めて木戸和優氏に全面的に協力いただいた。木戸氏の尽力に大いに感謝する。

※ハダカデバネズミは真社会性動物なので、最初の生殖時期はすでに生殖中の女王がいるかどうかで決まる。したがって初産年齢は記していない。

【精度について】
K：直接の観察から判明している。
E：推定、誤差数パーセント以内の正確性。
G：当て推量、適用可能な手法を使った最善の推定だが、大きくずれている可能性がある。

本書で取り上げた種の最高長寿記録

種	寿命（年）	野生か飼育下か	長寿指数（LQ）	精度	初産年齢（年）
実験用マウス	3	飼育下	0.7	K	0.2
イエスズメ	20	野生	3.6	K	0.5–1
クルマサカオウム	83	飼育下	9.7	K	3–4
コアホウドリ	69	野生	5.2	K	7–8
マンクスミズナギドリ	55	野生	6	K	5–7
野生のシチメンチョウ	15	野生	1	K	1
トビイロホオヒゲコウモリ	34	野生	7.5	K	1
ブラントホオヒゲコウモリ	41	野生	10	K	1
ナミチスイコウモリ	30	飼育下	5.5	K	1
ナミチスイコウモリ	18	野生	3.3	K	1
インドオオコウモリ	44	飼育下	4.1	K	2
ゾウガメ	175	飼育下	算出不可能	E	20–25
ムカシトカゲ	110	飼育下	10.3	E	10–20
ハダカデバネズミ	39	飼育下	6.7	E	真社会性※
メクラネズミ類	21	飼育下	2.9	K	1
ヌメサンショウウオ	20	飼育下	5.3	K	3
ホライモリ	102	野生	21	G	16
アフリカゾウ	74	野生	1.6	E	11–14
アジアゾウ	80	飼育下 / 野生	1.7	E	7–17
チンパンジー	69	野生	3.3	E	13
オランウータン	59	飼育下	2.6	E	15
オマキザル	54	飼育下	4.3	K	6–7
ヒト	86	野生？	3.8	E	19
ヒト	122	飼育下？	5.5	K	11–17
ミズウミチョウザメ	152	野生	8.5	E	15–25
オオチョウザメ	118	野生	不明	E	15–20
アラメヌケ	205	野生	14	K	20
ニシオンデンザメ	392	野生	11.7	G	156
バンドウイルカ	67	野生	2.2	K	8
シャチ	85	野生	1.6	E	15
シロナガスクジラ	110	野生	1	E	10
ナガスクジラ	114	野生	1.5	E	6–12
ホッキョククジラ	211	野生	2.6	G	18–25

原 注

1章　ダネット博士のフルマカモネ

1. ウィリアム・レーン、リンダ・コーマック『鮫の軟骨がガンを治す:副作用のない自然な療法がついに登場!』(今村光一訳、1994年、徳間書店刊)
2. 前掲書。
3. S. L. Murphy, J. Xu, K. D. Kochanek, et al., "Mortality in the United States, 2017," *NCHS Data Brief* 328 (2018): 1–8.
4. S. N. Austad, "The Geroscience Hypothesis: Is It Possible to Change the Rate of Aging?," in *Advances in Geroscience*, ed. F. Sierra and R. Kohanski (New York: Springer, 2015), 1–36.
5. S. N. Austad and K. E. Fischer, "Mammalian Aging, Metabolism, and Ecology: Evidence from the Bats and Marsupials," *Journal of Gerontology* 46, no. 2 (1991): B47–B53.

2章　飛翔の起源

1. J. B. S. Haldane, *On Being the Right Size* (Oxford: Oxford University Press, 1985).
2. カゲロウは、原則には例外があることを示す昆虫だ。昆虫で唯一、成虫になる前に飛翔可能な翅を持つ。最後の脱皮の直前の1日から2日間の成長段階(亜成虫)で翅を持つのだが、うまくは飛べない。
3. F. Z. Molleman, B. J. Zwann, P. M. Brakefield, and J. R. Carey, "Extraordinary Long Life Spans in Fruit-Feeding Butterflies Can Provide Window on Evolution of Life Span and Aging," *Experimental Gerontology* 42, no. 6 (2007): 472–482.

3章　翼竜——最初の空飛ぶ脊椎動物

1. R. W. Coulson, J. D. Herbert, and T. D. Coulson, "Biochemistry and Physiology of Alligator Metabolism *in Vivo*," *American Zoologist* 29 (1989): 921–934.
2. G. M. Erickson, P. J. Makovicky, P. J. Currie, M. A. Norell, S. A. Yerby, and C. A. Brochu, "Gigantism and Comparative Life-History Parameters of Tyrannosaurid Dinosaurs," *Nature* 430 (2004): 772–775.
3. F. Rimblot-Baly, A. de Ricqlès, and L. Zylberberg, "Analyse paléohistologique d'une série de croissance partielle chez *Lapparentosaurus madagascariensis* (Jurassiquemoyen): Essai sur la dynamique de croissance d'undinosaure sauropode," *Annales de paléontologie* 81 (1995): 49–86.

4章　鳥——最長寿の"恐竜"

1. "European Longevity Records," Longevity List, Euring: Co-ordinating Bird Ringing throughout Europe, April 5, 2017, https://euring.org/data-and-codes/longevity-list.
2. F. Bacon, *The Historie of Life and Death* (Kessinger, 1638/2010).
3. D. B. Botkin and R. S. Miller, "Mortality Rates and Survival of Birds," *American Naturalist* 108, no. 960 (1974): 181–192.
4. J. A. Clark, R. A. Robinson, D. E. Balmer, S. Y. Adams, M. P. Collier, M. J. Grantham, J. R. Blackburn, and B. M. Griffin, "Bird Ringing in Britain and Ireland in 2003," *Ringing and Migration* 22, no. 2 (2004): 85–127.
5. J. E. Cardoza, "A Possible Longevity Record for the Wild Turkey," *Journal of Field Ornithology 66*, no. 2 (1995): 267–269.
6. W. A. Calder and L. L. Calder, "Broad-Tailed Hummingbird: *Selasphorus platycercus,*" in *The Birds of North America* , no. 16, ed. A. Poole, P. Stettenheim, and F. Gill (Philadelphia: American Ornithologists' Union, 1992), 1–16.

5章　コウモリ——最長寿の哺乳類

1. W. H. Davis and H. B. Hitchcock, "A New Longevity Record for the Bat *Myotis lucifugus*," *Bat Research News* 36, no. 1 (1995): 1–6.
2. G. S. Wilkinson, "Vampire Bats," Current *Biology* 29, no. 23 (2019): R1216–R1217.
3. J. Maruthupandian and G. Marimuthu, "Cunnilingus Apparently Increases Duration of Copulation in the Indian Flying Fox, *Pteropus giganteus*," *PLOS ONE* 8, no. 3 (2013): e59743.
4. Beth Autin (associate director of library services) and Melody Brooks (registrar), San Diego Zoo, 私信, 2020.
5. A. J. Podlutsky, A. M. Khritankov, N. D. Ovodov, and S. N. Austad, "A New Field Record for Bat Longevity," *Journals of Gerontology A: Biological Science Medical Science* 60, no. 11 (2005): 1366–1368.
6. G. S. Wilkinson and D. M. Adams, "Recurrent Evolution of Extreme Longevity in Bats," *Biology Letters* 15, no. 4 (2019): 20180860.
7. P. Kortebein, B. Symons, A. Ferrando, D. Paddon-Jones, et al., "Functional Impact of 10 Days of Bed Rest in Healthy Older Adults," J*ournals of Gerontology: Medical Sciences* 63A, no. 10 (2008): 1076–1081.
8. K. Lee, J. Y. Park, W. Yoo, T. Gwag T, et al., "Overcoming Muscle Atrophy in a Hibernating Mammal Despite Prolonged Disuse in Dormancy: Proteomic and Molecular Assessment," *Journal of Cellular Biochemistry* 104 (2008): 642–656.
9. D. D. Moreno Santillán, T. M. Lama, Y. T. Gutierrez Guerrero, et al., "Large-Scale Genome Sampling Reveals Unique Immunity and Metabolic Adaptions in Bats," *Molecular Ecology* (June 19, 2021), epub ahead of print.

10. D. Jebb, Z. Huang, M. Pippel, G. M. Hughes, et al., "Six Reference-Quality Genomes Reveal Evolution of Bat Adaptations," *Nature* 583, no. 7817 (2020): 578–584.

6章　リクガメとムカシトカゲ——島の長寿動物

1. J. D. Congdon, R. D. Nagleb, O. M. Kinney, R. C. van Loben Sels, et al., "Testing Hypotheses of Aging in Long-Lived Painted Turtles (*Chrysemys picta*)," *Experimental Gerontology* 38 (2003): 765–772.
2. L. Hazley, 著者との私信, 2020.

7章　一生涯女王

1. L. Keller, "Queen Lifespan and Colony Characteristics in Ants and Termites," *Insectes Sociaux* 45 (1998): 235–246.
2. K. D. Bozina, "How Long Does the Queen Live?," *Pchelovodstvo* 38 (1961): 13.
3. G. P. Slater, G. D. Yocum, and J. H. Bowsher, "Diet Quantity Influences Caste Determination in Honeybees," *Proceedings of the Royal Society B* 287 (2020): 20200614.
4. V. Chandra, I. Fetter-Pruneda, P. R. Oxley, A. L. Ritger, et al., "Social Regulation of Insulin Signaling and the Evolution of Eusociality in Ants," *Science* 361, no. 6400 (2018): 398–402.

8章　トンネルと洞窟

1. J. U. M. Jarvis, "Eusociality in a Mammal: Cooperative Breeding in Naked Mole-Rat Colonies," *Science* 212 (1981): 571–573.
2. ロシェル・バッフェンスタインからの私信。論文審査のある学術専門誌で報告した最高齢のハダカデバネズミは37歳だが、その個体は本書を書いている時点で39歳で、まだ生きていた。
3. S. Braude, S. Holtze, S. Begall, J. Brenmoehl, et al., "Surprisingly Long Survival of Premature Conclusions about Naked Mole-Rat Biology," *Biological Reviews of the Cambridge Philosophical Society* 96, no. 2 (2021): 376–393.
4. S. Liang, J. Mele, Y. Wu, R. Buffenstein, and P. J. Hornsby, "Resistance to Experimental Tumorigenesis in Cells of a Long-Lived Mammal, the Naked Mole-Rat (*Heterocephalus glaber*)," *Aging Cell* 9, no. 4 (2010): 626–635.
5. X. Tian, J. Azpurua, C. Hine, A. Vaidya, M. Myakishev-Rempel, et al., "High Molecular Weight Hyaluronan Mediates the Cancer Resistance of the Naked Mole-Rat," *Nature* 499, no. 7458 (2013): 346–349.
6. B. Andziak, T. P. O'Connor, Q. Wenbo, E. M. DeWall, et al., "High Oxidative Damage Levels in the Longest-Living Rodent, the Naked Mole-Rat," *Aging Cell* 5 (2006): 463–471.
7. I. Manov, M. Hirsh, T. C. Iancu, A. Malik, et al., "Pronounced Cancer Resistance in a

Subterranean Rodent, the Blind Mole-Rat, *Spalax: In Vivo and in Vitro* Evidence," *BMC Biology* 11 (2013): 91.

8. V. Gorbunova, C. Hine, X. Tian, J. Ablaeva, et al., "Cancer Resistance in the Blind Mole Rat Is Mediated by Concerted Necrotic Cell Death Mechanism," *Proceedings of the National Academy of Sciences USA* 109, no. 47 (2021): 19392–19396.
9. D. R. Knight, D. V. Tappan, J. S. Bowman, H. J. O'Neill, and S. M. Gordon, "Submarine Atmospheres," *Toxicology Letters* 49 (1989): 243–251.
10. C. M. Ivy, R. J. Sprenger, N. C. Bennett, B. van Jaarsveld, et al., "The Hypoxia Tolerance of Eight Related African Mole-Rat Species Rivals That of Naked Mole-Rats, Despite Divergent Ventilator and Metabolic Strategies in Severe Hypoxia," *Acta Physiologica* 228, no. 4 (2020): e13436.
11. I. Shams, A. Avivi, and E. Nevo, "Oxygen and Carbon Dioxide Fluctuations in Burrows of Subterranean Blind Mole Rats Indicate Tolerance to Hypoxic-Hypercapnic Stresses," *Comparative Biochemistry and Physiology, Part A* 142 (2005): 376–382.
12. Y. Voituron, M. de Fraipont, J. Issartel, O. Guillaume, and J. Clobert, "Extreme Lifespan of the Human Fish (*Proteus anguinus*): A Challenge for Ageing Mechanisms," *Biology Letters* 7 (2011): 105–107.
13. J. Issartel, F. Hervat, M. de Fraipont, and Y. Voituron, "High Anoxia Tolerance in the Subterranean Salamander, Proteus anguinus, without Oxidative Stress nor Activation of Antioxidant Defenses during Reoxygenation," *Journal of Comparative Physiology B* 179 (2009): 543–551.

9章　巨獣たち

1. I. McComb, G. Shannon, K. N. Sayialel, and C. Moss, "Elephants Can Determine Ethnicity, Gender, and Age from Acoustic Cues in Human Voices," *Proceedings of the National Academy of Sciences* 111, no. 14 (2014): 5433–5438.
2. F. Thomas, R. Renaud, E. Benefice, T. De Meeüs, and J.-F. Guegan, "International Variability of Ages at Menarche and Menopause: Patterns and Main Determinants," *Human Biology* 73, no. 2 (2001): 271–290.
3. L. J. West, C. M. Pierce, and W. D. Thomas, "Lysergic Acid Diethylamide: Its Effects on a Male Asiatic Elephant," *Science* 138, no. 3545 (1962): 1100–1103.
4. ミャンマーで林業に携わるゾウの生活とその実態の大部分は、未出版だが非常に優れた博士論文 PhD thesis by Khyne U. Mar, University College London, 2007.から引用した。
5. R. Clubb, M. Rowcliffe, P. Lee, K. U. Mar, C. Moss, and G. J. Mason, "Compromised Survivorship in Zoo Elephants," *Science* 322 (2008): 1649.
6. アフリカゾウについての記述の大部分はC. J. Moss, H. Croze, and P. C. Lee, eds., *The Amboseli Elephants* (Chicago: University of Chicago Press, 2011)の各章から引用した。
7. M. Sulak, L. Fong, K. Mika, S. Chigurupati, et al., "TP53 Copy Number Expansion Is Associated with the Evolution of Increased Body Size and an Enhanced DNA Damage Response in Elephants,"

eLIFE 5 (2016): e11994.

10章　霊長類の大きな脳

1. S. N. Austad and K. E. Fischer, "Primate Longevity: Its Place in the Mammalian Scheme," *American Journal of Primatology* 28 (1992): 251–261.
2. S. Herculano-Houzel, *The Human Advantage: A New Understanding of How Our Brain Became Remarkable* (Cambridge, MA: MIT Press, 2016).
3. エルクラーノ=ウゼルが鳥類と哺乳類のさまざまな種の皮質のニューロンの数が寿命、生殖可能年齢、生殖時期を終えてからの寿命の長さと相関関係にあることを示すデータ(コウモリは含まない)を発表していることはつけ加えておくべきだろう。S. Herculano-Houzel, "Longevity and Sexual Maturity Vary across Species with Number of Cortical Neurons, and Humans Are No Exception," *Journal of Comparative Neurology* 527 (2019): 1689–1705. この相関に何かしらの意味があるとすれば、脳以外の臓器の細胞数も計測して、これが皮質だけの特別な性質なのかどうかを見極めれば、その意味はずっと強固なものになるだろう。
4. K. Havercamp, K. Watanuk, M. Tomonaga, T. Matsuzawa, and S. Hirata, "Longevity and Mortality of Captive Chimpanzees from 1921 to 2018," *Primates* 60 (2019): 525–535.
5. H. Pontzer, D. A. Raichlen, R. W. Shumaker, C. Ocobock, and S. A. Wich, "Metabolic Adaptation for Low Energy Throughput in Orangutans," *Proceedings of the National Academy of Sciences USA* 107, no. 32 (2010): 14048–14052.
6. S. A. Wich, H. de Vries, M. Ancrenaz, L. Perkins, et al., "Orangutan Life History Variation," in *Orangutans: Geographic Variation in Behavioral Ecology and Conservation,* ed. S. A. Wich, S. S. Utami-Atmoko, T. Mitra Setia, and C. P. Van Schaik (Oxford: Oxford University Press, 2009), 65–75.動物園のオランウータンの生存年数については、この章にまとめられている。
7. R. Weigl, *Longevity of Mammals in Captivity: From the Living Collections of the World* (Stuttgart: Schweizerbart, 2005). この書は動物園の長寿記録の一覧だ。
8. S. A. Wich, S. S. Utami-Atmoko, T. Mitra Setia, H. D. Rijksen, et al., "Life History of Wild Sumatran Orangutans (*Pongo abelii*)," *Journal of Human Evolution* 47 (2004): 385–398. この論文は、野生のオランウータンの寿命についてわかっていることをまとめている。
9. Weigl, *Longevity of Mammals in Captivity.*
10. S. A. Wich, R. W. Shumaker, L. Perkins, and H. De Vries, "Captive and Wild Orangutan (*Pongo sp.*) Survivorship: A Comparison and the Influence of Management," *American Journal of Primatology* 71 (2009): 680–686.
11. A. M. Bronikowski, J. Altmann, D. K. Brockman, M. Cords, et al., "Aging in the Natural World: Comparative Data Reveal Similar Mortality Patterns across Primates," *Science* 331 (2011): 1325–1328.
12. Weigl, *Longevity of Mammals in Captivity.*
13. H. Pontzer, D. A. Raichlen, A. D. Gordon, K. K. Schroepfer-Walker, et al., "Primate Energy Expenditure and Life History," P*roceedings of the National Academy of Sciences USA* 111,no. 4 (2014): 1433–1437.

14. Debbie Johnson, registrar, Brookfield Zoo, 著者との私信, August 2021.

11章　ウニ、チューブワーム、ホンビノスガイ

1. T. A. Ebert and J. R. Southon, "Red Sea Urchins (*Strongylocentrotus franciscanus*) Can Live over 100 Years: Confirmation with A-Bomb Carbon," *Fisheries Bulletin* 101, no. 4 (2003): 915–922.
2. A. Bodnar and J. A. Coffman, "Maintenance of Somatic Tissue Regeneration with Age in Short- and Long-Lived Species of Sea Urchins," *Aging Cell* 15 (2016): 778–787.
3. P. G. Butler, A. D. Wanamaker Jr., J. D. Scourse, C. A. Richardson, and D. J. Reynolds, "Variability of Marine Climate on the North Icelandic Shelf in a 1,357-Year Proxy Archive Based on Growth Increments in the Bivalve *Arctica islandica*," *Palaeogeography, Palaeoclimatology, Palaeoecology* 373 (2013): 141–151.
4. M. A. Yonemitsu, R. M. Giersch, M. Polo-Prieto, M. Hammel, et al., "A Single Clonal Lineage of Transmissible Cancer Identified in Two Marine Mussel Species in South America and Europe," *eLIFE* 8 (2019): e47788.
5. M. Wisshak, M. López Correa, S. Gofas, C. Salas, et al., "Shell Architecture, Element Composition, and Stable Isotope Signature of the Giant Deep-Sea Oyster *Neopycnodonte zibrowii* sp. n. from the NE Atlantic," *Deep-Sea Research I* 56 (2009): 374–407.
6. Z. Ungvari, D. Sosnowska, J. B. Mason, H. Gruber, et al., "Resistance to Genotoxic Stresses in Arctica islandica, the Longest Living Noncolonial Animal: Is Extreme Longevity Associated with a Multi-stress Resistance Phenotype?," *Journals of Gerontology Biological Sciences & Medical Sciences* 68, no. 5 (2013): 521–529.
7. S. B. Treaster, A. Chaudhuri, and S. N. Austad, "Longevity and GAPDH Stability in Bivalves and Mammals: A Convenient Marker for Comparative Gerontology and Proteostasis," *PLoS One* 10, no. 11 (2015): e0143680.

12章　魚とサメ

1. V. G. Carrete and J. J. Wiens, "Why Are There So Few Fish in the Sea?," *Proceedings of the Royal Society London B* 279 (2012): 2323–2329.
2. R. M. Bruch, S. E. Campana, S. L. Davis-Foust, M. J. Hansen, and J. Janssen, "Lake Sturgeon Age Validation Using Bomb Radiocarbon and Known-Age Fish," *Transactions of the American Fisheries Society* 138 (2009): 361–372.
3. "152-Year-Old Lake Sturgeon Caught in Ontario," *Commercial Fisheries Review* 6, no. 9 (1954): 28.
4. G. I. Ruban, and R. P. Khodorevskaya, "Caspian Sea Sturgeon Fisher: A Historic Overview," *Journal of Applied Ichthyology* 27 (2011): 199–208.
5. G. M. Cailliet, A. H. Andrews, E. J. Burton, D. L. Watters, D. E. Kline, and L. A. Ferry-Graham, "Age Determination and Validation of Studies of Marine Fishes: Do Deep-Dwellers Live Longer?,"

Experimental Gerontology 36 (2001): 739–764.
6. S. R. R. Kolora, G. L. Owens, J. M. Vazquez, A. Stubbs, et al., "Origins and Evolution of Extreme Life Span in Pacific Ocean Rockfishes," *Science* 374 (2021): 842.
7. C. R. McClain, M. A. Balk, M. C. Behfield, T. A. Branh, et al., "Sizing Ocean Giants: Patterns of Intraspecific Size Variation in Marine Megafauna," *PeerJ* (2015): e715.
8. J. J. L. Long, M. G. Meekan, H. H. Hsu, L. P. Fanning, and S. E. Campana, "Annual Bands in Vertebrae Validated by Bomb Radiocarbon Assays Provide Estimates of Age and Growth of Whale Sharks," *Frontiers in Marine Science* 7 (2020): 188.
9. L. L. Hamady, L. J. Natanson, G. B. Skomal, and S. R. Thorrold, "Vertebral Bomb Radiocarbon Suggests Extreme Longevity in White Sharks," *PLOS ONE* 9, no. 1 (2014): e84006.
10. L. J. Natanson and G. B. Skomal, "Age and Growth of the White Shark, *Carcharodon carcharias*, in the Western North Atlantic Ocean," *Marine & Freshwater Research* 66, no. 5 (2015): 387–398.
11. Y. Y. Watanabe, N. L. Payne, J. M. Semmens, A. Fox, and C. Huveneers, "Swimming Strategies and Energetics of Endothermic White Sharks during Foraging," *Journal of Experimental Biology* 222 (2019): jeb185603.
12. Y. Y. Watanabe, C. Lydersen, A. T. Fisk, and K. M. Kovacs, "The Slowest Fish: Swim Speed and Tail-Beat Frequency of Greenland Sharks," *Journal of Experimental Marine Biology and Ecology* 426–427 (2012): 5–11.
13. S. Studenski, S. Perera, K. Patel, C. Rosano, et al., "Gait Speed and Survival in Older Adults," *Journal of the American Medical Association* 305, no. 1 (2011): 50–58.
14. J. Nielsen, R. B. Hedehohn, J. Heinemeier, P. G. Bushnell, et al., "Eye Lens Radiocarbon Reveals Centuries of Longevity in the Greenland Shark (*Somniosus microcephalus*)," *Science* 353 (2016): 702–704.

13章　クジラの尾《お》話《はなし》

1. R. S. Wells, "Social Structure and Life History of Bottlenose Dolphins near Sarasota Bay, Florida: Insights from Four Decades and Five Generations," in *Primates and Cetaceans: Field Research and Conservation of Complex Mammalian Societies*, ed. J. Uamagiwa and L. Karczmarski, Primatology Monographs (Kyoto: Springer Japan, 2014).
2. R. Wells, 著者との私信, 2020.
3. R. C. Connor, *Dolphin Politics in Shark Bay: Journey of Discovery* (New Bedford, MA: Dolphin Alliance Project, 2018).
4. C. Kamiski, E. Kryszczyk, and J. Mann, "Senescence Impacts Reproduction and Maternal Investment in Bottlenose Dolphins," *Proceedings of the Royal Society B* 285 (2018): 20181123.
5. P. K. Olesiuk, M. A. Bigg, and G. M. Ellis, "Life History and Population Dynamics of Resident Killer Whales (Orcinus orca) in the Coastal Waters of British Columbia and Washington State," *Report of the International Whaling Commission*, special issue 12 (1990): 209–244.
6. E. Mitchell, and A. N. Baker, "Age of Reputedly Old Killer Whale, *Orcinus orca*, 'Old Tom' from Eden, Twofold Bay Australia," *Report of the International Whaling Commission*, special issue 3

(1980): 143–154.

7. T. R. Robeck, K. Willis, M. R. Scarpuzzi, and J. K. O'Brien, "Comparisons of Life-History Parameters between Free-Ranging and Captive Killer Whale (*Orcinus orca*) Populations for Application toward Species Management," *Journal of Mammalogy* 96, no. 5 (2015): 1055–1070.
8. J. Jett and J. Ventre, "Captive Killer Whale (*Orcinus orca*) Survival," *Marine Mammal Science* 31, no. 4 (2015): 1362–1377. 元シャチ調教師と獣医師らによるこの論文は、飼育環境下のシャチと野生のシャチの寿命はほぼ同じだとするロベックらの主張の信頼性を落とすべく書かれたが、結局返り討ちに遭い、著者らが使用したデータと分析はものの見事に論破された。T. R. Robeck, K. Jaakkola, G. Stafford, and K. Willis, "Killer Whale (*Orcinus orca*) Survivorship in Captivity: A Critique of Jett and Ventre," *Marine Mammal Science* 32, no. 2 (2016): 786–792. 実地調査する生物学者たちも、生殖期間終了後のシャチの生涯に興味を持ち、これをヒトの閉経になぞらえたうえで、野生のシャチのほうが長生きだと主張し、やはりロベックらから反撃された。T. R. Robeck, K. Willis, M. R. Scarpuzzi, and J. K. O'Brien, "Survivorship Pattern Inaccuracies and Inappropriate Anthropomorphism in Scholarly Pursuits of Killer Whale (*Orcinus orca*) Life History: A Response to Franks et al. (2016)," *Journal of Mammalogy* 97, no. 3 (2016): 899–909. この論争は、世界で最も権威ある科学誌のひとつで取り上げられたことでより広い科学コミュニティの注目を集めることになった。E. Callaway, "Clash over Killer-Whale Captivity," *Nature* 531 (2016): 426–427.
9. F. L. Read, A. A. Hohn, and C. H. Lockyer, "A Review of Age Estimation Methods in Marine Mammals with Special Reference to Monodontids," *NAMMCO Scientific Publications* (2018): 10, https://doi.org/10.7557/3.4474.
10. Read, Hohn, and Lockyer, "A Review of Age Estimation Methods in Marine Mammals with Special Reference to Monodontids."
11. J. C. George, and J. R. Bockstoce, "Two Historical Weapon Fragments as an Aid to Estimating the Longevity and Movements of Bowhead Whales," *Polar Biology* 31 (2008): 751–754. この論文にはホッキョククジラの年齢推定が的確にまとめられている。
12. J. C. George, J. Bada, J. Zeh, L. Scott, et al., "Age and Growth Estimates of Bowhead Whales (Balaena mysticetus) via Aspartic Acid Racemization," *Canadian Journal of Zoology* 77 (1999): 571–580.
13. M. S. Savoca, M. F. Czapanskiy, S. R. Kahane-Rapport, W. T. Gough, et al., "Baleen Whale Prey Consumption Based on High-Resolution Foraging Measurements. *Nature* 599, no. 7883 (2021): 85–90.
14. D. Tejada-Martinez, J. P. de Magalhães, and J. C. Opazo, "Positive Selection and Gene Duplications in Tumour-Suppressor Genes Reveal Clues about How Cetaceans Resist Cancer," *Proceedings of the Royal Society B* 288, no. 1945 (2021): 20202592.

14章　ヒトの長寿の物語

1. A. Bergström, C. Stringer, M. Hajdinjak, E. M. Scerri, and P Skoglund, "Origins of Modern Human Ancestry," *Nature* 590 (2021): 229–237.
2. E. Trinkaus, "Neanderthal Mortality Patterns," *Journal of Archaeological Science* 22 (1995): 121–

142.

3. R. Caspari and S.-H. Lee, "Older Age Becomes Common Late in Human Evolution," *Proceedings of the National Academy of Sciences USA* 101, no. 30 (2004): 10895–10900.

4. J. Oeppen and J. W. Vaupel, "Broken Limits to Life Expectancy," *Science* 296 (2002): 1029–1031.

5. C. O. Lovejoy, R. S. Meindl, T. R. Pryzbeck, T. S. Barton, K. G. Heiple, and D. Kotting, "Paleodemography of the Libben Site, Ottawa County, Ohio," *Science* 198, no. 4314 (1977): 291–293.

6. A. Koch, C. Brierley, M. M. Maslin, and S. L. Lewis, "Earth System Impacts of the European Arrival and Great Dying in the Americas after 1492," *Quaternary Science Reviews* 207, no. 1 (2019): 13–36.

7. クン族についての記述は、Nancy Howell, *Demography of the Dobe Area ! Kung* (New York: Academic Press, 1979)から多くを引用している。同様にアチェ族については、大部分をKim Kill and A. Magdalena Hurtado, *Ache Life History* (Hawthorn, NY: Aldine De Gruyter, 1996)から引用した。そしてハヅァ族についてはNicholas Blurton Jones, *Demography and Evolutionary Ecology of the Hadza Hunter-Gatherers* (Cambridge: Cambridge University Press, 2016)からだ。

8. J. P. Hurd, "The Shape of High Fertility in a Traditional Mennonite Population," *Annals of Human Biology* 33, no. 5/6 (2006): 557–569.

9. 本書で使った現在と記録された過去の人口統計の詳細は、すべてカリフォルニア大学バークレー校とマックス・プランク人口研究所による素晴らしいHuman Mortality Database（ヒト死亡データベース）から引用したものであり、データはwww.mortality.org またはwww.humanmortality.de で見ることができる。

10. T. M. Ryan and C. N. Shaw, "Gracility of the Modern *Homo sapiens* Skeleton Is the Result of Decreased Biomechanical Loading," *Proceedings of the National Academy of Sciences USA* 112, no. 2 (2015): 372–377.

11. K. Hawkes, J. F. O'Connell, N. G. Jones, H. Alvarez, and E. L. Charnov, "Grandmothering, Menopause, and the Evolution of Human Life Histories," *Proceedings of the National Academy of Sciences USA* 95, no. 3 (1998): 1336–1339.

12. K. P. Jones, L. C. Walker, D. Anderson, A. Lacreuse, S. L. Robson, and K. Hawkes, "Depletion of Ovarian Follicles with Age in Chimpanzees: Similarities to Humans," *Biology of Reproduction* 77 (2007): 247–251.

13. V. Zarulli, J. A. Barthold Jones, A. Oksuzyan, R. Lindahl-Jacobsen, K. Christensen, and J. W. Vaupel, "Women Live Longer Than Men Even during Severe Famines and Epidemics," *Proceedings of the National Academy of Sciences USA* 115, no. 4 (2018): E832–E840.

14. この問題については、拙著『老化はなぜ起こるか:コウモリは老化が遅く、クジラはガンになりにくい』(吉田利子訳、1999年、草思社刊）でさらに詳しく検討している。

15. ジャンヌ・カルマンの生涯は、*Jeanne Calment: From Van Gogh's Time to Ours* by Michel Allard, Victor Lèbre, and John-Marie Robine (New York: Freeman, 1998)が見事に描写している。

16. 少なくとも110年生きてきた、世界でもとくに高齢の人々については、超寿命に興味のある人々のいくつかのグループによって年齢が検証され、追跡されている。そうしたグループのひとつは、一覧表を載せたウィキペディアのページの管理まで行っている。"Oldest People," Wikipedia, https://en.wikipedia.org/wiki/Oldest_people.

15章　メトシェラの動物園の今後

1. J. F. Fries, "Aging, Natural Death, and the Compression of Morbidity," *New England Journal of Medicine* 303, no. 3 (1980): 130–135.
2. S. J. Olshansky, B. A. Carnes, and C. Cassel, "In Search of Methuselah: Estimating the Upper Limits to Human Longevity," *Science* 250 (1990): 634–640.
3. K. Christensen, G. Doblhammer, R. Rau, and J. W. Vaupel, "Ageing Populations: The Challenges Ahead," *The Lancet* 374 (2009): 1196–1208.

参考文献

1章

スティーヴン・N・オースタッド『老化はなぜ起こるか:コウモリは老化が遅く、クジラはガンになりにくい』(吉田利子訳、1999年、草思社刊)

Calder, William A. *Size, Function, and Life History*. New York: Dover, 1986.

Clutton-Brock, T. H., ed. *Reproductive Success*. Chicago: University of Chicago Press, 1988.

レベッカ・スクルート『ヒーラ細胞の数奇な運命:医学の革命と忘れ去られた黒人女性』(中里京子訳、2021年、河出書房新社刊(『不死細胞ヒーラ』2011年、講談社刊の加筆修正版))

ロバート・ワインバーグ『裏切り者の細胞がんの正体』中村桂子訳、1999年草思社刊)

2章

Dudley, Robert. *The Biomechanics of Insect Flight*. Princeton, NJ: Princeton University Press, 2000.

リチャード・フォーティ『生命40億年全史』(渡辺政隆訳、2003年、草思社刊)

Haldane, J. B. S. *On Being the Right Size*. Oxford: Oxford University Press, 1985.

3章

Witton, Mark P. *Pterosaurs*. Princeton, NJ: Princeton University Press, 2013.

4章

デービッド・アッテンボロー『鳥たちの私生活』(浜口哲一、高橋満彦訳、2000年、山と嵠谷社刊)

Lovette, Irby J., and John W. Fitzpatrick, eds. *Handbook of Bird Biology*. 3rd ed. New York: Wiley, 2016.

ロバート・E・リックレフズ、キャレブ・E・フィンチ『老化:加齢メカニズムの生物学』(長野敬、平田肇訳、1996年、日経サイエンス社刊)

5章

Griffin, Donald R. *Listening in the Dark*. New Haven, CT: Yale University Press, 1958.

Nowak, Ronald M. *Walker's Bats of the World*. Baltimore, MD: Johns Hopkins Press, 1994.

Tuttle, Merlin. *The Secret Lives of Bats*. New York: Houghton Mifflin Harcourt, 2015.

6章

Chambers, Paul. *A Sheltered Life: The Unexpected History of the Giant Tortoises*. Oxford: Oxford

University Press, 2005.
チャールズ・R・ダーウィン『新訳　ビーグル号航海記（上下）』（荒俣宏訳、2013年、平凡社刊）
デイヴィッド・クォメン『ドードーの歌：美しい世界の島々からの警鐘（上下）』（鈴木主税訳、1997年、河出書房新社刊）
ジョナサン・ワイナー『フィンチの嘴：ガラパゴスで起きている種の変貌』（樋口広芳、黒沢令子訳、1995年、早川書房刊）

7章

Bignell, David E., Yves Roisin, and Nathan Lo, eds. *Biology of Termites: A Modern Synthesis*. Dordrecht: Springer, 2011.
Hölldobler, Bert, and Edward. O. Wilson. *The Ants*. Cambridge, MA: Belknap Press, 1990.
Tschinkel, Walter R. *The Fire Ants*. Cambridge, MA: Belknap Press, 2006.

8章

Kelly, Scott. *Endurance: A Year in Space, a Lifetime of Discovery*. New York: Knopf, 2017.
Sherman, Paul W., J. U. M. Jarvis, and R. D. Alexander, eds. *The Biology of the Naked Mole-Rat*. Princeton, NJ: Princeton University Press, 1991.

9章

Haynes, Gary. *Mammoths, Mastodonts, and Elephants: Biology, Behavior and the Fossil Record*. Cambridge: Cambridge University Press, 1991.
Moss, Cynthia. J., Harvey Croze, and Phyllis C. Lee, eds. *The Amboseli Elephants*. Chicago: University of Chicago Press, 2011.

10章

チャールズ・ダーウィン『人間の進化と性淘汰（I, II）』（長谷川眞理子訳、1999, 2000年、文一総合出版刊）
フランス・ドゥ・ヴァール『動物の賢さがわかるほど人間は賢いのか』（松沢哲郎監訳、柴田裕之訳、2017年、紀伊國屋書店刊）
スティーヴン・J・グールド『人間の測りまちがい：差別の科学史』（鈴木善次、森脇靖子訳、1989年、河出書房新社刊）。脳のサイズという尺度の誤用についての素晴らしい本。
Herculano-Houzel, Suzana. *The Human Advantage. Cambridge*, MA: MIT Press, 2017. 多様な種でさまざまな脳の領域のニューロンの個数を調べる先駆的な研究について説明している。
Jerison, Harry J. *Evolution of the Brain and Intelligence*. New York: Academic Press, 1973. この本で脳化指数が発案された。
Pontzer, Herman. Burn. New York: Avery, 2021.
Weigl, Richard. *Longevity of Mammals in Captivity: From the Living Collections of the World*. Stuttgart:

Schweizerbart, 2005.
Wich, Serge A., S. Suci Utami-Atmoko, Tatang Mitra Setia, and Carel P. Van Schaik, eds. *Orangutans: Geographic Variation in Behavioral Ecology and Conservation*. Oxford: Oxford University Press, 2009.

11章

Gosling, Elizabeth. *Marine Bivalve Molluscs*. 2nd ed. New York: Wiley-Blackwell, 2015.
Nouvian, Claire. *The Deep: The Extraordinary Creatures of the Abyss*. Chicago: University of Chicago Press, 2007.
Rozwadowski, Helen M. *Vast Expanses: A History of the Oceans*. London: Reaktion Books, 2019.

12章

Abel, Daniel C., R. Dean Grubbs, and Elise Pullen. *Shark Biology and Conservation*. Baltimore: Johns Hopkins University Press, 2020.
Dipper, Frances and Mark Carwardine. *The Marine World: A Natural History of Ocean Life*. Ithaca, NY: Cornell University Press, 2016.
ニール・シュービン『ヒトのなかの魚、魚のなかのヒト:最新科学が明らかにする人体進化35億年の旅』(垂水雄二訳、2008年、早川書房刊)

13章

Connor, Richard C. *Dolphin Politics in Shark Bay: A Journey of Discovery*. New Bedford, MA: Dolphin Alliance Project, 2018.
Eisenberg, John. F. *The Mammalian Radiations*. Chicago: University of Chicago Press, 1981.
George, J. C., and J. G. M. Thewissen. *The Bowhead Whale: Balaena Mysticetus: Biology and Human Interactions*. Cambridge, MA: Academic Press, 2020.
Mann, Janet, Richard C. Connor, Peter L. Tyack, and Hal Whitehead, eds. *Cetacean Societies: Field Studies of Dolphins and Whales. Chicago*: University of Chicago Press, 2000.
Reynolds III, John E., Randall S. Wells, and Samantha D. Eide. *The Bottlenose Dolphin: Biology and Conservation*. Gainesville: University Press of Florida, 2013.
Shields, Monica Wieland. *Endangered Orcas: The Story of the Southern Residents*. Seattle: Orca Watcher, 2019.
Würsig, Bernd, J. G. M. Thewissen, and Kit M. Kovacs, eds. *Encyclopedia of Marine Mammals*. 3rd ed. Cambridge, MA: Academic Press, 2017.

14章

Allard, Michel, Victor Lèbre, and Jean-Marie. Robine. *Jeanne Calment: From Van Gogh's Time to Ours*. New York: W. H. Freeman, 1998.
オースタッド『老化はなぜ起こるか:コウモリは老化が遅く、クジラはガンになりにくい』

Blurton Jones, Nicholas. *Demography and Evolutionary Ecology of Hadza Hunter-Gatherers*. Cambridge: Cambridge University Press, 2016.
Hawkes, Kristin, and Richard R. Paine, eds. *The Evolution of Human Life History*. Santa Fe, NM: School of American Research Press, 2006.
Hill, Kim, and A. Magdalena Hurtado. *Ache Life History: The Ecology and Demography of a Foraging People*. New York: Aldine de Gruyter, 1996.
Howell, Nancy. *Demography of the Dobe !Kung*. 2nd ed. Hawthorne, NY: Aldine de Gruyter, 2000.
Morren, George E. B. Jr. *The Miyanmin: Human Ecology in a Papua New Guinea Society*. Iowa City: Iowa State University Press, 1986.
エリック・トリンカウス、パット・シップマン『ネアンデルタール人』(中島健訳、1998年、青土社刊)
リチャード・ランガム『火の賜物:ヒトは料理で進化した』(依田卓巳訳、2010年、NTT出版刊)

15章

新たに生まれつつある長寿の科学についての書籍はひと抱えほどある。わたしのお気に入りで、最近出た本のなかからほんの何冊かだけ挙げておく。

Armstong, Sue. *Borrowed Time: The Science of How and Why We Age*. London: Bloomsbury Sigma, 2019.
ニール・バルジライ、トニ・ロビーノ『SUPERAGERS:老化は治療できる』(牛原眞弓訳、2021年、CCCメディアハウス刊)
Gifford, Bill. *Spring Chicken: Stay Young Forever (or Die Trying)*. New York: Grand Central Publishing, 2015.
デビッド・A・シンクレア、マシュー・D・ラプラント『LIFESPAN:老いなき世界』(梶山あゆみ訳、2020年、東洋経済新報社刊)

著者｜スティーヴン・N・オースタッド Steven N. Austad

1946年生まれ。アラバマ大学生物学部教授。映画に出演する動物の調教師をしていた時に生物学に興味を持ち、パデュー大学で生物学の博士号を取得。ハーヴァード大学進化生物学科の助教授、テキサス大学健康科学センター教授、サン&アン・バーショップ長寿研究所の所長などを経て現職。専門は長寿・老化研究。1997年に出版された『老化はなぜ起こるか:コウモリは老化が遅く、クジラはガンになりにくい』（1999年、草思社）は日本を含む8か国語に翻訳された。

訳者｜黒木章人（くろき・ふみひと）

翻訳家。立命館大学産業社会学部卒。訳書に『[フォトグラフィー]メガネの歴史』『図説　ダイヤモンドの文化史』『図説　クリスマス全史』『フェルメールと天才科学者』『悪態の科学』(原書房)、『イラク・コネクション』(早川書房)『アウトロー・オーシャン』(白水社)、『ビジネスブロックチェーン ビットコイン、FinTech を生みだす技術革命』(日経BP)など多数。

「老《お》いない」動物《どうぶつ》がヒトの未来《みらい》を変《か》える

2022年12月19日　第1刷

著 者 ・・・・・・・・・・・・スティーヴン・N・オースタッド
訳 者 ・・・・・・・・・・・・黒《くろ》木《き》章人《ふみひと》
ブックデザイン ・・・・・・永井亜矢子（陽々舎）
カバーイラスト ・・・・・・iStock
発行者・・・・・・・・・・・・成瀬雅人
発行所・・・・・・・・・・・・株式会社原書房
〒160-0022 東京都新宿区新宿1-25-13
電話・代表　03(3354)0685
http://www.harashobo.co.jp/
振替・00150-6-151594
印 刷 ・・・・・・・・・・・・新灯印刷株式会社
製 本 ・・・・・・・・・・・・東京美術紙工協業組合

ISBN 978-4-562-07237-8 Printed in Japan